1% 글로벌 항공정비사
내가 항공정비사를 선택한 이유

김종복

## 1% 글로벌 항공정비사

출간일: 2025년 2월 10일
지은이: 김종복

마케팅: 서원석
디자인: 남경지
기획 : 정난희
펴낸곳: ㈜아퀼라인터내셔널
펴낸이: 김종복
전화: 02-2661-1845
펙스: 02-2661-1847
홈페이지: www.airaquila.com
이메일: aquila@teamaquila.com
가격: 18,000원
ISBN: 979-11-968456-1-2 03550

이 도서의 국립중앙도서관 출판예정도서목록(CIP)은 서지정보유통지원시스템 홈페이지(http://seoji.nl.go.kr)와 국가자료공동목록시스템(http://www.nl.go.kr/kolisnet)에서 이용하실 수 있습니다.

# 1%
# 글로벌 항공정비사

내가 항공정비사를 선택한 이유

김종복 지음

## 추천의 글

'12초 36미터'. 라이트형제가 만든 날틀이 동력으로 지상을 이탈해 이동했던 시간과 거리입니다. 미국과 유럽에서 동시에 시작된 항공교통이 대중화. 그런데 시장의 중심은 2000년대 들면서 성장세가 가파른 아시아지역으로 바뀌었습니다. 무인기와 드론이 일상에 들어오고, 바야흐로 플라잉카 UAM의 상용화를 앞둔 지금. 역동하는 항공의 핵심에는 '항공정비사'가 있습니다. 항공기가 최적의 상태로 유지하는 것. 그 임무를 수행하는 항공정비사는 기술의 진화와 더불어 고급화되고 있습니다. 머지않아 에어택시의 운항으로 정비 수요가 늘어나 새로운 시장이 등장하게 됩니다.

지금은 AI가 바꾸고 있는 디지털 전환의 시대. 사라지는 직업들의 한편에선 새로운 직업이 속속 등장합니다. 항공의 짧은 역사가 증명하듯 지금은 4차 산업혁명의 시대. 비행체의 유지와 수리, 분해와 개조를 담당하는 MRO 산업을 주목해야 하는 이유입니다. 한국항공대학교도 최근 항공정비사 양성 2.0 프로젝트를 시작했습니다. "미래의 나는 어떤 모습일까?" 인간이 스스로 묻는 가장 중요한 질문입니다. 저자의 말처럼 미래의 나와 연결될수록 더 나은 꿈이 실현되고 더 나은 삶을 이르게 됩니다. 항공정비사는 소박한 듯 원대한 꿈을 키울 수 있는 블루칼라 직업의 상징. 상상하는 미래의 모습은 현실에서 원동력이 되어 목표와 우선순위가 달라지고, 이에 맞게 행동하게 만듭니다. 도전을 열망하는 청년들에게 권하고 싶은 책입니다.

허희영(한국항공대학교 총장)

여객처리 세계 5위, 화물처리 세계 2위.
세계공항서비스평가 12년 연속 1위.
세계 최초 고객경험인증 최고등급 5단계 획득.

아시아 허브공항이자 자랑스러운 대한민국의 관문, 바로 인천공항의 기록들입니다. 그리고 이에 더해 인천공항은 이제 "항공정비산업(MRO)의 허브"라는 또 하나의 목표를 향해 나아가고 있습니다. 2025년 현재 세계 최고 수준의 인프라로 원스톱 항공정비서비스가 가능한 첨단항공복합단지 조성에 한창이며, 2026년 많은 분들께 그 완공된 모습을 선보일 수 있을 것으로 기대합니다.

그리고 이것이 인천공항 나아가 대한민국에 보다 전문성과 열의를 가진 항공정비사의 지속적인 육성이 더욱 필요한 이유이고, 이러한 시점에 MRO 전문가이자 항공정비사로서 후학을 양성하고 있는 저자의 현장 경험이 생생하게 담겨진 이 책을 만날 수 있다는 것이 참으로 반가운 일이 아닐 수 없습니다.

꿈꾸는 자로 살아온 저자의 이야기로 더 많은 분들이 같은 꿈을 키워나갈 수 있기를, 그리고 그 꿈을 이뤄낸 분들이 인천공항에서 나아가 세계의 곳곳에서 활약할 수 있기를 바라겠습니다.

이학재(인천국제공항공사 사장)

전 세계 최초로 FAA 미국 항공정비학교를 대한민국에 설립하였습니다. 이는 한 사람의 열정과 노력이 없었다면 결코 이루어지기 어려운 도전이었습니다. 이 과정을 통해 많은 대한민국 항공정비사들이 전 세계로 진출할 수 있기를 진심으로 소망합니다.

끊임없이 배우고 조언을 아끼지 않으신 저자께 깊은 감사를 드립니다. 한국인들의 뛰어난 지성과 높은 교육열을 바탕으로 FAA 미국 항공정비사 자격증을 취득하는 사례가 더욱 많아지기를 희망합니다.

**Justin Sykes (U.S Aviation Academy, Owner, 미국항공학교 대표)**

루프트한자 기술 교관 시험에 지원한 저자를 처음 만난 것은 10년 전이었습니다. MRO 경영을 배우기 위해 끊임없이 공부하던 저자의 열정이 지금도 생생히 기억납니다. 필리핀 정비사들에게 한국 취업의 길을 열어주신 데 깊이 감사드리며, 이곳에서 공부한 한국인 정비사들의 열정이 대한민국 항공정비(MRO) 산업에 큰 기여를 하리라 믿습니다.

**Dante Pena, LTTP(독일 루프트한자 테크닉 훈련원장)**

전 세계 탑 Embry-Riddle 항공대학교에 오랜 시간 한국 학생들을 추천해 주신 것에 깊이 감사드립니다. 저희 학교와 신뢰할 수 있는 공식 파트너인 아퀼라 항공의 빠르고 세심한 업무 처리에 감사드리며, 배출한 한국 유학생들이 한국 및 전 세계에서 리더로 성장하길 기대합니다.

**Bobby Branigan(Embry Riddle University, Director, 엠브리리들 대학교 이사)**

항공정비 안전을 위한 '항공인적요인'은 그 중요성이 날로 커지고 있습니다. 학교마다 항공정비사의 신념을 공유하고 선서하는 전통을 만들어 가는 것도 의미 있는 시도일 것입니다. 이 책을 통해 정비보다 중요한 안전과 신념에 대해 다시 한번 생각해보는 계기가 되길 바랍니다.

**김천용(한서대학교, 기술교육원장)**

한국에 최초로 직업전문학교를 설립한 이후, 우리는 새로운 시대를 맞이하고 있습니다. 변하지 않는 것은 MRO 항공정비학과에서 일과 학습 중심 교육과 산업체 현장실습이 가장 중요하다는 점입니다. 국내 및 해외에서 다양한 실무 경험을 먼저 쌓으시길 권장합니다. 저자가 말한 것처럼, 정비 경력이 가장 중요합니다.

**이명성(한국항공우주기술협회, 항공기술교육원장)**

항공 MRO 산업 발전을 위해 현장 중심형 전문 인력 양성과 초급 인력 육성이 중요합니다. 기종 교육과 해외 전문 기업과의 협력을 통해 더 많은 정비사 양성을 기대합니다. 이 책에는 국내외 MRO 전문 업체에서 성장하는 학생들의 이야기가 담겨 있습니다. 다음 세대가 이 책을 통해 MRO 산업의 가능성을 발견하고 세계로 나아가길 바랍니다.

**이채영(항공우주산학융합원, MRO교육훈련 센터장)**

MRO 산업의 새로운 도약이 시작됩니다. 대한항공과 아시아나항공의 합병은 글로벌 시장을 선도할 새로운 MRO 기회를 열어갈 것입니다. 세계적 수준의 기술력과 전문성을 바탕으로 대한민국이 MRO 허브로 자리 잡을 날을 기대합니다. 이 책에서 소개되는 다양한 항공정비사 직업을 통해 젊은 청년들의 관심이 많아지길 기대해 봅니다.

**하영태(전 대한항공, Midwest University 엔지니어과 교수, FAA A&P)**

인천공항에 새로운 첨단 항공산업단지가 조성되고 있으며, 글로벌 업체들이 들어오고 있기에 새로운 MRO 인력 양성이 필요한 시기입니다. 저자는 직접 해외에서 외국인 인력을 선발하고, 유능한 FAA 항공정비사를 헤드헌팅하며 그동안 경험을 쌓아왔습니다. 이 책에는 20년 동안 한 분야에 집중하고 선택을 통해 인재를 양성한 실제 이야기가 담겨 있어 매우 흥미롭습니다. 앞으로도 글로벌 마인드를 가진 기술자들이 많이 배출되길 소망합니다.

**도종봉(Sharp Aviation K, 전무, FAA A&P)**

이 책에서 소개된 다양한 항공정비사들 중 특히 항공기 제작 분야에서 전문인력 양성의 중요성을 느낄 수 있습니다. 단순한 정비를 넘어, 끊임없이 학습하고 깊이 탐구하며 실무 중심의 손기술을 발휘할 수 있는 인재들이 반드시 필요합니다. 저자를 통해 미래 항공산업을 선도할 실력 있는 정비사들이 양성되길 바랍니다.

**김성문(한국항공우주산업주식회사(KAI) 수석, 명장, FAA A&P)**

## 프롤로그

Here Comes that Dreamer.
저기, 꿈꾸는 자가 오고 있다.

하늘을 나는 비행기를 보며 꿈을 꾸는 사람들이 있다. 나 또한 그런 사람 중 한 명이었다. 비행기가 안전하게 날아가기 위해선 항공법에 따라 항공정비사와 항공 조종사, 운항 정비사, 이 세 명의 자격증 소지자의 승인이 필요하다. 그중 가장 많은 자격증을 가지고 있는 항공정비사, 그게 바로 내 직업이다.

강의를 할 때마다 나는 예비 항공정비사들에게 이렇게 묻는다. "항공정비사를 생각할 때 가장 먼저 떠오르는 이미지는 무엇입니까?" 대답은 대부분 비슷하다. 타이어를 바꾸고 엔진을 교체하며, 조종간 앞에서 작업하는 모습. 하지만 항공정비사의 세계는 그것보다 넓다. 단순히 육체적으로 반복적인 일을 하는 메카닉 Mechanic, 정비 기술을 가진 테크니션 Technician, 모든 기술지원과 서류 능력까지 갖춘 엔지니어 Engineer 그리고 관리와 경영을 아는 전문가들까지. 이 책을 통해 정비본부 조직도와 28개가 넘는 이름을 가진 항공정비사의 다양한 직업 세계를 알리고 싶었다.

영화 '탑건 1'을 보고 비행기에 매료되었던 우리 세대와는 다르게, '탑건 2'를 보며 비행기에 매료된 자녀 세대는 '항공정비'를 단순히 육체적 노동으로 여기곤 한다. 물론 육체적인 일도 포함이 되지만, 그보다 중요히 생각해야 하는 건 책임감과 끊임없는 학습, 그리고 안전에 대한 깊은 이해다. 항공정비사는 국가 자격증을 소지한 생명에 대한 책임감과 전문성을 요구하는 직업이기 때문이다.

팬데믹으로 하늘이 잠시 멈췄던 시절, 전 세계 항공사들이 운항을 중단하고 공항은 정적에 잠겼다. 그러나 그 순간에도 멈추지 않고 유일하게 바쁜 곳이 있었다. 바로 항공기의 정비, 수리, 분해·조립을 전문으로 하는 항공정비(MRO)* 업체였다. 화물기와 군용기, 심지어 자가용 전세기 시장이 새로운 활기를 띠면서 비행기는 하늘을 날아도, 땅에 있어도 항공정비사의 손길이 필요하다는 것을 실감했다. 팬데믹은 항공산업의 위기를 가져왔지만, 동시에 항공정비사라는 직업의 가치를 더욱 부각시켰다.

10년 후, 유망 직종 10위 안에는 항공정비사가 있다. 10년 후, 일자리가 가장 많이 증가하는 직업군도 역시 항공정비사다. 지금 전 세계는 항공정비사 부족 사태 Technician Shortage에 직면하고 있다.

2025년 이후, 우리는 또 다른 새로운 세상과 맞닥뜨리게 된다. 배터리를 사용하는 새로운 운송수단, 전기비행기 및 도심항공모빌리티 UAM 시대가 열리고 있다. 영화 속 플라잉카가 현실이 되고, 서울과 부산 같은 단거리 비행을 시작으로 새로운 항공 시장이 탄생할 것이다. 현대자동차와 한화시스템 같은 지상의 기업부터 보잉과 에어버스 같은 하늘을 상대하는 기업까지 모두가 중간 지점 하늘을 차지하기 위한 전쟁을 준비 중이다. 1903년 라이트 형제가 12초 동안 36미터를 비행하며 하늘길을 연 이후, 기존의 화석연료 항공기는 점차 배터리를 사용하는 전기 비행기로 대체되고 있으며 또 한 번 세상의 중심축이 바뀌고 있다. 그 중심에는 항공정비사가 있다.

오늘도 학교에서 좁은 국내만 바라보며 공부하는 학생들이 있다면, 이 책에 등장하는 1%의 글로벌 항공정비사들을 만나면서 시야가 넓어지길 바란다. 나는 안전한 동물원에 머무르기보다는 앞이 보이지 않더라도 정글로 나가는 삶을 선택했다. 월급만 바라보는 정비사로 남느니 전 세계를 누비는 글로벌 항공 정비사로 살아가고 싶었다. 이 책은 오늘도 꿈을 꾸며 도전하는 자들의 이야기다.

1부에서는 28개의 각양각색 이름으로 불리는 항공정비사들을 알리고 싶었고, 2부에서는 내가 만나고 싶었고, 알리고 싶고, 꿈꿔온 항공정비사들을 소개했다. 3부에서는 학교에서 알려주지 않는 항공정비사가 되는 비밀들을 담았고, 4부에서는 꿈만 꾸지 않고 꿈을 이룬 자들의 다른 점을 적어보았다. 5부에서는 미래 항공정비(MRO) 산업에 필요한 부분을 정리했다. 그리고 마지막 6장은 전문대학교 비전공 야간대학 졸업생이었던 20대 청년이 항공정비사를 꿈꾸며 도전하며 살아온 나의 개인 이야기를 나눴다.

꿈꾸는 자로 살기 위해 작정한 날부터 25년이 넘도록 매일 새벽 5시에 일어났다. 군대 간 아들의 책상에 앉아 지난 10년간 새벽에 써온 글들을, 용기를 내어 세상에 내보낸다.

남편의 꿈을 믿어주고 응원해 준 나의 영원한 반쪽 낸시와 아빠처럼 항공 종사자를 꿈꾸며 살아가는 온유와 다혜, 그리고 평생 나를 위해 기도해 주시는 어머님께 감사함을 전한다.

*항공정비(MRO)는 정비(Maintenance), 수리(Repair), 분해조립(Overhaul)을 의미하며, 항공기의 안전성과 신뢰성을 유지하기 위한 필수적인 정비 절차다..

# 목차

추천의 글     4
프롤로그     10

## 1장 나는 OO 항공정비사다     19

28가지의 다양한 항공정비사 직업     20
매일 비행기 시집 보내는, 운항 정비사     21
격납고에서 사는, 중정비정비사     26
매일 비행기 타는, 탑승 정비사     30
심장을 만지는, 엔진 항공정비사     35
최고의 두뇌, 엔지니어     40
최첨단 전기·전자 정비, 에비오닉     44
최우선 안전, 항공안전관리자     48
항공정비를 책임지는, 국가공무원     53
가르치는 특권, 기술교관     57
나 홀로 비행, 도입·반납 항공정비사     62
칼을 쓰는 유일한 정비사, 스트럭쳐     65
제작사 기술고문, 테크랩     69
비행기를 직접 만든다. 제작 정비사     73

## 2장 내가 꿈꾸던 1% 항공정비사들     81

    세계로 진출하는 항공정비사     82
    용병 항공정비사를 아시나요?     87
    외항사 항공정비사들     92
    12명, 해외 취업을 열다.     97
    60대 항공정비사에게 배운 것들     105
    3년 후 성장하는 항공정비사     110
    석. 박사 항공정비사     114
    승진하게 만드는 이것!     118
    월급 주는 항공정비사들     124
    캄보디아 최초 항공정비사     129
    이 남자 취업좀 시켜주세요.     133
    아버지도 아들도 항공정비사     137
    메카닉, 테크니션, 엔지니어     142

## 3장 학교 밖에서 찾은 비밀들     147

    고등학교때 결정하는 아이들     148
    직업전문학교의 한계와 변화     153
    2,410시간, 항공정비사 자격증     156
    30대 비전공자들의 도전     163
    정비 경력을 먼저 쌓는 방법     167
    항공정비사의 연봉과 근무 형태     172
    신체검사 떨어진 이유     176
    면접에서 가장 중요한 것들     179
    취업성공 4가지 방법     183

| | |
|---|---|
| 가서 보라: 경험의 힘 | 188 |
| 인천공항을 떠나는 유학생들 | 192 |
| 성공하는 유학 15가지 비결 | 196 |
| 미국에 진출하는 방법과 벽 | 202 |
| 전 세계 항공정비사들이 가장 선호하는 자격증 | 207 |
| 다시 학교로 돌아간다면 이것! | 213 |

## 4장 가장 중요한 이것     219

| | |
|---|---|
| 부모의 꿈과 자식의 꿈 | 220 |
| 군인들의 고민, 그냥 뛰어내리세요 | 225 |
| C 학점 학생들이 성공하는 이유 | 230 |
| 3명의 친구를 만드세요 | 234 |
| 좁은 항공업계, 좋은 사람들 틈으로 | 238 |
| 다양한 기질, 정비는 팀이다 | 243 |
| 항공정비사 신념 선언서 | 247 |
| 열정적인 끈기 | 254 |
| 체.덕.지: 시대가 바꾼 우선순위 | 258 |
| 항공종사자와 신앙 | 262 |
| 항공정비사는 브라운 칼라 | 265 |
| 직장을 믿지 말고 직업을 찾으세요 | 268 |
| 기술과 경영을 아는 그들 | 272 |
| 엔지니어 중심의 기업 문화 | 276 |

## 5장 항공정비(MRO)산업과 미래　　　　　　　　**281**

    왜 지금 항공정비(MRO) 산업인가?　　　　　　282
    MRO 인력 부족, 심각한 현주소　　　　　　　　286
    국내 MRO 현실과 서비스 마인드　　　　　　　291
    해외 MRO 업체를 배우자　　　　　　　　　　　296
    정비본부 조직도 부서와 역할　　　　　　　　　301
    인공지능(AI), 사라지는 항공종사자　　　　　　306
    인공지능(AI), 새로운 정비방식　　　　　　　　309
    전기 비행기 시대와 항공정비　　　　　　　　　313
    도심항공모빌리티(UAM) 시대와 항공정비　　　317
    디지털 혁명, 항공교육의 변화　　　　　　　　　321


## 6장 꿈꾸는 자, 나의 이야기　　　　　　　　　　**327**

    군대를 두 번 입대한 이유　　　　　　　　　　　328
    참모총장 헬기 사고 날 배운 것들　　　　　　　334
    롤모델을 만나야 한다　　　　　　　　　　　　　338
    6개월 만에 미국 회사에 취업　　　　　　　　　342
    로그북에 최초로 사인한 날　　　　　　　　　　347
    해고를 당하고 나서　　　　　　　　　　　　　　351
    FAA 시험에 떨어지고 나서　　　　　　　　　　356
    독일 루프트한자 기술교관에 도전한 이유　　　360
    아버지처럼 살기 싫어요　　　　　　　　　　　　364
    김밥장수 엄마와 용산전쟁기념관　　　　　　　369
    태어난 이유 사명에 대해　　　　　　　　　　　373
    내가 일하는 이유　　　　　　　　　　　　　　　377


[글을 마치면서]　　　　　　　　　　　　　　　　　382

# 1장
## 나는 OO 항공정비사다

# 28가지의 다양한 항공정비사 직업

대형기 정비
(Commercial Maintenance Technician)

소형기 정비
(General Aviation Technician)

헬리콥터 정비
(Helicopter Maintenance Technician)

자가용전세기 정비
(Private Jet Technician)

전기, 전자 정비
(Avionic)

엔진 정비
(Engine Maintenance Technician)

운항(라인)
(Line Maintenance)

중정비
(Heavy Maintenance)

탑승정비
(Flight Crew, FE)

객실정비
(Cabin Maintenance Technician)

주재원 정비
(Station Technician)

외항사 정비
(Foreign Air carrier Technician)

국가공무원
(Government official)

엔지니어
(Engineer)

정비관리.본부장
(Manager & Director)

사고조사관
(Investigator)

안전감독관
(Safety Inspector)

기술교관
(Technical Instructor)

기술고문
(Technical Representative)

품질. 보증
(QA, QC)

기체구조
(Structure Technician)

비파괴검사
(Non-Destructive Inspection)

복합소재
(Composite Maintenance)

정비통제
(Maintenance Control Center)

정비기획
(Maintenance Planning)

도입.반납
(Technician in Charge of Lease)

AOG 정비
(Aircraft on the ground)

시험비행
(Flight Test Technician)

## 매일 비행기 시집 보내는, 운항 정비사

"정비사 좀 불러주세요. 계기판에 경고등이 켜져 있네요."
출발 전, 조종사는 운항정비사를 부른다.
"정비사님, 13C 좌석에 개인 모니터 화면이 작동하지 않아요."
연이어 승무원들까지 항공정비사들을 부르기 시작한다.

운항정비사들이 가장 긴장되는 순간은 출발 전이다. 출발 전 조종석 계기판 위쪽에 빨간색 경고등 Warning Light이 사라지지 않는다면, 기장은 가장 먼저 운항정비사를 찾는다. 비행기를 멈춰야 할지 출발해야 할지를 결정해야 한다. 출발 전 승무원들까지 정비사를 부른다면, 백마 탄 기사처럼 모든 일을 해결해 줘야 한다. 빠른 결단력과 고장 탐구 기술이 있어야만 이런 위급한 상황을 넘길 수 있다.

비행 중 결함이 발견되었다는 보고가 최고의 베테랑 정비사들이 모인 지상 정비 컨트롤 센터 Maintenance Control Center에 전달되면 운항 정비사들은 긴장한다. MCC에서 지시한 정비 결함을 빠르고 정확하게 해결해 줘야 다음 목적지로 날아갈 수 있기 때문이다. 복잡한 전기·전자 결함

시 조종석 아래에 설치된 최첨단 전자장비를 점검하기 위해 직접 내려가서 확인해야 하고, 간단한 엔진오일이 새는 것을 발견했다면 남은 양을 체크하고 매뉴얼에 따라 날 수 있는지 결정을 해야 한다. 결함을 해결했다면, 비행기는 뒤로 움직일 수 없기에 비행기 바퀴와 연결해서 이동하는 견인차, 토잉카towing car로 활주로로 이동된다.

운항정비사들은 흔히 비행기를 매일 시집보낸다고 한다. 활주로에서 비행기가 보이지 않을 때까지 남아서 손을 흔들어 주는 이들도 운항정비사다. 마치 딸을 시집보내는 아버지의 마음 같다.

24시간 운영되는 인천공항과는 달리, 제주에서 출발한 마지막 비행기가 도착하면, 김포공항은 조용해진다. 이때 김포공항 안에는 커다란 불빛 아래 엔진을 교환하고 특별 점검을 하는 항공정비사들의 모습이 보이기 시작한다. 큰 작업은 비행을 하지 않는 야간 시간을 이용한다. 매일 24시간 비행기를 지켜야 하기에, 아침 8시-오후 3시, 오후 3시-오후 10시, 저녁 10시-아침 8시까지, 3교대로 돌아가는 근무자 중 야간 교대조들이 어둠 속에서 작업을 한다. 몸은 좀 피곤할 수 있지만 월급이외에 초과근무 수당을 받는 기회이기도 하다.

겨울이 되면 운항정비사들은 힘들다. 칼바람을 맞으면서 얼어붙은 비행기를 녹이고, 눈을 치우고 최종 정비를 수행하기까지 겨울이 길게만 느껴진다. 그렇다고 여름이 편한 것은 아니다. 여름에는 이글거리는 주기장이 뜨겁기에 비행기 날개 밑에 잠시 더위를 피해 가며 일해야 한다.

대부분 항공정비사라 하면 비행기 옆에서 사는 운항정비사를 떠올린다. 운항정비사는 지상에서 정비하는 정비사와 다시 직접 비행을 하는 탑승정비사로 나뉜다. 일반적으로 비행기를 열심히 정비하는 모습, 엔진을 장착하거나 탈착하는 모습, 복잡해 보이는 영어 매뉴얼을 보면서 고장 탐구를 하는 모습이다. 하지만 때론 결함이 없는 날이 많아 한가한 날도 있다. 그리고 출근 후 현장에서 일하기 때문에 외향적이고 활동적인 성격의 사람들이 운항정비사를 선호한다. 후방에서 기술, 품질, 자재, 검사 업무를 지원해 주는 관리직, 오버헤드 정비사와는 다르다.

항공기를 우리 몸으로 비유한다면, 엔진은 몸의 심장, 기체는 뼈대, 구성품은 장기, 전기전자는 신경계통에 해당된다. 항공사 운항정비사들은 팀을 이루어 정비 업무를 수행하는데, 기체 담당 정비사, 전기전자 담당 정비사, 그리고 엔진 담당 정비사로 나뉜다. 저비용 항공사는 한 명이 모든 업무를 다 처리하길 원하지만, 대형 항공사는 세 명의 각기 특기가 다른 정비사들이 함께 일한다.

운항정비사는 다시 보조 정비사Support Technician와 확인 정비사Certify Technician로 나뉜다. 최종 출발 전과 도착 후, 최종 점검 후 사인을 해주는 정비사를 확인 정비사라 하며, 확인 정비사를 돕는 보조 정비사가 있다. '항공기가 안전상태로 비행할수 있다' 의미로 비행기록부에 최종 사인까지 할 수 있는 그들은 평균 3년 이상의 라인 정비 경험 후 회사로부터 정비 기술을 인정받고, 항공기 기종 훈련을 받은 뒤 확인 정비사가 된다.

대한민국 하늘을 날아다니는 보잉 737 기종 훈련 시간은 평균 320

시간, 40일 동안 이루어지며 5번 이상의 시험을 통과해야 한다. 모든 시험과 정비 경험을 인정받았을 때 품질관리부서에서 최종 비행기를 사인할 수 있는 권한을 부여받게 된다. 그제야 확인 정비사들은 정비 확인 후 사인할 수 있는 권한을 행사할 수 있다.

확인정비사는 비행기 안에서 정비를 끝마치고 비행 기록부에 자기 이름으로 사인을 하거나 회사에서 발급된 도장을 찍을 때마다 책임감을 느낀다. 187명의 승객을 태운 보잉 737 비행기를 확인정비사가 사인해 줘야 비행할 수 있다는 것은 막중한 임무이기 때문이다. 그래서 회사는 매달 자격증 수당을 별도로 지급한다.

비행기가 안전하게 이륙할 때 느끼는 희열과 감격도 운항정비사들만이 느끼는 특별한 경험일 것이다. 여러 사람을 만나고 빠르게 움직이는 역동적인 현장이기에 많은 것을 배울 수 있다. 항공사는 관리직과 엔지니어로 승진하기 전에 반드시 먼저 운항정비사로 근무를 시작하게 한다. 현장을 잘 아는 정비사들이 회사의 기둥이 될 수 있기 때문이다.

그들은 출발 전 고막을 찌르는 비행기 엔진 소리가 귀찮게 들리지 않고, 오일 타는 냄새가 좋다며 평생 비행기 옆에서 살고 싶다고 말한다. 매일 만나는 승객들과 조종사, 승무원들과 함께 비행기를 매일 시집보내는 것이 즐겁다고 말한다.

군에서는 비행기 옆에서 늘 살고 있는 최전방 항공정비사들을 일선 정비사 혹은 야전 정비사라고 하고 민간 항공사는 운항정비사 또는 라인정비사라고 부른다. 우린 그들을 항공정비사의 꽃이라고 부른다.

비행 전. 후 검사를 하는 운항정비사

## 격납고에서 사는, 중정비정비사

　미국 애리조나에 위치했던, 지금은 사라진 에버그린 MRO 업체에서 처음 격납고 안을 본 순간, 내 인생의 터닝포인트를 맞이했다. 2003년 당시, 나는 H1 비자로 한국인 중정비 정비사 송출 요청을 받아 직접 현장을 방문했는데, 격납고에 들어서는 순간 압도당하지 않을 수 없었다. 보잉 747 한 대를 중심으로 수십 명의 정비사들이 각자의 역할을 수행하며 일사불란하게 움직이는 모습은 나에게 강렬한 인상을 남겼다. 저 장면은 도대체 무엇일까? 그곳에서 나는 중정비Heavy Maintenance의 의미를 처음 제대로 이해했고, 항공기 정비의 진정한 기술은 중정비에서 배운다는 사실을 깨달았다.

　당시 국내에서는 대한항공만이 중정비를 수행하고 있었고, 해당 작업은 일반인이 접근조차 할 수 없는 철저히 통제된 영역이었다. 그 때문에 쉽게 접할 수 없었는데, 그곳에서는 중정비가 얼마나 체계적이고 전문적인 기술이 필요한 작업인지 생생히 볼 수 있었다. 이는 내가 항공기 정비의 새로운 가능성과 진로를 고민하게 만든 계기였다.

　중정비는 항공기를 장시간 격납고에 입고시킨 상태에서 항공기 전체를 철저히 분해하고 점검하는 과정이다. 작업 기간은 기종에 따라 1주에서 12주이상 소요되며, 기체, 엔진, 전자 장비, 기타 구성품을 세부적으로 검사하고 수리한다. 이러한 작업은 비행 전후의 간단한 점검과 수리를 제공하는 라인 정비와는 확연히 다르다.

중정비 작업을 하기 위해서는 초기 설비 투자와 대규모 인력이 필요하다. 기종에 따라 차이가 있지만, 평균적으로 하나의 항공기를 작업할 때 한 팀에 5명 내외, 평균 7~10개의 팀이 나뉘어 작업을 진행한다. 이처럼 중정비는 규모와 기술 수준에서 라인 정비와 차별화되며, 기술 집약적이고 노동집약적인 산업으로 일자리 창출 효과가 크다.

대한항공의 중정비 조직은 크게 항공기 중정비 공장, 전자보기 공장, 서비스 엔지니어(SE) 부서, 품질 경영 부서로 나뉜다. 중정비 공장은 기체 정비와 수리, 객실 정비 등을 맡고, 전자보기 공장은 항공기의 통신, 항법, 계기 장비를 전문적으로 정비한다. 또한, 서비스 엔지니어(SE) 부서는 제작사와 현장의 중간에서 기술 자문과 문제 해결을 지원하며, 품질경영부서는 모든 정비 작업을 재검토해 안전성을 최종적으로 보증한다.

전세계 기체 부분 1위 MRO 정비업체로 알려진 ST 엔지니어 회사도 비슷한 조직 구조를 가지고 있지만, 테크니션 부서와 엔지니어 부서를 구분하여 효율적인 관리 체계를 구축한다는 점이 특징이다. 테크니션 팀은 동체, 객실, 엔진, 전기전자, 꼬리날개, 랜딩기어 등 세부 분야로 나뉘어 실제작업과 유지보수 정비 작업하며, 기술지원, 최종 확인과 감독은 엔지니어 부서에서 담당한다. 미국 1위 MRO 정비업체, AAR Corp 중정비 조직은 국내와 비슷하다. 단 FAA에서는 중정비를 영어로 Heavy Maintenance, EASA 에서는 Base Maintenance 라고 사용된다.

대한항공 중정비조직도

팬데믹 동안 항공 수요 감소로 라인 정비 업무는 줄어들었지만, 중정비 업무 수요는 꾸준히 유지되며 안정적인 직업으로 주목받았다. 이제는 MRO 중정비 시장에 대한 관심이 급증하며 변화가 일어나고 있다. 한국항공서비스주식회사(KAEMS), 샤프테크닉스케이(STK)와 같은 중정비 전문 업체들은 항공기들이 격납고 밖에서 정비를 기다릴 만큼 수요가 폭증하고 있다.

한화에어로스페이스(엔진 MRO), 현대위아(랜딩기어 정비), 에어로피스(군용기 성능개량) 등 다양한 국내 기업들이 MRO 사업에 진출하며 산업의 다변화를 이끌고 있다. 국토부는 2026년까지 인천공항에

첨단복합항공단지를 조성하고, 10년간 10조 원의 경제 효과와 5,000개의 일자리 창출을 목표로 MRO 산업의 성장을 지원하고 있다.

라인 정비는 활주로 근처에서 이루어지는 반면, 중정비는 격납고 안에서 항공기를 철저히 분해하고 점검하는 과정으로 진행된다. 신입 정비사들에게 만약 일할 기회가 주어진다면, 나는 주저하지 않고 MRO 중정비를 추천할 것이다. 운항 정비에서 가벼운 경정비를 배우는 것도 중요하지만, 중정비는 항공기 정비에 필요한 깊이 있는 기술과 전문성을 확실히 익힐 수 있기 때문이다. 5장 전체에 더 많은 이야기를 올렸다.

MRO 중정비는 기술 집약적이면서도 노동 집약적인 항공산업의 정점이다. 급성장하는 MRO 시장에서 중정비 정비사는 항공 산업의 필수적인 핵심 역할을 할 것이다.

싱가포르 ST Engineering, 미국 AAR Corp MRO정비업체

# 매일 비행기 타는, 탑승 정비사

　　인천공항에서 필리핀 마닐라로 밤늦게 출발하는 제주항공 비행기 안에서 탑승정비사를 만났다. 제일 앞줄 좌석에서 아이패드로 영어 공부를 열심히 하는 분이 눈에 들어왔다. 비행기 도면이 그려진 화면을 보고 신기해서 승무원에게 물어보았다.

　　"저분 혹시 탑승정비사인가요?"

　　"네! 탑승정비사입니다."

　　대부분 경력이 많은 노장 정비사들이 많은데, 그는 젊은 30대 탑승정비사였다. 마닐라에 도착해 점검을 마친 후 다시 인천공항으로 돌아오는 스케줄이다. 직접 정비 확인 후 이상 없다는 사인을 해주어야만 비행기는 다음 장소로 이동할 수 있다. 책임이 큰 자리다.

　　밤늦은 비행기 안에서 우리는 여승무원이 건네준 아이스크림을 맛있게 먹으며 나란히 앉아 대화를 나누었다. 공군 부사관 시절 4년 동안 블랙호크 헬리콥터 탑승정비사로 근무했던 나는 할 이야기가 많았다. 그날 새벽에 먹은 맛있는 아이스크림은 항공탑승정비사 덕분이었다.

　　항공정비사는 두 종류가 있다. 지상에서 정비만 하는 정비사와 정비

후 직접 탑승하는 정비사다. 직접 정비한 비행기에 탑승하면 더 집중해서 점검하게 된다. 확인하고 또 확인한다. 하지만 이는 특수한 경우이고, 대부분의 항공정비사는 지상에서 정비를 지원해 줄 뿐 탑승은 하지 않는다. 조종사 및 운항승무원들만 직접 비행하기 때문에 마음의 부담이 덜 하다.

대형 항공사들은 취항하는 곳마다 회사 내 가장 우수한 정비사들을 주재원 정비사로 보낸다. 주택을 제공하고, 급여도 높아지기에 항공정비사들이 가장 도전하고 싶어 한다. 미국, 캐나다, 영국, 싱가포르 등 선진국일 경우 경쟁이 치열하다. 외국어 능력이 뛰어난 정비사를 뽑거나 FAA 항공정비사 자격증 소지자들을 위주로 선발해서 보낸다.

주재원 정비사들이 없는 도시는 탑승정비사들이 직접 조종사와 승무원들과 함께 비행한다. 저비용 항공사들이 특히 탑승정비가 많다. 주재원을 보낼 때는 비용이 많이 들기 때문에, 편수가 많지 않으면 탑승정비사들을 비행할 때마다 투입하게 된다. 탑승정비사가 되려면 소속 항공사에서 정비하는 기종에 대한 사전 훈련을 마치고 최소 3년 전후 근무 평가 후 선발된다. 지상에서 정비 지원을 하는 라인 항공정비사들 중에서 선발된다.

나는 국토부 지정 세스나 6인승 운항 정비업체를 4년 동안 운영했다. 정비사를 고용하면 지상에서 정비 지원을 한 후, 꼭 직접 조종사와 함께 탑승 비행을 보냈다. 책임감을 느껴보라고 일부러 시킨 것이다. 이런 경험을 가진 정비사들은 스스로가 출발 전 정비점검창은 모두 닫았는지, 점검했던 오일이나 연료 라인이 혹시 새지 않을지, 볼트를 조이기 위해 공구를 사용했는데 혹시 놔두고 문을 닫진 않았는지 등 사소한 것 하나까지 머릿속에 떠오른다고 말한다. 지상에서 정비지원만 할 때 느끼는 책임감과 차원이 다르다.

  공군에서는 블랙호크 헬리콥터를 직접 정비 후 탑승하는 Flight Engineer 포지션이었다. 비행 스케줄이 잡히면 최소 2~4시간 전에 탑승한다. 어느 날, 부대 내에서 가장 지식이 뛰어난 최고의 명장인 김 원사님과 함께 블랙호크 헬기 특별 점검을 다녀왔다. 시험 비행을 마친 후 슬라이드를 점검하는데 '아뿔싸!' 정비 후 놓아둔 공구가 헬기의 가장 뜨거운 부분에 그대로 놓여 있는 것이었다. 순간 비행 후 외부 점검 때 조종사들과 부대 상관이 볼까 봐 슬라이드를 열고 얼른 치워버렸다.

  출발 전 점검을 마치고 사용한 공구와 자재들을 모두 철수했어야 했는데, 마지막 커버를 닫는 김 원사님이 깜박 잊은 것이다. 만약 비행 중에 뜨거운 열로 폭발이 일어났다면 상상도 할 수 없는 일이 발생했을 것이다. 이런 경험이 쌓이면서 나중에는 혼자서 정비하고 혼자서 탑승 정비하는 위치까지 올랐지만, 비행할 때마다 스트레스가 너무 심했다. 비행하기 1시간 전에는 누구도 내가 정비한 비행기에 접근하는 것도 싫고 만지는 것도 싫었다. 혹시라도 타 부서 정비사들이 비행기에 올라가거나, 조종석에서 체크를 하면 반드시 마지막은 내가 확인하고 또 확인해야만 했다.

  공군에서 헬기 탑승정비사 임무는 탐색구조가 목적이었다. 빨간 베레모를 쓰고 다니는 구조사들이 적진에 떨어진 조종사 구조임무도 있었기 때문에, 비행이 있으면 매일 2시간 비행을 바다에서 산에서 목숨을 걸고 훈련을 해야만 했다. 위험한 미션들이 많아서 탑승정비사 생활 3년 후에는 비행 자체가 무겁게 느껴졌다. 활주로에 착륙하면 땅에서 숨쉬고 걸어다니는 자체가 행복하다는 것을 느꼈다.

항공기 정비업체를 운영하면 늘 국토부에서 보낸 항공안전감독관들이 정기적 혹은 비행 사고가 발생하면 특별 안전점검 목적으로 회사에 와서 안전 검열을 한다.

내가 탑승정비사 출신이기에 훈계를 듣다 보면 가끔 물어본다.

"안전 감독관님은 본인이 정비한 비행기 타 보셨나요? 직접 정비한 비행기 매일 탑승정비해 보면 안전에 대한 인식이 확 바뀝니다."

이 말은, 우리 회사는 안전의식이 확실하다고 표현하는 방식이었다.

과거 폭격기에는 기관정비사가 탑승했다. 때론 자기가 정비한 비행기에 탑승하지 않고 자신의 전우가 정비한 비행기에 서로 바꿔 탄다. 내가 정비하지 않은 비행기를 타는 경우는 기분이 찝찝하다. 내가 외과 의사라면 내 가족 수술은 내가 하지 남에게 맡기지 않을 것이다. 매일 완벽한 습관을 쌓아가야 탑승할 때 자신감이 붙는다. 항공정비사에게 지상 정비 말고, 탑승 비행을 시켜보면 인식이 달라진다. 안전에 대한 생각이 바뀐다.

오래전 티웨이 항공사에는 아버지는 항공정비사이고 딸은 조종사로 함께 일하는 가족이 있었다. 아버지가 근무하는 항공사에 딸이 조종사로 입사 지원서를 제출했었다. 최종 임원 면접 때 아버지가 항공정비사라는 사실을 알고 뽑아야 할지 말아야 할지를 고민했다고 한다. 운항본부장님이 채용해야 하는 이유를 분명히 말했다.

"딸이 조종하는 비행기를 아버지가 어떤 마음으로 정비를 할까요? 아마 생명을 걸고 자식이 타는 비행기를 확인하고 또 확인해 줄 것입니다."

항공정비사라면 지상에서만 비행기를 정비하지 말고 꼭 탑승정비를 해보길 바란다.

# 심장을 만지는, 엔진 항공정비사

    FAA 미국 항공정비사 자격증의 뒷면에는 인류 최초의 동력장치를 개발한 찰스 테일러의 사진이 있다. 1903년, 라이트 형제가 인류 최초로 12초 동안 36미터를 비행했을 때, 그들의 성공 뒤에는 12마력 엔진을 개발한 찰스 테일러Charles Taylor가 있었다. 2013년부터 미국 연방항공청은 라이트 형제 대신 이 엔진 기술자의 얼굴을 자격증에 새기기 시작했다. 그는 최초의 항공정비사로 불리며, 그의 업적을 기리기 위해 FAA는 50년 이상 항공정비사로 일한 이들에게 '찰스 테일러 상'을 수여한다.

    국내 항공정비사 자격증을 취득하면 기체와 엔진을 구분 없이 모두 정비할 수 있다. 단 고정익과 헬리콥터 자격증이 별도로 존재한다. 현재로서는 자격증 취득 후 날개가 있는 고정익 비행기는 최대이륙중량 5,700kg 이하, 헬리콥터 회전익은 3,175KG 소형기만 정비할 수 있다. 평균 4년 이상의 실무 경력 또는 국토부 지정 전문학교 졸업 후 2년 이상의 실무 경력이 있어야 자격증 시험 응시가 가능하다. 미국에서는 FAA 자격증을 취득하면 소형기와 대형기를 모두 정비할 수 있고, 고정익과 회전익 구분 없이 정비가 가능하다.

미국 유학 시절, 엔진 실습 시간이 가장 즐거웠다. 매뉴얼에 따라 세스나~Cessna~와 같은 일반 항공기에 사용하는 왕복 엔진을 분해하고 조립하는 경험은 시간 가는 줄 모르고 몰입하게 만들었다. 더 나아가 보잉과 에어버스와 같은 대형기에 사용되는 터보팬 엔진, 헬리콥터에 사용되는 터보샤프트 엔진, 단거리 여객기에 사용되는 터보프롭 엔진, 그리고 전투기에 사용되는 터보제트 엔진을 보면서 가장 먼저 엔진 MRO 업체에서 일하고 싶은 꿈을 꾸었다.

엔진에 대한 관심이 많아서 국내 대학교 및 지방 항공고등학교를 방문할 때마다 느끼는 것은 왕복 엔진 실습을 많이 하지만 터빈 엔진 실습이 부족하다는 사실이다. 학교마다 군용기 엔진을 전시하는 것은 자주 보았지만 실직적으로 MRO 정비업체에서 수행하는 터빈엔진을 보유한 학교는 찾을 수 없어 아쉬웠다.

전 세계에서 엔진 제작 기술을 가지고 비행에 성공한 나라는 미국을 포함해 영국, 프랑스, 중국, 우크라이나, 러시아, 총 6개국에 불과하다. 현재 전 세계 3대 엔진 제작사는 미국의 GE~General Electric~와 P&W ~Pratt & Whitney~, 영국의 RR~Rolls-Royce~다. 이들 회사는 평균 80-90%의 엔진 시장을 장악하고 있다. 프랑스의 사프란~Safran~은 GE와 협력하여 CFM56 엔진을 제작한다. 이 엔진은 보잉 737기종과 에어버스 320 패밀리 기종에서 가장 많이 사용된다.

제작사와 정비업체로 나뉜다. 엔진을 구매하는 비용보다 정비 비용이 더 많이 든다. 대표적인 엔진 MRO 정비업체로는 독일의 루프트한자, 싱가포르의 ST Aerospace, 미국의 AAR Corp 등이 있다. 엔진 정비사는 기체 정비사보다 희소성이 높아 경쟁력이 있다. 전 세계 MRO 시장에서 엔진 정비는 평균 25%를 차지하며, 가장 부가가치가 높은 분야다.

국내 유일한 엔진 제작사는 한화 에어로스페이스다. 한화는 지난 45년간 1만 개의 엔진을 생산한 경험을 바탕으로 앞으로 10년 이내에 국내 최초의 가스터빈 엔진을 제작할 것이라고 선언했다. 한국항공우주산업KAI에서 동남아를 넘어 폴란드, 이라크 등으로 수출하는 KF21 전투기에 사용하는 엔진도 한화에서 생산한다. 이 엔진은 약 30% 정도 국산화에 성공했다. 그동안 T50 훈련기 및 F-4, F-5에 사용하는 J79, J85 엔진 면허 생산 경험을 축적해 왔기에 가능했다. 여전히 설계 및 인증, 신소재 개발 과제가 남아있지만, 국내 최초의 완전 국산 엔진을 제작하는 회사는 한화가 될 것이다.

또한, 엔진 MRO 시장을 리드할 회사는 독보적으로 대한항공이다. 인천시는 글로벌 MRO 항공정비 도시를 꿈꾸고 있다. 대한항공은 인천시 영종도에 신엔진정비공장 클러스터를 구축할 것이라고 발표했으며, 2027년까지 아시아 최대 엔진 정비공장이 세워질 예정이다. 인천공항으로 출퇴근하는 사람이나 해외여행을 떠나는 사람들은 공항 내에서 작업하는 현장을 직접 볼 수 있다. 엔진 클러스터가 만들어지면 연간 1,000명 이상의 새로운 인력이 필요하다. 앞으로 항공정비사 자격증 소지자 및 군·민간 엔진 경력자들에게는 새로운 기회가 열리게 될 것이다.

국내 엔진 기술자들이 진출한 곳은 미국의 GE<sub>General Electric</sub>와 P&W<sub>Pratt & Whitney</sub> 같은 엔진 제작사다. 특히 GE Aerospace는 국내 김포산업단지에 위치해 있으며, 팬데믹 이후 매년 신입과 경력직 엔진 정비사를 모집한다. 국내 면장 소지자와 영어 사용 가능자, FAA A&P 자격증 소지자를 우대하며, 경력직은 평균 2년 이상의 엔진 정비 경력을 요구한다. 싱가포르와 미국에 위치한 P&W 에도 한국인 테크니션과 엔지니어들이 근무중이다.

출처: GE,PW

GE and PW 엔진 제작사

엔진 정비는 기존의 아날로그 방식에서 새로운 디지털 방식으로 변하고 있다. MRO 정비업체에서는 시간과 날짜에 맞춰 정비하는 방식이라면, 엔진 제작사에서는 출장 정비가 많다. GE는 GE 엔진을 사용하는 국내외 고객에게 엔진 기술자들을 파견한다. 엔진 기술자들은 항공기 엔진의 유지 보수, 수리 및 정밀 검사를 통해 엔진이 안전하고 효율적인지 확인한다. 또한 항공 감항당국의 요구에 따라 정기 및 특별 검사를 수행한다.

과거의 엔진 정비 방식은 예정된 유지 보수를 수행하고, 수리하고, 결함이 있는 부품을 교체하는 방식이었다. 그러나 미래의 엔진 정비 방식은 디지털 정비, 즉 예측 정비다. 디지털 엔진 정비 방식은 센서와 데이터 분석을 통해 엔진 구성 요소의 상태를 실시간으로 모니터링하고, 오류가 발생하기 전에 유지 보수를 수행해야 하는 시기를 예측한다. 이는 엔진 진동을 측정하여 내부 문제를 조기에 감지하고, 예정되지 않은 유지 보수를 줄일 수 있는 새로운 방식이다.

엔진 정비사가 되기 위해 별도로 교육하는 곳은 많지 않다. 국토부 지정 전문학교에서 2,410시간 동안 엔진을 공부하고, 기종 교육 시 엔진 교육이 추가로 이루어진다. 군대에서 엔진 정비 특기를 받아 경력을 쌓거나, 엔진 제작사와 엔진 MRO 정비업체에 지원하여 엔진 정비사로 성장할 수 있다.

모든 비행기의 중심에는 엔진이 있다. 우리 몸의 심장처럼 가장 중요한 역할을 한다. 동력장치를 이용한 최초의 비행이 100년 전에 성공했고, 앞으로 항공과 우주 시대가 열릴 것이다. 엔진은 중력을 거스르고 대륙과 바다를 넘나드는 경이로운 경험을 가능하게 했다. 엔진 개발자와 엔진 기술자들의 역할은 더욱 커지고, 비상할 것이다.

## 최고의 두뇌, 엔지니어

항공산업은 높은 기술력과 엄격한 안전 기준이 요구되는 분야다. 그중에서도 항공정비사는 항공기의 안전한 운항을 보장하는 중요한 역할을 담당한다. 항공정비사는 단순히 기계적 문제를 해결하는 테크니션과, 시스템 설계와 기술적 자문까지 제공하는 엔지니어 항공정비사로 나뉘며, 서로 다른 차원의 전문성을 지니고 있다.

미국의 한 고속도로에서 자동차가 고장 나서 도로에 세워졌다. 자동차 정비사 출신인 운전자는 문제를 해결하지 못하고 고장 원인을 찾지 못했다. 그때, 중년의 노신사가 다가와 운전사에게 시동키를 달라고 요청하더니 간단히 몇 가지를 조정한 후 시동이 걸리게 만들었다. 이 노신사는 바로 포드 자동차의 창립자인 헨리 포드였다. 이 일화는 반복적인 작업과 기술에 익숙한 운전자와 근본적인 문제 해결 능력을 갖춘 엔지니어의 차이를 잘 보여준다.

미국에서 항공정비사를 "AMT<sub>Aviation Maintenance Technician</sub>"라고 부르며 "Technician"이라고 한다. 주로 반복적인 일을 수행하는 "Mechanic"과 기술적 전문성을 강조하기 위해 "Technician"을 동

시에 사용한다. 유럽 국가들은 항공정비사를 "AME<sub>Aviation Maintenance Engineer</sub>"라고 부르며 "Engineer"라는 단어에 익숙하다. 국내에서도 항공정비사 자격증을 취득하면 "Aircraft Maintenance Mechanic"으로 표기되지만, 국토부에서 FAA 교재를 번역해 사용하는 항공정비사 표준 교재 제목을 "Engineer"로 혼용하여 사용된다.

대형 항공사에서 엔지니어 항공정비사는 항공기의 기술적 지원과 자문 역할을 수행하는 중요한 인력이다. 항공정비본부는 여러 팀으로 세분화되어 있으며, 그중 엔지니어 항공정비사들이 모여 있는 부서는 주로 기술팀<sub>Engineering Department</sub>이다. 이들은 항공기 제작사와 현장 정비사 사이의 기술적 중재 역할을 담당하며, 기술 자료 제공과 문제 해결, 품질 검사 등을 수행한다. MRO 중정비 작업 현장에는 SE Service Engineering부서가 있어서 현장에서 발생하는 기술적 문제를 해결하는 데 중요한 역할을 하며, 서류 작성과 기술 문서 관리에도 뛰어난 능력이 요구된다. 이곳에 근무하는 엔지니어들은 현장경험이 풍부한 테크니션들이 이동할 때 신뢰와 존경을 받는다.

싱가포르의 ST 에어로스페이스 조직도를 보면, 엔지니어와 테크니션이 명확히 구분되어 있다. 테크니션은 주로 현장에서 항공기의 점검과 수리를 담당하고, 엔지니어는 이들의 작업을 평가하며 기술적 문제를 해결하는 데 핵심적인 역할을 한다. 또한, 훈련생 과정도 테크니션과 엔지니어 양성 과정을 각각 나누어 운영한다. 이는 국내 대기업에서 엔지니어를 양성하는 방식과 유사하다. 대한항공에서도 인턴 정비사를 선발해 테크니션으로 성장시키고, 항공, 기계, 전기, 전자, 재료학과 등에서 대졸 공채로 학생들을 뽑아 엔지니어로 양성하고 있다.

엔지니어가 되기 위해서는 단순히 기술 능력을 넘어, 문제를 과학적으로 접근하고 해결할 수 있는 능력이 필요하다. 최초로 동력장치를 이용해 12초 동안 36미터를 비행한 라이트 형제는 양력과 항력의 개념조차 알지 못했다. 그들은 기계 관련 직업과 자전거 수리점을 경영한 경험을 바탕으로 비행기 날개를 만들었다. 라이트 형제는 현재의 기술자, 테크니션에 더 가깝다. 이후 공학을 공부한 엔지니어들이 비행기가 떠오르는 4대 힘, 즉 양력, 항력, 추력, 중력을 이론적으로, 과학적으로 증명하면서 이 개념들이 정의되었다.

엔지니어들은 또한 항공기의 구조적 설계, 성능 분석, 그리고 새로운 기술 도입을 통해 항공기의 안전성과 효율성을 극대화한다. 이러한 역할을 수행하기 위해서는 단순한 자격증뿐만 아니라, 항공공학이나 관련 분야에서 학사 이상의 학위가 필요하다. EASA, FAA, ICAO 등 국제 항공 규제 기관에서 발행하는 새로운 문서를 분석하고 기술적으로 지원하는 것도 이들의 중요한 역할 중 하나다.

기술자Technician와 공학자Engineer는 학벌과 경험에서 명확한 차이가 있다. 기술자가 새로운 기술을 터득하면, 엔지니어는 그 기술에서 과학 법칙을 이론적으로 풀어내고 증명한다. 반대로, 공학자가 과학기술을 활용해 기술을 발견하면, 기술자는 이를 바탕으로 제품을 생산해 낸다. 이후, 메카닉들이 그 기술을 반복적으로 적용하며 작업을 수행한다. 항공 분야의 조종사와 정비사는 기술자에 더 가깝다.

기술자는 새로운 기술을 터득하고, 엔지니어는 이를 이론적으로 풀어내며, 마지막으로 메카닉이 그 기술을 실질적으로 적용한다. 이 과정에서 엔지니어 항공정비사는 중요한 연결 고리 역할을 한다. 과거에는 고등학교 졸업 후 혹은 사내 교육을 통해 경력을 쌓아 자격증을 취득한 정비사들이 많았지만, 현대의 항공정비산업에서는 학위와 자격증을 동시에 갖춘 항공정비사를 엔지니어라고 부른다.

결론적으로, 엔지니어 항공정비사는 메카닉과 테크니션으로 정비 경력이 쌓이면서 동시에 고장 탐구 능력 및 문서를 보는 능력도 향상된다. 지속적인 학습과 기술적 도전으로 단련된 최고의 두뇌를 가진 엔지니어들 덕분에 항공기는 더욱 안전하게 운항된다.

# 최첨단 전기·전자 정비, 에비오닉

　항공 전기·전자 기술 담당자를 찾아 줄 수 있는지 국내뿐만 아니라 해외 항공정비(MRO) 업체에도 가장 많이 문의가 온다. 기체 및 기관 정비사들은 쉽게 찾을 수 있지만, 항공 전기·전자 특기자는 찾기 어렵다고 하소연한다. 이들은 설계 도면을 이해하고 복잡한 배선 회로도 Schematic Wiring Diagram을 볼 줄 아는 사람들이다. 전문 인력을 헤드헌팅 해 주면서 가장 찾기 어려운 전문가들이다. 우린 그들을 에비오닉Avionic 정비사라고 부른다.

　항공Aviation과 전자Avionics 두 단어를 결합해서 우리는 에비오닉스Avionics라고 한다. 항공사에서는 이들을 손가락 정비사라고도 표현한다. 라인이나 중정비 정비사들처럼 기계적으로 고치고, 수리하고, 검사하는 업무와 다르다. 너무도 복잡한 기내 항공전자시스템을 손가락만으로 조종석에 있는 비행 컴퓨터 시스템을 체크하면서 고장 탐구 후 결함을 찾기 때문에 그렇게 부른다. 우리 몸의 뇌 신경계와 같이 복잡한 회로도를 보면서 비행기가 아프면 자동으로 뜨는 각종 코드를 통해 문제를 찾아낸다. 공항에 도착한 항공기의 항법 및 통신장치에 결함이 발견되

없을 때, 빠르게 비행 전후 점검을 수행해 주고, 더 나아가 항공기에 장착하는 전자 장비의 설계, 생산, 설치, 활용과 서비스 업무에 대한 이해가 있어야 한다.

일반적으로 항공정비사들은 전기·전자를 어려워한다. 싫어할 수도 있다. 비행기 정비는 크게 세 명의 정비사로 나뉜다. 기체 정비사, 기관 정비사, 그리고 전기전자 정비사다. 대형 항공사들은 독립적으로 전기.전자.계기 부서가 있다. 규모가 작은 저비용 항공사는 한 명이 모든 업무를 해낼 수 있는 멀티플레이 정비사를 원한다. 그러나 좀 더 특별한 기술을 가진 전자 정비사들은 찾기도 힘들고 몸값도 훨씬 비싸다. 그래서 항공정비사 자격증을 획득한 후 추가적으로 전기전자를 배우는 항공정비사도 있다.

국내 항공 고등학교 및 대학에서 항공전기전자 학과를 운영한다. 교통안전공단에서 발급해 주는 자격증과 상관없는 일반 기능사 및 산업기사를 취득할 수 있다. 항법, 통신, 감시, 항공교통관리 분야는 기계 중심에서 전자제어 중심으로 확장되고 있다. 전기전자 중심의 커리큘럼을 통해 마이크로프로세서, 자동제어, 계측제어, 센서제어, 그리고 항공전기. 전자, 장비와 관련된 실습 교육을 통해 전기·전자 항공정비사를 양성한다. 현장에서는 전기전자과를 졸업한 항공정비사 자격증 소지자들이 가장 필요하다고 말한다.

한국에서도 2021년 3월 1일 이후 항공 안전법 변경으로 인해 자격증 제도가 변경되었다. 이전에는 "정비만 해당"하는 기체, 왕복, 터빈,

엔진, 프로펠러, 전기전자 계기 5가지 자격증으로 나뉘었지만, 이제는 하나의 과정만 남게 되었다. 바로 "전기전자계기" 자격증이다. 이 자격증을 획득하기 위해서는 실무 경험을 요구한다. 국토부 지정 전문학교에서 모든 과목을 이수한 후, 2년 이상의 정비 경험이 있거나 4년 이상의 근무 경험이 있을 때 자격증 시험 응시 기회가 주어진다.

    미국에서는 FCC Federal Communications Commission, 연방통신위원회에서 발급하는 GROL General Radiotelephone Operator License 자격증을 획득한다. 또한 조금 더 높은 수준의 NCATT AET National Center for Aerospace & Transportation Technologies, Aircraft Electronics Technician 인증도 취득할 수 있다. 이것은 국내 항공무선통신사 자격증과 유사하다. 그래서 먼저 2년제 항공정비 과정을 졸업한 후, 많은 사람들이 계기, 트랜스폰더, 라디오, 레이더 등 항공기 전기전자 부품 정비를 위해 FCC 자격증을 취득한다. 정비학과를 졸업한 후, 약 6개월간의 항공전기전자 관련 트레이닝이나 자가 학습을 통해 추가적인 자격증을 취득할 수도 있다.

    더운 날이나 추운 날에 현장의 최전선에서 고생하는 라인 정비사들은 항상 온도가 조절되는 곳에서 근무하는 전기전자 정비사를 부러워한다. 항공 전기전자 정비사는 급여가 높고 인력을 찾는 것도 쉽지 않다. 다양한 항공정비사들 중에서 가장 오래 일할 수 있고 가장 인정받는 기술직일 것이다.

    항공 전기전자 정비사들은 일반적인 항공기 제작사, 운항사, MRO 정비업체를 뛰어넘어 다양한 분야에 진출할 수 있다. 항공통신, 항법, 비행제어 기술, 항공 계기 및 전기를 포함한 항공기의 핵심 부분을 차지하는 고부가가치 산업 내에서 근무할 수 있다. 이는 특히 IT와 소프트웨어 융합 기술이 뛰어난 국가에서 도전할 가치가 있는 산업이다. 항공우주 관련 전자 장비 개발 회사, 항공 전자 장비, 세부 시스템 장비 등으로 진출할 수 있고, 더 나아가 전기 비행기Electric Airplane 및 미래 도심 항공 모빌리티UAM, Urban Air Mobility 관련 회사에서 일할 수도 있다.

전기 및 전자 분야는 우리 몸의 신경 조직 역할을 한다. 새롭고 최첨단의 항공기가 제작되면서 기계 중심에서 전자제어 중심으로 전환되고 있으며, 혈관과 신경처럼 연결된 전기 신호의 통합 처리 기술이 지속적으로 업그레이드되고 있다.

여기에 필요한 가장 전문적인 인력은 항공 전기·전자 정비사, 에비오닉Avionic 정비사다.

# 최우선 안전, 항공안전관리자

항공안전관리자의 주된 역할은 사고를 예방하고, 문제 발생 시 신속한 조사를 통해 재발 방지 대책을 마련하는 것이다. 이들은 항공사, 정비업체 및 정부 기관에서 안전을 유지할 수 있도록 각종 데이터를 분석하고, 위험 요소를 사전에 제거한다. CEO 직속으로 독립적으로 설치된 안전 부서 내에서 안전을 최우선으로 관리하며, 경력이 쌓이면 정부에서 항공사고조사관으로 근무한다.

2024년 12월 말, 무안공항에서 발생한 제주항공 사고 원인은 많은 사람을 놀라게 했다. 랜딩기어가 나오지 않은 상태에서 동체 착륙을 시도했던 이유에 대해 사고 원인을 찾기 위해 다양한 항공 전문가들이 의견을 제시한다. 이렇게 사고가 나면 가장 먼저 도착해 사고 조사를 위해 블랙박스를 회수해 가는 곳은 국토부와 FAA 산하 독립적인 조사 기관 소속 항공 사고 조사관Aircraft Accident Inspector들이다. 최종적으로 독립적으로 항공 사고 원인을 찾아 발표하며, 소속 항공사 안전 관리자들은 조사관들을 지원하는 역할을 한다.

항공 안전관리자가 되기 위해서는 전문적인 교육과 자격증이 필요하다. 한국에서는 한국항공대학교의 항공 안전교육원과 교통안전공단에서 제공하는 안전관리 시스템 SMS: Safety Management System 및 인적 요소 훈련 과정을 이수할 수 있다. 또한, 교통안전 관리자 시험에서도 항공 분야에 응시할 수 있으며, 이 시험은 도로, 철도, 항공, 항만, 삭도 등 5개 분야로 나뉘며, 조종사와 정비사는 경력을 인정받아 필기시험을 면제받을 수 있다. 항공기를 처음 배우고 싶은 비전공자들도 응시할 수 있는 것이 특징이다. 해외 교육은 직접 미국 NTSB National Transportation Safety Board 또는 FAA Federal Aviation Administration 방문해서 안전 교육을 받을 수 있다.

미국의 재난 영화를 보면 항공 사고 장면에서 자주 등장하는 사람들이 있다. 등 뒤에는 선명하게 'NTSB' 또는 'FAA'라는 단어가 보인다. NTSB는 독립적인 교통안전 기관으로, 항공사고 원인 규명과 재발 방지 대책을 마련하는 데 주력한다. 대규모 항공사고가 발생하면 NTSB 조사관들이 현장을 직접 조사하며, 사고의 근본 원인을 분석하고 최종 보고서를 통해 안전 권고안을 제시한다. 이 과정에서 NTSB는 외부 간섭 없이 독립적으로 조사하며, FAA나 항공사에 영향을 받지 않는다. 국토부 산하 한국항공철도사고조사위원회 ARAIB: Aviation and Railway Accident Investigation Board에서 유사한 역할을 한다.

반면, FAA는 항공 안전을 감독하는 규제 기관으로, 항공사 운영과 안전 규정 준수를 중점적으로 관리한다. FAA 조사관은 소규모 사고나 준사고를 조사하며, 항공사들의 규정 준수 여부를 점검하고, 필요

한 경우 행정 조치를 취하며, FAA는 사고 예방에 집중하고 안전 기준을 개선하는 역할을 수행한다

아시아나항공 샌프란시스코, 제주항공 사고조사 현장

국내 및 미국 항공정비학과 커리큘럼은 항공 안전 및 인적요소를 기본적으로 배우고 학부 과정에서 좀 더 깊게 항공 안전Aviation Safety을 수강할 수 있으며, 석사 과정으로 항공 안전 학과를 선택할 수 있다. 안전 본부에서 경력을 쌓으면 항공철도사고조사위원회, 국토교통부 항공정책실, 지방항공청 등 공공기관에서 일하거나, 항공 관련 대학교에서 항공 안전 교육을 담당할 수 있다. 미국 영주권자라면 FAA에서 활동하는 분들도 있다.

한국에서는 항공철도사고조사위원회 소속 조사관들이 항공사고가 발생하면 현장에 출동하여 사고 잔해를 보존하고 블랙박스를 수거하는 등 초기 대응을 한다. 한국과 미국 모두 항공사고 예방 및 조사에 있어 전문가들의 철저한 관리와 조사가 중요한 역할을 한다.

국제적으로는 국제항공 조사관협회ISASI가 있으며, 이곳에선 항공 사고 조사 기법과 안전 관련 정보를 공유한다. 2016년 이후, ISASI의 론 사카 회장이 국내에 초청되어 한국항공대에서 항공 안전 담당자들과 항공사, 정부 관계자들이 한자리에 모여 교육과 친목을 나누는 뜻깊은 행사가 열렸다. 민간 항공 안전 관련 조직에서는 ISASI가 사고 조사 기법 및 안전 관련 정보를 제공하며, 국내에서는 개인적으로 기술이사를 맡고 있는 한국항공 조사관협회KSASI가 설립되어 활동 중이다.

항공기는 자동차보다 안전하다. 2023년 항공기 사고로 전 세계에서 72명이 사망했으며, 이는 항공기 운항 126만 편당 한 건에 불과하다. 2024년에는 무안공항 제주항공 사고를 포함해 사망자가 318명으로 증가했다. 자동차 사고는 세계보건기구 WHO에 따르면 매년 약 119만 명이 사망하며, 이는 하루 평균 3,200명이 사망한다는 이야기다. 이러한 통계는 비행기가 가장 안전한 교통수단임을 입증한다. 엠브리이들 ERAU 항공대학의 항공안전 및 사고조사를 가르치는 앤서니 브릭하우스 Anthony Brickhouse 교수는 "비행기에 타는 것보다 공항으로 운전하는 길이 더 위험하다"라고 강조했으며, 일부 국가에서는 에스컬레이터가 비행기보다 더 위험할 만큼 항공사고 확률은 높지 않다고 말했다.

그러나 항공기는 작은 사고라도 큰 인명 피해가 발생할 수 있다. 단 한 번의 사고 예방을 위해 항공사 및 정비업체 안전보안 부서에 근무하는 항공안전감독관의 역할은 가장 중요하다.

항공 정비를 배우는 학생들에게 최종 목표를 물어보면 대부분 엔지니어와 경영으로 나뉜다. 하지만 다르게 대답했던 한 학생이 아직도 기억에 남는다.

"저는 항공 사고 조사관이 최종 목표입니다."

그 학생에게 학기 중에 항공 안전 감독관들을 직접 만나게 해주었고, 항공철도사고조사위원회 홈페이지에 올라온 경비행기부터 대형기에 이르기까지 모든 사고 조사 기록을 찾는 훈련을 시켰다. 안전 관련 세미나에 참석한 후, 그 학생의 꿈이 더욱 구체화된 것을 보았다. 항공 정비사를 뛰어넘어 항공 안전 감독관의 꿈을 가진 학생들이 많아졌으면 좋겠다.

## 항공정비를 책임지는, 국가공무원

　대한민국에 등록된 비행기는 매년 항공기가 안전하게 비행할 수 있는 상태인지 확인하는 "감항검사"를 받아야 한다. 국토교통부 지방항공청 소속 국가공무원. 안전감독관들이 실시한다. 이 검사는 항공기의 안전성과 감항성을 유지하기 위한 필수 절차로, 항공기의 정비 상태와 기술적 요구사항 충족 여부를 확인하여 안전 운항을 보장하는 가장 중요한 검사다. 국토부는 이를 위해 항공정비담당 공무원을 채용한다.

　청년들의 공무원 시험 열풍은 올해도 여전하다. 직업 안정성, 연금 제도와 같은 복지 혜택, 경제적 불확실성 속에서 안정된 일자리를 찾으려는 경향 때문이다. 특히 청년 실업률이 높고 민간 기업의 고용 상황이 불확실하여 공무원이라는 안정된 직업이 선호되고 있다. 코로나19 이후 경제 상황이 어려워지면서 공무원 시험에 대한 관심은 더욱 커졌다. 약 25만 명의 공시생들이 시험을 준비하지만, 실제 채용 인원은 그에 비해 적다. 항공 종사자들, 예를 들어 조종사, 정비사, 운항관리사 등은 상대적으로 높은 경쟁률을 보인다고 한다.

　지방대를 졸업한 동생 부부는 취업의 어려움 끝에 노량진에서 공시 준비를 시작했다. 서울권 출신과 유학파에게 밀려 계속 취업에 실패한 후, 누구나 공정하게 평가받을 수 있는 공무원 시험을 선택했다. 그러나 3년 동안 실패를 반복하며 다시 노량진으로 돌아간 동생을 보며 비슷한 어려움을 겪는 청년들이 많다는 사실을 깨달았다. 그런 동생에게 행정직을 준비하는 대신, 항공정비사 자격증을 취득하고 기술직 공무원에 지원하는 것을 추천했다.

기술직 공무원은 행정직보다 평균적으로 경쟁률이 높은 편이다. 항공 관련 기능사 자격증 소지자는 3%의 가산점, 산업기사나 기술사 자격증 소지자는 5% 이상의 가산점을 받을 수 있다. 만약 기술직 공무원에 떨어지더라도 항공 정비 자격증을 가지고 있으면 일반 항공사에서 정비사로 취업할 수 있으며, 경력을 쌓아 다시 공무원 경력직으로 지원할 수도 있다.

공무원은 크게 행정직군과 기술직군(과학기술직군)으로 나뉘며, 항공정비사 자격증 소지자는 과학기술직군에 지원할 수 있다. 이들은 주로 국토교통부, 국방부, 산림청 등에서 근무하며, 항공기의 감항검사 및 유지보수 업무를 맡는다. 과학기술직군은 항공기술, 전기전자 분야의 역량이 요구되며, 자격증과 경력이 중요한 채용 기준이 된다.

국토부 항공정비사 공무원 채용은 자격증 소지자를 대상으로 하며, 부산 및 서울 지방항공청에서 근무한다. 주요 업무는 항공기 감항 검사 확인, 기준 수립, 항공기 안전 관리다. 채용 공고는 서울지방항공청의 공식 웹사이트나 국토교통부 채용 페이지에서 확인할 수 있다. 또한 교통안전공단 항공시험처에서도 자격증 시험을 담당하거나, 비행기를 운항하는 한국교통대학교에서도 8급 공무원으로 항공정비사를 채용하여 항공기 정비 및 행정 업무를 맡긴다.

산림청, 해양경찰청, 소방청 등에서도 헬기 정비사를 모집하며, 일반직과 경력직으로 구분된다. 산림청과 소방청은 정비 경력 12년 이상의 경력직을 선발하며, 자격증 소지자는 우대된다. 1차 서류 전형을 통과한 후에는 기체, 엔진, 전기전자통신, 항공안전법, 정비 행정 등에 대한 실기시험을 통과해야 하며, 최종 면접에서 공무원으로서의 정신 자세와 직무 수행 능력을 평가받는다. 필자는 산림항공청 경력직 면접 위원으로 참여했을 때, 한 명이라도 '하' 평가를 받으면 불합격된다는 점을 알게 되었다. 대부분 면접 위원은 출신학교 및 선후배로 구성되며, 평균 3명 이상의 면접 위원이 참여하여 공정한 평가를 위해 시험 당일까지도 비공개로 진행된다.

군무원 지원도 가능하다. 국가 공무원은 중앙 정부나 지방 정부에서 일하며, 군무원은 국방부 및 군 관련 부서에서 군사 업무를 지원한다. 국방부 군무원과 육·해·공군에서 항공정비 분야 군무원으로도 지원할 수 있다.

매년 상반기에는 국방부와 육·해·공군본부가 주관하는 군무원 채용시험이 진행되며, "국방부 군무원 채용관리" 홈페이지에서 공고된다. 군무원은 군인과 함께 근무하며, 자격증 소지자는 다양한 직렬에 지원할 수 있다. 특히 항공기체, 기관, 정비지원 등의 기술직 군무원은 자격증이 필수이며, 5급 및 7급은 기사 자격증, 9급은 산업기사 자격증 이상이 요구된다.

　기술자로서 안정적인 직업과 복지 혜택을 고려할 때, 경쟁이 치열한 민간업체보다는 국가 공무원을 꿈꾸는 청년들의 관심은 앞으로도 이어질 것이다. 국가공무원을 목표로 하는 청년들이 있다면 항공정비사는 충분히 도전해 볼 만한 분야일 것이다.

## 가르치는 특권, 기술교관

국내 항공정비학과를 운영하는 대학들 중에서는 기술교관Technical Instructor 출신 교수들이 많다. 특히 대한항공 훈련원 출신들이 은퇴 후 대학에서 가르치는 경우가 흔하다. 이들은 상업용 항공기 정비 경력과 훈련원 경험을 바탕으로 학생들에게 많은 것을 가르칠 수 있다. 대형 항공사들은 자체 훈련원을 보유하고 있으며, 이곳에서 근무하는 기술 교관들은 신입 직원들에게 항공기 기종 훈련을 제공하고, 초도 교육과 매년 의무적으로 이수해야 하는 보수 교육, 그리고 항공 안전 및 보안에 대한 지속적인 반복 훈련을 담당한다.

2000년대 초, 저비용 항공사들이 우후죽순 생겨날 때 국내에는 소속된 기술 교관도 없었고, 훈련 기관도 부족했다. 이스타항공을 시작으로, FAA와 EASA 인증을 받은 중국의 HAECO, 독일 Lufthansa, 미국 Alteon의 훈련 팀이 국내에 와서 저비용 항공사들에게 기종 교육 훈련을 제공했다. 해외 기관에서 발급받는 수료증은 국내를 넘어 해외에서도 인정받을 수 있었지만, 100% 영어로 진행되어 어려움이 많았다. 현재 국내에서만 사용 가능한 국토부 지정 직업 전문학교에서 보잉 737과 에어버스 320 기종 훈련이 이루어지고 있다.

초창기에는 루프트한자테크닉의 기술 교관들이 국내에 초청되어 보잉 737과 에어버스 A320 기종 훈련을 대부분 진행했다. 이 훈련에는 국내 항공사 직원들과 대형기 정비사를 꿈꾸는 항공정비 자격증 소지자들이 참여할 수 있었다. 40일 동안 진행된 훈련에서는 각 분야의 전문 기술 교관들이 로테이션으로 기체, 엔진, 전자 분야를 가르쳤으며, 각 과목에서 75% 이상의 점수를 획득해야 수료증을 받을 수 있었다. 훈련 마지막 날, 학생들이 기술 교관들에게 감사의 선물을 전하며 돌아가는 모습을 볼 때마다 가르치는 직업의 매력을 새삼 느꼈다.

특히 기억에 남는 기술 교관은 매년 필리핀에서 한국을 찾아오는 에스트렐라 교관이다. 그녀는 전기전자 분야를 가르치는 여성 교관으로, 필리핀항공에서 전기전자 항공정비사로 근무하다가 가르치는 일이 적성에 맞아 교관 시험에 합격했다. 이후 루프트한자의 첫 여성 교관이 되어 전기전자 분야를 전문적으로 가르치고 있다. 늘 한국 학생들에게 인기가 많았으며, 나 또한 필리핀 마닐라에 위치한 루프트한자 훈련원에서 그녀에게 보잉 737 전기전자 시스템 교육을 이수한 적이 있다.

한국항공대학교 기술교육원의 하영태 교수님은 대한항공 훈련원 출신 기술 교관이다. 대한항공 비행기가 도착하는 해외 지역에서는 외국 정비사들이 정비를 담당하기 때문에, 직접 해외로 나가 이들을 훈련시켜야 했다. 이러한 경험을 바탕으로 토플과 입학시험에 합격한 후, 미군 내에 위치한 메릴랜드 대학에서 학사 학위를 취득했고, 온라인으로 미국 미드웨스트 대학교에서 석사 학위를 취득한 국내 유일의 기술 교관 출신이다. 자녀 역시 아버지를 닮아 현재 미국 뉴욕대학교 교수로 활동 중이다. 하영태 교수님은 현재 미국 미드웨스트Midwest 대학교 공학과와 국내 대학에서 항공 정비 기술 영어를 가르치고 있다. 가르치는 직업은 건강만 유지하면 은퇴가 필요 없는 직업이며, 대학교 교수로서 계속 활동할 수 있다.

2016년, 나는 한국인 최초로 독일 루프트한자 테크닉 기술교관 시험에 합격했다. FAA 미국 항공정비사 자격증을 소지하고 있었기에 지원할 수 있었고, 운 좋게도 합격했다. 내가 동기부여를 받았던 사건은, 한국에서 해외 인가 업체를 초청해 기종교육을 실시할 때 중국 HAECO 소속의 30대 중국인 교관들이 국내의 60대 베테랑 항공정비사들을 가르치는 모습을 본 것이다. 중국 교관이 서툰 영어로 지식을 전달하는 모습을 보면서, 한국인도 충분히 해외 기관에서 이 일을 할 수 있다는 자신감을 얻게 되었다. 그래서 보잉 737 기종 교육을 이수한 후 루프트한자 기술교관 시험에 도전하게 되었다.

해외에서 외국인 정비사를 가르치는 것은 영어 수업 준비로 큰 노력이 필요했지만, 그만큼 배움의 기회도 많았다. 내가 속한 루프트한자 항공사는 유럽연합에서 1위를 자랑하는 항공사이며, 글로벌 MRO 정비업체인 루프트한자 테크닉을 운영하고 있었다. 특히 필리핀과 중국에 중정비 사업을 시작하며 초대형 정비 격납고와 훈련센터를 설립한 것은 매우 인상적이었다. 지금은 사라진 A380 같은 최첨단 기종을 직접 볼 수 있는 기회는 기술교관들만이 누릴 수 있는 특권이었다. 격납고 안에서 국내 아시아나 항공기를 볼 때면 애국심이 절로 생겼다. 우리나라에도 이런 글로벌 MRO 정비업체와 영어로 가르치는 기술교관이 있으면 얼마나 좋을까 하는 생각이 들었다.

해외에서 활동하는 한국인 기술교관은 더욱 귀한 인재이다. 대표적인 분으로는, 국내 최초로 대한항공 10년 경험을 가지고 FAA 미국 자격증을 취득하고, 해외에서 12년 넘게 엔진기술교관을 했던 강진성 교수님이 있다. 강 교수님은 40대에 안정된 대기업 자리를 떠나 중동으로 눈을 돌려 기술교관에 도전했다고 한다. 중동이나 아시아에서는 영어가 제2외국어이기 때문에 영어로 수업하는 것이 어렵지 않았으며, 발음보다는 기술 영어와 콘텐츠를 전달하는 능력이 중요하다고 강조하셨다. 그는 아직도 해외로 진출하는 한국인 기술교관이 많지 않다는 점을 늘 안타까워하셨다.

항공사 기술교관이 되려면 먼저 현장에서 충분한 정비 경력을 쌓고, 가르치는 일에 대한 열정이 필요하다. 항공기 정비 기술은 한 번 습득하면 독점하고 싶은 경우가 많지만, 시대가 변하면서 이제는 모든 것이 문서화되고, 매뉴얼을 통해 체계적으로 지식을 전달할 수 있게 되었다. 자신이 배운 지식을 기꺼이 나누고, 가르치는 것을 즐길 줄 아는 사람에게 기술교관이라는 직업을 추천하고 싶다. 가르치는 기술교관은 은퇴가 없다. 항공정비사는 평균 은퇴 나이가 65세지만, 대학 강단에서 후배들을 가장 잘 가르치는 교수님들은 역시 기술교관 출신들이다.

가르치는 일은 직업을 넘어, 한 사람의 인생에 날개를 달아줄 수 있는 가장 값진 일이다. 항공정비사의 꿈을 품은 학생들이 훈련을 마치고 세상으로 나아가는 모습을 지켜볼 때 느끼는 기쁨과 자부심은 그 무엇과도 바꿀 수 없는 소중한 보람을 느낀다. 이것은 오직 기술교관만이 느낄 수 있는 특권이다.

독일루프트한자 테크닉 훈련원 기술교관

## 나 홀로 비행, 도입·반납 항공정비사

✈

　인천공항에서 아일랜드로 향하는 국내 저비용항공사, 보잉 737기 안에는 단 한 명의 승객도 없이 항공정비사 혼자만 타고 있다. 이 넓은 기내 안에 혼자 타고 있는 기분이 묘하다. 그의 미션은 리스비행기를 완벽하게 반납하는 것이다.

　대한항공의 경우, 항공기 리스 비율은 약 40%에 이르며, 저비용항공사LCC인 제주항공, 진에어, 티웨이항공, 이스타항공 등은 리스 비율이 70% 이상으로 더 높은 편이다. 항공사에서 리스를 하는 이유는 주로 초기 도입 비용을 절감하고 운항 효율성을 높이기 위함이다.

　항공사에서 운항하는 비행기는 소유와 리스Lease로 나누어진다. 대부분의 항공사들은 많은 비용을 들여 신조기를 도입하는 것보다 적은 비용으로 항공기를 리스하는 걸 선호한다. 신조기를 보잉사 및 에어버스와 같은 제작사에서 직접 도입하는 경우가 있지만, 리스 비행기는 평균 계약 기간을 5년, 8년, 10년 등으로 정하여 운영한다.

　항공사에서는 매년 신조기를 도입하고, 리스 계약이 끝나는 비행기를 반납하기 위해 별도의 정비팀을 운영한다. 이들을 도입·반납 정비사라고 부른다.

  항공기의 리스 기간이 끝나면 계약을 연장할 것인지, 반납할 것인지를 결정하게 된다. 비행기를 반납하기로 결정했다면 반납 중정비 수행 경험이 풍부한 MRO 업체를 선택해야 한다. 항공기를 리스해 준 회사에서 요구하는 상태로 정비를 완료해야 하기 때문이다. 대부분 운항사에서 할 수 없기에 해외 전문 반납 MRO 업체를 선정하게 된다.

  전 세계에서 법인세가 가장 낮은 아일랜드, MRO 정비 비용이 저렴한 중국, 홍콩, 그리고 한국과 가까운 싱가포르에 위치한 MRO 전문 업체 중 가격과 품질을 평가한 후 정비 계약을 체결한다.

  항공대학교 기계과를 졸업한 인호 씨는 저비용 항공사의 도입·반납 정비사다. 항공정비사 자격증은 없지만, 영어 매뉴얼을 이해할 수 있고 대부분의 회사 메일박스는 해외 업체에서 온 메일로 가득하다. 소속 비행기의 리스 만료가 많아지면 반은 한국에서, 반은 해외에서 시간을 보낸다. 조종사와 운항관리사, 그리고 본인만 도입·반납하는 비행기에 탑승할 때 마다 특별한 감정이 든다고 한다. 해외에서 만나는 업체 담당자들이 대부분 항공정비사 자격증을 소지한 정비사들이기에, 개인적으로 자격증을 준비하고 있다.

  항공기 대수가 많아질수록 도입과 반납을 전담하는 팀은 바빠진다. 완벽한 반납 정비 수행을 위해 입고 2개월 전부터 운항을 전면 중단하고 리스업체에서 요구하는 정비 업무를 완료한다. 또한 반납 정비를 수행하는 동안 차기 운항사들이 합류하여 도입 정비 수행 검사 및 필요

정비를 꼼꼼하게 다시 확인한다.

반납 정비 업체는 반납 시점까지 해당 항공기가 모든 정비를 완벽하게 수행했다는 것을 증명해야 한다. 정확한 정비 기록과 항목을 확인한다. 과거 시간제 검사와 스케줄 검사 수행 여부를 확인하며, 리스 기간에 발생할 수 있는 대소수리에 대한 부분을 검증한다. 조금이라도 이상이 발견되면 반납이 지연되거나 추가적인 정비 비용이 발생한다. 이런 이유로 반납 정비사들은 매의 눈으로 정비 기록을 확인하고, 신뢰할 수 있는 반납 정비 경험이 많은 MRO 업체를 선정한다.

완벽하게 차기 운항사 혹은 리스 회사로부터 이상 없다는 사인을 받으면 반납 정비는 끝난다. 그리고 미션 완료 후 달콤한 휴가를 즐긴다. 낯선 나라를 여행하는 기쁨도 누린다. 공항에서 라인 정비를 하는 항공정비사들이 꿈꾸는 자리다. 항공사는 반납 정비의 중요성을 알기에, 현장경험이 풍부하고 영어에 능통하며 기술 검토 경험을 가진 베테랑들을 선정한다. 나는 그들을 도입·반납 정비사라고 부른다.

# 칼을 쓰는 유일한 정비사, 스트럭쳐

"우린 유일하게 항공기에 칼을 쓰는 정비사잖아."

화물기 개조 작업을 하는 정비사들이 매뉴얼에 따라 유지, 보수, 점검을 하는 현장 정비사들에게 자주 하는 말이다. 일반 항공정비사들은 비행기의 안전을 위해 정비하지만, 스트럭쳐 structure 정비사들은 항공기 기체에 칼로 재단을 하고 변형해서 개조해 버린다. 왜 할까? 일반 여객기의 문과 다르게 화물기는 수화물 적재를 위한 문의 크기가 커지고, 무거운 중량을 감당해야 하기에 바닥의 강도를 높이기 위해 새롭게 개조해야 한다.

'B737 수리·개조 경험으로 본 미국 단위계'의 저자로 잘 알려진 아시아나항공 정수일 정비사는 항공기를 운항하는 곳에서 흔히 만나는 기체정비사 APG가 아니라, 항공기의 기체를 자르고 붙이는 수리·개조 작업을 전문으로 하는 기체구조 정비 전문가다. 비행기의 날개, 동체, 레이돔, 꼬리날개 등 외력에 의해 기체에 손상이 발생하면 그는 현장으로 달려간다. 항공기가 비행 중 새와 충돌하거나 번개로 인해 손상되거나, 충돌로 인해 기체 손상이 발생한 경우, 더 나아가 화물기 개조를 위해 기체에 칼로 작업할 수 있는 스트럭처 정비사다.

　화물기 개조 작업은 기존의 여객기를 화물기로 전환하는 과정으로, 항공산업에서 중요한 역할을 한다. 이 작업은 주로 항공기 수명을 연장하고 여객기 수요가 감소하거나 항공기가 오래되어 경제성이 떨어질 때, 항공사들은 여객기를 화물기로 전환하는 것을 고려한다. 30년 된 여객기를 폐기 처분하기보다는 화물기로 개조해서 더 오래 사용할 수 있다.

　코로나 기간 사람을 운반하는 항공사는 어려움을 겪었다. 사람이 없을 때 화물기로 변경한 회사들은 기사회생했다. 대형 항공사 및 저비용 항공사들은 움직이지 않는 여객기의 의자를 제거하고 화물기로 전환하면서 흑자로 전환했다. 물론 구조를 변경해서 운영하는 진정한 화물기 개조는 아니었다.

　화물기 개조 작업은 어떻게 진행될까?
　먼저, 기체 검사 및 평가를 통해 개조가 가능한지를 판단한다. 내부 구조 변경 작업에서는 좌석을 제거하고, 화물을 적재할 수 있는 공간을 만든다. 이는 주로 화물칸 확장 및 항공기 바닥과 벽체 보강 작업을 포함한다. 대형 화물을 쉽게 적재할 수 있도록 여객기의 측면이나 상단에 화물 도어를 설치하고, 화물기의 운영에 필요한 전기 및 통신 시스템을 설치하거나 개조한다. 마지막으로, 화물이 안전하게 고정될 수 있도록 화물 고정 장치를 설치하고, 최종 검사 및 인증을 받는다.

MRO 업체에서 기체 부서가 있다면 화물기 개조 부서는 별도로 운영된다. 개조를 하려면 제작사와 인증 기관의 승인을 받아야 한다. 제작사에 엔지니어를 보내서 기술을 습득하고 최종 감항당국의 승인을 받아야 개조 작업을 할 수 있다.

스트럭처 정비사들은 항공기의 구조적 변경과 관련된 작업을 주로 담당한다. 이들은 여객기를 화물기로 개조할 때 내부 구조를 변경하는 작업을 수행하며, 좌석을 제거하고 화물칸을 확장하는 등의 작업을 한다.

출처:IAI,Boeing

이스라엘 IAI, 보잉사 화물기 개조

화물기 개조 작업은 주로 항공기 제작사나 MRO 정비업체에서 이루어진다. 대표적으로는 보잉, 에어버스에서는 자사 항공기를 화물 전용기로 개조하는 Boeing Converted Freighter<sub>BCF</sub> 프로그램을 제공한다. MRO 전문업체로는 싱가포르의 ST 엔지니어링, 미국의 AAR 코퍼레이션, 이스라엘의 이스라엘 항공우주 산업<sub>IAI</sub> 등이 있다. 일부 대형 항공사는 자체적인 정비 시설을 보유하고 있어, 내부에서 개조 작업을 진행할 수 있다. 국내에서는 대한항공, 사천에는 켄코아에어로스페이스 회사가 있다.

올해 가장 반가운 소식은 이스라엘의 화물기 개조 전문업체 IAI 정비업체가 인천공항 첨단복합항공단지에 입주하게 되었다. 보잉 777 기종 화물기 개조 사업의 첫 생산 기지로 대한민국을 선택한 것이다. 한국은 화물기 개조 기술을 배울 수 있고, 1천 명이 넘는 항공정비사 일자리가 만들어지게 된다.

항공기에 칼을 유일하게 사용해 개조할 수 있는 항공정비사, 이들은 스트럭처 정비사다.

# 제작사 기술고문, 테크랩

　미국 시콜스키 제작업체에서 만든 블랙호크는 대한민국 공군뿐만 아니라 민간용, 대통령 전용기로도 사용된다. 전 세계에서 운영 중이기에 제작사에서 파견된 기술 분야 전문가들이 국내에 상주한다. 우리는 기술 자문을 하는 그들을 줄여서 테크랩Technical Representative 이라고 부른다.

　전 세계 1% 고객만 상대하는 비즈니스 제트기 제작사이자 세계 부호들이 선택하는 자가용 전세기 제작업체의 양대 산맥은 캐나다 봄바디어Bombardier와 미국의 걸프스트림Gulfstream이다. 항공정비사들이 가장 취업하고 싶어 하는 제작사들이다. 대기업들은 직접 주문해 운항하거나, 부호들은 개인 전용기로 사용한다. 이런 전세기들이 예기치 못한 결함으로 인해 비행하지 못한다면 어떻게 될까? 이때 필요한 것이 AOG Aircraft on the Ground 서비스다. 한마디로, 비행기가 움직이지 않고 원인을 모를 때 운영자는 긴급히 제작사에 AOG를 요청한다. 이때 테크랩들은 바쁘게 움직인다. 제작사에서는 AOG 전문 테크랩들을 현장에 파견하거나 운영하는 모든 나라에 테크랩을 상주시킨다.

출처: Gulfstream

걸프스트림Gulfstream AOG 서비스 사진

  국내에 잘 알려진 미국의 대표적인 제작사는 보잉, 록히드 마틴, 노스럽 그러먼, 레이시온, BAE 시스템즈, 걸프스트림, 세스나, 파이퍼, 시러스, 비치크래프트, 텍스트론 등이 있다. 유럽을 대표하는 제작사는 에어버스, 유로콥터, 프랑스의 다소, 브라질의 엠브라이르, 캐나다의 봄바디어 등이 있다. 또한 헬기 제작업체 벨, 시콜스키, 아구스타 등을 국내에서도 만날 수 있다. 이런 제작사들은 주로 테크랩을 선발해 한국에 상주시킨다. 항공기를 직접 설계하고 생산하는 제작회사는 미국이 가장 많다.

  공군 부사관 후배인 최중사는 공군에서 직접 정비했던 시콜스키 S92 최신 기종 헬기 운영 경험을 통해 현재 시콜스키 회사에서 근무하는 최초의 공군 출신이 되었다. 성남 공군기지에서 근무 중 선발되어 미국 현지에서 기종 교육을 수료했고, 헬기 정비사로 제대 후 정비 경력을 인정받아 FAA 미국 항공정비사 자격증을 취득했다. 군보다는 민간 회사, 국내보다는 해외로 진출하고 싶어 중동으로 진출하게 되었다. 나도 항공정비사라는 직업이 현장에서 땀 흘리며 일선 정비사로 일하는 모습이라고만 상상했는데, 공군에서 테크랩을 만나고 나서 영어 공부를 시작했고 미국항공유학을 떠난 케이스다.

대한항공 경력을 바탕으로 미국 보잉사에 입사해 기술고문 역할을 하고 있는 윤수 씨는 전 세계 MRO 업체를 다니며 활동하고 있다. 그는 대기업에서 기술부 업무를 익힌 후 보잉사에 지원해 최종 합격했다. 윤수 씨의 직업은 보잉사에서 제작한 항공기를 화물기로 개조할 때, 현지 외국인 정비사들에게 기술 자문을 제공하는 역할이다. 이 업무는 프로젝트 형식으로 진행되기 때문에 화물기 개조 수요가 많을 때는 해외에서 생활하고, 수요가 없을 때는 미국으로 돌아간다. 미국에서 자녀를 키우고 싶었던 윤수 씨는 회사 생활 중 한 번은 꿈꾸는 해외 주재원 근무 중 영주권을 취득했다. 현재 보잉사에 정식으로 근무하는 몇 안 되는 한국인 중 한 명이 되었다.

보잉, 에어버스를 운영하는 모든 국가마다 대부분 테크랩이 상주한다. 특별한 고장이 발생하면 고장 원인을 분석하고 해결하거나, 요구 사항에 대해 조언하는 역할을 수행한다.

내가 만난 제작사에 근무 중인 한국인 테크랩들은 깔끔한 옷차림과 전문 지식으로 무장한 최고의 엔지니어급 정비사들이었다. 특히 기술 영어 및 회화 능력이 뛰어났다. 기종에 대한 전문 지식이 풍부하며, 대

수리나 대개조 작업 발생 시 기술적인 답변을 제공한다. 이들은 전 세계를 다니며 현장에서 문제 발생 시 직접 해결하고, 제작사와의 메신저 역할도 수행한다.

  지금 정비하고 있는 비행기와 엔진 제작사 이름을 알고 있는가? 전 세계 다양한 제작사에서 직접 근무하는 꿈을 꾸어 보자. 테크랩은 해외에서 만난 최고의 글로벌 항공정비사였다.

## 비행기를 직접 만든다. 제작 Manufacture 정비사

항공기를 배우는 학생이라면 반드시 한 번쯤 방문하고 싶은 곳이 미국 시애틀 북쪽으로 1시간 거리인 보잉의 도시, 에버렛이다. 12달러의 티켓 지불 비용이 전혀 아깝지 않을 정도로, 보잉사 투어는 놀라운 경험이었다. 나는 국내 항공정비학과 대학들의 인솔 및 통역 역할로 이곳을 방문했고, 항공 종사자라는 꿈을 심어주기 위해 아들, 딸과 함께 두 번 다녀왔다.

항공정비사들이 가장 일하고 싶어 하는 회사가 바로 보잉이다. 상업용 항공기는 에버렛에서, 군용 항공기는 세인트루이스에서 생산한다. 에버렛 공장은 기네스북에 등재된 세계 최대 규모로, 24시간 쉬지 않고 1만 5천 명의 직원이 하루에 12대의 항공기를 제작한다. 아파트 11층 높이의 거대한 공장 내부는 디즈니랜드보다 넓으며, 100만 개의 전구가 켜진 천장 아래에서 30개 이상의 크레인이 비행기 동체를 옮기는 모습을 볼 수 있다. 공장이 워낙 커서 내부에는 스타벅스 커피숍이 있고, 작업자들은 이동 거리를 단축하기 위해 소형차나 자전거를 타고 분주하게 움직인다. 활주로에서는 최종 시험 비행을 마친 항공기들이 각국으로 이륙하는 장면을 목격할 수 있다.

보잉은 항공기 설계 및 제작 과정에서 1만 7천 개 이상의 하청업체들과 협력하며, 전 세계 항공기의 평균 60% 이상을 제작하는 거대 기업이다. 엔지니어만 4만 명 이상이며, 국내에서도 사천에 위치한 한국항공우주산업(KAI)과 기타 동체 조립 생산업체들이 보잉에 날개와 동체를 납품한다. 날개, 동체, 엔진들이 에버렛에 모이면 최종 조립만 담당한다. 보잉사는 설계 시작부터 완제품 생산까지 모든 과정을 확실하게 분업화하며, 최종 조립 후에는 시험비행을 통해 인증을 받는다. 하지만 보잉이 공개하지 않는 것은 바로 최종 조립 후 시험비행에 필요한 기술과 설계 도면이다. 이는 마치 코카콜라가 모든 제작 과정을 공개해도, 독특한 맛의 비밀은 여전히 공개하지 않는 것과 같다.

우리나라 항공기 제작 및 부품 관련 회사들의 50% 이상이 항공 산업의 메카인 사천에 자리 잡고 있다. 보잉사의 주문을 받아 동체 및 날개 끝을 제작하는 회사들도 모두 사천 항공산업단지에 있다. 그중 한국의 대표적인 항공기 제작업체는 한국항공우주산업(KAI)이다. KAI는 국내 유일의 항공기 제작사로, 독자 개발한 KT-1 기종을 수출했으며, 초음속 고등훈련기 T-50을 개발해 터키, 인도네시아, 페루 등에 수출했다.

국산 비행기가 다른 나라의 하늘을 지키고 있다는 사실은 예비 항공 정비사들에게 큰 희망을 준다. 이곳에서는 폴리텍대학을 통해 많은 항공 정비 인력을 배출하고 있으며, 일반 4년제 대학의 기계공학, 우주공학, 기계설계, 전기·전자, 금속재료, 산업공학 등의 다양한 학과 출신들이 연구개발 및 기체구조, 항공전자, 제어·계측, 무인기, 위성시스템 분야로 진출할 수 있다.

항공기 제작사에서 일하기 위해서는 여러 전공과 학문이 필요하다. 항공기 제작은 기계, 전자, 재료, 경영 등 다양한 전문 지식이 요구되는 복잡한 작업이다. 보잉사에는 다양한 전공자들이 필요하며, 가까운 Everett Community College와 Seattle Community College에서는 항공 정비 인력을 양성하고 있다. 그러나 항공기 생산 및 제작 현장에서는 자격증이 필수는 아닌 경우도 있다. 엔지니어 부서에서는 시스템 소프트웨어, 산업공학, 재료공학, 운항, 전기·전자, 기계구조, 생산관리 관련 전공자들이 주로 지원한다.

항공기 제작정비사Manufacture 직업은 개발·설계·엔지니어 분야에서 자격증보다는 관련 학과 졸업이나 석·박사급 소지자들이 많이 배치된 직업이다. 이러한 역할을 수행하기 위해선 새로운 기술을 배우는 데 열정이 있고, 평생학습에 대한 긍정적인 태도를 가진 사람들에게 추천한다. 현장에서는 기술적 전문성과 세심함이 요구되며, 기계 시스템과 전자 장비를 다루는 일이 많다. 따라서 기계 구조나 전자 회로, 시스템 관리에 관심이 있고, 이를 다루는 걸 즐기는 사람에게 잘 맞는다.

전 세계에는 다양한 항공기 제조사들이 민간 및 군용 항공기를 제작하고 있다. 미국의 보잉과 유럽의 에어버스는 상용 항공기 시장을 주도하고 있으며, 보잉은 737, 747, 777, 787 같은 기종을, 에어버스는

A320, A350, A380 등을 제작한다. 군용 항공기 분야에서는 록히드 마틴이 F-22 Raptor, F-35 Lightning II 같은 전투기를 생산하며, 다소 항공은 Mirage 전투기와 Falcon 비즈니스 제트기를 제작한다. 엠브라에르와 봄바디어는 소형 상업 항공기와 비즈니스 제트기를 생산하고 있으며, 일본의 미쓰비시 항공기는 MRJ를 개발하고 있다. 중국의 COMAC은 C919, ARJ21과 같은 상업용 항공기 개발에 주력하고 있으며, 러시아의 수호이는 군용 및 상업용 항공기를 제작한다. 이외에도 전 세계에는 소형 항공기 제조사와 부품 제작사들이 많이 있으며, 항공기 산업은 국제적인 협력과 부품 조달을 통해 이루어진다.

 보잉사에서는 자격증이 필요 없는 단순 기능공부터 설계 및 생산을 담당하는 엔지니어, 그리고 작업 내용을 검열하는 품질 관리자까지 항공기 제작을 위해 다양한 전문 인력이 필요하다.

 다만, 보잉은 군·방위산업 업체이기 때문에 보안상의 이유로 시민권자 또는 영주권자만 지원할 수 있는 포지션이 많다. 그러나 해외 지사나 국제 사업부에서는 다양한 국적의 인재를 채용하며, 새로운 항공기 개발 프로젝트가 있을 때는 다른 국가에서도 지원이 가능하다. 보잉 기종을 운영하는 나라에서는 미국에서 엔지니어를 파견하는 경우도 있지만, 해당 국가의 전문가를 직접 고용하기도 한다.

보잉 에버렛공장 사진

캐나다, 미국에 위치한 미국 1위 MRO 업체, AAR Corp에 근무하는 한국인 정비사 제임스킴은 보잉 기종 중정비 지원 업무를 한다. 자연스럽게 보잉사의 소속 기술고문들과 자주 현장에서 만나게 되면서 새로운 꿈을 키우기 시작했다. 야간에는 석사 과정을 공부하고 있으며, 엔지니어길을 가기 위해 미래를 준비하고 있다. 그의 최종 목표는 미국에서 일하는 것이다.

한편, 미국 대학에서 엔지니어링을 전공하고 졸업한 태우 씨는 이민을 온 아버지 때문에 신분 문제가 해결되었고 보잉사에서 새로운 기종 개발 프로젝트에 참여해 휴스턴에서 근무하고 있다. 그는 매일 아침 자신이 원하는 시간에 출근해 다양한 국적으로 이루어진 팀원들과 함께 원하는 시간에 하루 평균 8시간 근무를 채우고 퇴근한다. 출근할 때 목에 걸고 다니는 보잉사 패스는 그의 자부심을 상징하는 듯 멋져 보였다.

보잉사는 항공기 제작뿐만 아니라 우주산업, 방위산업, 그리고 미래 항공 모빌리티 산업 진출에도 박차를 가하고 있어, 외국인 전문 인력 채용의 기회가 많다. 특히, 한국의 기술자들과 우수한 취업비자(OPT)와 전문직 취업비자(H1)를 통해 보잉사에 취업하거나 영주권 취득 후 가장 취업하고 싶은 항공기 제작사다. 정비를 넘어서 항공기를 설계하고 제작해 보고 싶은 학생들과 보잉사에서 근무하는 한국인들이 많아지길 기대한다.

# 세계로 진출하는 항공정비사

 미국 현지 델타항공Delta Air Lines에서 항공정비사로 일하는 한국인 존 킴의 새로운 꿈은 델타항공이 취항하는 아시아 지역에서 근무하는 것이다. 그는 올해 델타항공이 대한항공과의 조인트벤처를 통해 인천공항을 아시아 허브로 지정했다는 소식을 접한 뒤, 인천공항에서 근무하는 델타항공 정비사가 되고 싶다는 목표를 가지게 되었다. 영어와 한국어를 유창하게 구사하는 자신의 강점을 살려, 인천공항에서 한국을 대표하는 델타항공 정비사가 되겠다는 꿈을 가지고 준비하고 있다.
 국내 산림청 소속 산불 진압용 헬리콥터 "S-64 Aircrane"는 현재 전 세계에서 가장 많이 사용하는 기종이며, 미국 오레곤 주에 위치한 에릭슨사Erickson에서 제작했다. 이 회사에 근무하는 정환규 정비사는 아시아 담당 기술고문으로서 한국을 자주 찾는다. 그는 미국 항공 정비 유학 후 FAA 자격증을 취득하고, 에릭슨사에 동체 판금 담당 인턴 정비사로 커리어를 시작했다. 항공정비경영학과를 졸업한 후 회사 측에서 스폰서십을 받아 영주권까지 받은 유일한 한국인이다. 오늘도 에릭슨사에서 제작한 헬기를 사용하는 곳을 찾아 전 세계를 돌아다니는 기술고문, 테크랩 항공정비사다.

　국내 직업전문학교를 졸업하고 육군항공대에서 만기 전역한 김청수 씨는 호주 브리스번에 위치한 시콜스키사에서 근무한다. 인천공항에 위치한 정비업체에서 유럽연합EASA 쪽 정비 경력자 헤드헌팅 요청이 들어왔을 때 연봉 협상을 진행했지만, 최소 1억 이상 연봉 요구를 받아주는 국내 회사는 없었다. 결국 해외로 눈을 돌려 호주로 진출했으며 국내 보다 높은 연봉을 받으며 항공정비사로 일하고 있다. 현재는, 경쟁력을 갖추기 위해 비파괴검사Non-Destructive Inspection 자격증을 추가로 취득했고, 훈련생 교관 위치까지 올랐다. 그는 한 번 더 새로운 도전을 하기 위해 호주에서 중동 진출을 목표로 FAA 자격증을 공부하고 있다.

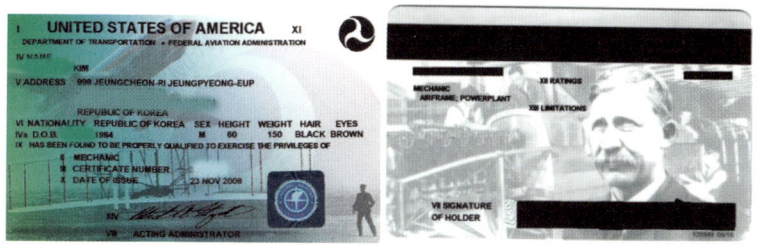

**FAA A&P 미국항공정비사자격증**

　왜 우리는 세계로 진출하는 방법을 몰랐을까?

　26살에 항공 정비 유학 후 미국 회사에 취업한 나는 해외 취업 1호 세대였다. 1997년 인천공항이 없던 시절에 유학을 왔기에 최초라 생각하며 우쭐했지만, 이미 30년 전 중동에 취업한 분을 만나고 나서 겸손해졌다. 대한항공을 그만두고 사우디아라비아 에어라인에 도전해서 12년간 엔진 교관으로 일하신 강진성 교수님이었다. 그는 중동에 진출한 국내 1호 해외 취업 정비사다. 38년 동안 항공정비사로서 근무하고, 80세까지 기관 과목을 학교에서 가르치시고 은퇴하셨다.

2004년 정부는 산업인력공단과 재향 군인회의 협조로, 중동 아부다비에 위치한 미군 비행기 정비업체 GAL에서 근무할 항공정비사를 모집했다. 이때 육·해·공군 헬기 정비 특기자들이 중동에 최초로 진출하게 되었다. 다음 해는 산업인력공단 공무원들과 함께 정비사 진출을 목적으로 두바이에 위치한 에미레이트Emirate 항공사 본사를 방문했다. 인사부서는 유럽인이, 엔지니어는 미국인이, 현장 정비사는 동남아인이 근무하는 모습이 인상적이었다. 현지에서 만난 필리핀 정비사들은 가족을 위해 조국을 떠나 미국, 호주, 중동 등 해외로 진출한다고 했다.

팬데믹 이전만 해도, 한국은 인구 대비 가장 많은 저가 항공사가 만들어졌고, 최고 호황을 누릴 때도 있었다. 하지만 팬데믹 이후, 국내 시장만 보고 있던 학생들은 자격증을 취득해도 갈 곳이 없었다. 이 시기, 싱가포르에 진출해 세계 1위 항공정비(MRO)정비업체 ST 엔지니어링에서 근무하는 한국인 정비사들의 90% 이상은 교통안전공단에서 발급해 주는 항공정비사 자격증이 아닌 가장 쉬운 항공정비기능사 자격증만 소지하고 있었다. 이들의 특징은 영어 회화가 가능했다는 점이다. 토플이나 토익 점수도 필요 없었다. 해외는 국내와는 다르게 정비 경력을 먼저 쌓은 후 자격증 시험에 응시하는 경우가 많다. 국내는 자격증 취득 후 취업한다는 공식이 있지만, 해외는 자격증 없이 테크니션으로 일을 시작할 수 있다.

조금만 해외로 눈을 돌려보면 기회는 많다. 초고령화 시대에 접어든 일본은 공항에서 일하는 젊은 사람들이 없다. 일본 쪽으로 취업을 희망하는 항공정비학과 졸업생이 있다면 일본어 자격증 JLPT 3급 혹은 JPT 550점 이상이 필요하다. 캐나다는 한국-캐나다 외교 60주년 기념으로 올해부터 35세 이하에게 워킹홀리데이, 차세대 전문가, 인턴쉽을 통해 최대 4년까지 일할 수 있는 기회를 열어놓았다. 이런 사실을 알고 있는 국내 정비사들은 많지 않을 것이다. 외국어, 특히 영어 공부를 시작하면 세계로의 진출이 더 수월해질 것이다.

전 세계 항공정비사들이 가장 진출하고 싶은 나라는 미국이다. 가장 선호하는 자격증도 FAA 항공정비사 자격증이다. 미국 항공정비 유학후 졸업과 동시에 합법적으로 2년제는 1년간, 4년제는 3년간 일할 수 있다. 회사로부터 장기적으로 일할 수 있는 스폰서십을 받으면 H-1 취업비자로 근무하면서 영주권까지 신청할 수 있다. 물론 합법적으로 일할 수 있는 비자와 영주권 취득까지는 복잡하고 힘들다. 매년 해외 국가마다 변경되는 이민 정책을 주의 깊게 살펴야 하며, 장기적인 계획을 세워야 한다.

청년 미취업이 사회적 문제로 대두되면서 한국산업인력공단 월드잡 WorldJob은 해외 취업 연수 및 지원을 적극 지원하고 있다. 해외 취업 시

책정된 정착 지원금도 취업한 나라에 따라 다르지만, 평균 400만 원 전후로 지급한다. 항공정비사로 해외 취업 시 필요한 영어는 복잡한 토플과 토익이 아니라 일상생활 영어면 충분하다. 자격증도 기능사 수준만 있다면 누구나 가능하다.

칭기즈칸의 말을 좋아했다.

"성을 쌓는 자는 망하고 성을 허물고 움직이는 자는 살아남을 것이다."

항공정비사가 되기로 마음먹었다면 명심해라. 우린 국내용이 아닌 인터내셔널이라고. 비행기는 공항에만 머무르지 않고 오늘도 전 세계를 향해 날아간다.

세계로 진출하는 항공정비사. 나는 "대한민국 1등 정비사가 세계 1등 정비사"라고 생각한다.

## 용병 항공정비사를 아시나요?

전 세계를 돌아다니며 2~3년 단기 계약을 맺고 자유롭게 일하는 정비사를 '용병 정비사'라고 부른다. 이들은 평생 한 직장에서 머물며 은퇴할 생각이 없고 자신을 필요로 하는 나라를 찾아 떠난다. 대기업에 입사해도 정년까지 보장받던 시대는 지나갔고, 평생직장의 개념이 사라지고 있는 현대에 걸맞은 정비사라고 볼 수도 있겠다.

미국 대형 항공사에 들어가거나 다시 한국에 들어와 취업한 동기들과는 달리, FAA 미국 항공정비사 자격증 소지자 홍순 씨는 다른 길을 택했다. 그는 텍사스 웨이코에서 아내와 함께 일본식 레스토랑을 운영하면서, 항공 정비 인력 공급 전문회사와 단기 계약을 맺어 6개월에서 1년 동안 다양한 지역을 다니며 항공정비사로 일을 한 후 다시 집에 돌아와 레스토랑 사장이 되곤 한다.

미국에는 항공 인력 공급 전문 스태핑Staffing 회사와 아웃소싱Outsourcing 회사들이 많다. 항공사, 항공 정비 MRO 업체와 인력 공급 계약을 체결하여, 단기 정비 물량이 많아질 때 직접 고용하는 대신 인력 공급업체를 통해 정비 인력을 위탁한다. 이때는 평균 임금보다 1.5배에서 2배

이상을 받고 다른 나라나 도시로 파견된다. 우리는 그들을 용병 정비사라고 부른다. 급할 때는 부지런히 항공기를 정비하고 나머지 시간은 개인 취미 생활을 하며 산다. 짧게는 6개월 일하고 6개월 여행 다니거나, 1~2년 근무하고 반년 쉬는 경우도 있다. 기술력을 가진 국가 자격증 소지자이기에 가능한 이야기다.

안정된 한곳에 머무르지 않고 끊임없이 이동하는 정비사들을 볼 수 있다. 항공산업이 발달한 싱가포르, 미국, 중동, 유럽 등에서는 매우 익숙한 풍경이다. 국내에서 정비 경력이 없는 신입들이 선호하는 나라는 캐나다와 싱가포르다. 비자 발급 및 연장이 쉽기 때문이다. 경력자들이 선호하는 나라는 중동, 캐나다, 유럽, 미국 등이 있다. 항공 선진국은 급여도 높아 1억 원 이상의 연봉을 제시하면 유혹당하지 않을 경력직 항공정비사는 없을 것이다. 경력이 3년 정도 쌓이면 어디든지 갈 수 있으므로, 진출하고 싶은 나라를 정해서 미리 필요한 자격증을 취득해야 한다.

항공기 정비는 고정적이기보다는 변동적으로 정비를 하는 경우가 많다. 이는 날짜를 정해 놓고 끝내야 하는 작업인데, 군용기 성능 개량 및 수명연장 사업은 정해진 6개월 안에 전기·전자 부품을 교체해야 한다. 이럴 때 전문 기술자들이 단기간 투입된다. 민항기도 시스템을 업그레이드하는 단기 작업에는 다양한 분야의 정비사들이 투입된다. 전기·전자 정비사를 돕기 위해 기체정비사가 투입되고, 작업 후 검사를 위해 품질관리 정비사 그리고 최종 확인을 할 수 있는 엔지니어들도 함께 투입된다.

회사는 실력 있는 용병 정비사들과 단기 계약을 선호한다. 미국을 포함한 해외 국가에서는 더운 여름이나 추운 겨울, 특히 성수기에 정비 물량이 많아지면 집중적으로 정비사들을 뽑는다. 이때 단기 취업 비자를 제공하고, 작업이 완료되면 인력은 흩어진다.

미국의 대표적인 항공 취업 사이트로는 Indeed, jsfirm.com, avjobs.com 등이 있고 아세아 정비사들을 위해 내가 설립한 aviationaquila.com이 있다. 이곳은 월급을 주는 인력 공급업체인 스태핑 회사들이 올린 취업 공고를 자주 볼 수 있다. 대부분 영구적인 자리보다는 1~2년의 단기 계약을 선호하는 직종들이다. 한국 아웃소싱 전문 업체들도 이제는 항공기 정비 업무까지 확대하고 있다. 책임이 따르는 부분은 소속 정비사에게 맡기고 반복적이고 쉬운 일은 아웃소싱으로 보조 정비사를 단기간 고용한다. 국내 대기업에서도 항공기 타이어 분해조립은 인력 공급업체에 위탁해 맡기고 있다. 한국 오산 공군기지에 상주하는 미국 항공정비업체 소속의 한국인 정비사들도 단기 계약자들이 많다.

용병 정비사의 특징은 한 직장에 종속적으로 근무하는 방식에 매력을 느끼지 못한다는 것이다. 언뜻 자유로워 보이는 이들에게도 고충이 있다. 회사 측에서 물량이 없으면 계약이 어렵기 때문에 항상 취업사이트와 인맥을 통해 새로운 일자리를 찾아야 한다는 부담감이 있다. 그렇기 때문에 계약 종료 후 재연장을 위해 근무 기간 최선을 다해야 한다.

대한항공에서 정년 65세를 넘겨 퇴직한 분과 이야기를 나눌 수 있는 기회가 많다. 퇴직 후의 소감을 여쭤보니 감사함과 아쉬움이라는 두 가지 감정이 남는다고 한다. 일을 하며 자식들 대학 등록금 지원부터 공짜 티켓, 상대적으로 높은 보수와 최고의 복지 혜택을 누린 것에 감사한 마음이 든다고 했다. 한편으로, 젊을 때 새로운 일에 도전하지 못했던 것과 평생을 한 직장에서 보낸 것에는 아쉬움이 남는다고 한다.

20대 젊은 시절 최고의 직장은 그때도 대한항공 혹은 헬기 정비사는 산림청에 입사를 원했다. 나는 동기와 선배들이 똑같은 회사에 지원하는 그 모습이 싫었다. 국내 취업이라면 해외로 나가고 싶었고, 국내 자격증 취득이라면 나는 미국 자격증을 취득하고 싶었다. 한곳에 머물고 싶지 않은 용병 정비사의 피가 나도 흐르고 있었다.

한 직장에서 계속 근무를 하다 맞이한 40대는 자녀 교육, 연봉, 적성 등의 이유로 이직에 대해 고민한다. 하지만 이직을 하는 것은 웬만한 큰 용기가 없이는 도전하기 힘들다. 그렇게 현재의 안정된 직장생활을 선택한다. 베이비붐 세대는 평생직장을 선호했고, 시대가 바뀌어 요즘 세대는 개인 시간을 충분히 누릴 수 있는 회사를 선호한다. 이들은 조직 사회에 적응하는 것에 익숙하지 않고, 애사심이 크지 않다. 자신의 편의와 이익을 위해 자유롭게 돌아다니는 것이 익숙한 세대다.

부지런히 일하고 부지런히 논다는 마인드를 가진 사람들이 많아지고 있다. 이런 이들을 위해 단기적으로 큰 목돈을 마련할 수 있는 외국의 다양한 인력 공급업체들이 있다. "해군보다는 해적이 되어라."라는 스티브 잡스의 말처럼 안전한 울타리 안에서 안주하기보다는 넓은 바다로 나가 자신의 가능성을 시험하고자 하는 정비사들에게는 더없이 좋은 기회가 될 것이다.

　용병 정비사를 꿈꾼다면 좁은 국내만 바라보지 말고, 해외 취업 사이트와 친해지면서 영어의 바닷속에서 살아야 한다. 한 직장에서 안정적인 생활을 하는 것도 좋지만, 2년마다 캐나다, 두바이, 유럽, 아시아로 옮겨 다니는 용병 정비사들을 보면 나는 늘 부러웠다.

# 외항사 항공정비사들

　외항사는 외국에서 국내 공항으로 들어오는 외국 국적 항공사를 말한다. 무조건 FAA 미국항공정비사 자격증이 필수다. 이들 외항사가 인천공항에 들어오면 도착 후 소속 정비사들이 직접 정비를 수행하거나, 국내 항공정비업체에 위탁 정비를 맡긴다. 대부분 미국 연방항공청(FAA), 유럽 연합항공청(EASA)에서 인증을 받은 국내 정비업체를 선정하며, 경쟁이 치열하다.

　2024년 현재, 에어포탈airportal.go.kr의 통계에 따르면, 인천공항에 들어오는 여객 및 화물 운송 목적 외항사 는 총 89개가 넘는다. 국내 총 11개 국적 항공사와 비교하면 외항사는 절대적으로 많은 숫자다. 올해는 해외로 나가는 국제선 승객도 외국 국적항공사를 이용하는 승객이 대한항공. 아시아나 합한 승객 보다 많다.

　놀라운 사실은 국내만 바라보고 살면 생존이 어렵다는 사실을 알기에 조종사와 승무원들은 외항사에 많이 진출하지만, 항공정비사가 외항사에 취업하는 경우는 많지 않다. 따라서 항공정비사들도 국내에 입국하는 외항사에 적극적으로 진출할 필요가 있다.

유 팀장은 인천공항에 들어오는 유럽 항공사를 대표하는 루프트한자 에어라인 소속 운항 정비사다. 그는 국내 전문대학교 졸업과 동시에 면장을 취득하고, 국내 항공사가 아닌 외항사에 진출한 특이한 경력을 가지고 있으며, 기종 교육을 이수하고 국내에서 보기 드문 자격증인 FAA, EASA 자격증을 보유하고 있으며, 석사 학위도 취득했다. 그가 일하고 있는 인천공항에 취항하는 루프트한자는 유럽 항공 운송 분야에서 1위를 차지하고 있으며, 글로벌 MRO 정비업체인 루프트한자 테크닉Lufthansa Technik을 운영하고 있다

아시아나항공 소속 박 정비사는 주말이면 학원에 나와 FAA 자격증 시험을 준비했다. 더 자유롭게 일할 수 있는 외항사로 옮기고 싶었다고 한다. 함께 근무하는 동료들이 남몰래 미국에 가서 FAA 자격증을 취득하는 것을 보며 도전해 보고 싶었다고 한다. 항공사들이 최고의 호황이었기에 가끔 나는 늘 열심히 영어 공부를 하는 그에게 물어본다

"대기업 다니는데 왜 FAA 미국 항공정비사 자격증이 필요한가요?"
"미래가 불안합니다…."

그때는 회사 사정을 몰랐는데 지금 아시아나는 대한항공으로 합병되었다. 토요일마다 6개월 정도 수업을 들은 그는, 어떤 날은 아침 근무 후 빨간 눈으로 책상에 앉아 있었는데, 항공사 특성상 3교대로 인해 밤새 근무하고 오는 날이었다. 그런 노력 덕분인지 텍사스에 가서 단 한 번에 합격했다. 부러울 게 없는 대기업 정비사들이 자격증을 취득하는 두 가지 이유가 있다. 하나는 정비 경력을 인정받아 자격증 수

당을 받기 위해서고, 다른 하나는 타회사로 이직하기 위해서다. 그리고 이직을 희망하는 이유는 대부분 대기업의 무거운 조직문화를 벗어나 좀 더 편한 외항사에서 근무하고 싶기 때문이다. 박 정비사는 스스로 기회를 만들어 나갔고, 결국 홍콩에 본사를 두고 국내에 취항하는 케세이퍼시픽으로 이직할 수 있었다.

공군항공과학고 출신으로 공군 부사관 제대를 앞둔 채 중사는 제대하기 1년 전부터 FAA 자격증과 영어 공부를 시작했다. 이 학교 출신들은 국내에서 가장 선후배 인맥이 넓고, 풍부한 정비 지식과 실무 경험으로 대한민국 항공산업의 허리 역할을 제대로 하고 있다. 고등학교 때부터 군사 훈련을 받아서인지 동기애도 있고 인성도 좋다. 제대 후 동기들은 국내 항공업체를 목표로 했지만, 그는 미국 진출을 꿈꿨다. 먼저 정비 경력을 인정받아 FAA 자격증 시험에 합격하고, 사이버 대학으로 4년제 학위를 취득 후 제대 전부터 온라인으로 석사 학위도 취득했다. 결국 미국에서 최고의 전문직 종사자에게 발급해 주는 NIW 이민비자 신청을 통해 영주권을 취득했고, 미국 항공사 진출을 목표로 하고 있다.

외항사 정비사들은 한국을 떠나 해외로 나가는 것이 아니다. 국내로 들어오는 외국 국적 항공사에서 근무한다. 대표적으로 인천공항에 취항하는 홍콩의 케세이퍼시픽Cathay Pacific Airways를 비롯해 독일의 루프트한자Lufthansa, 미국 국적기 유나이티드 항공사United Airlines, 미국 우편물 배달업체 FedEx, DHL, UPS가 있다. 또한, 외국계 회사로는 국내 김포산업단지에 위치한 항공기 엔진 제작업체 GE가 있으며, 평택 미국 기지에 도착하는 미국 화물전용기 운항업체, 그리고 보잉 에어버스 코리아도 국내에 위치한다.

외항사 정비를 지원하는 세 가지 방법이 있다.

첫 번째는 외항사에서 직접 국내 한국인 정비사를 뽑는 방식이다.

두 번째는 외항사 소속 정비사들이 직접 탑승 후 인천에 도착해 정비를 수행하는 방식이다.

세 번째는 국내 정비업체들이 정비 용역을 받아 위탁 정비를 제공하는 방식이다.

국내 대표 외항사 정비 업체로는 대한항공 자회사 Korea Airport Service, Sharp Aviation K, Sharp Technic K 등이 있으며, 외국계 회사로는 스위스포트Swissport가 있다.

공항에서 만난 외국인 정비사들을 보면 유독 관심이 간다. 그들이 입고 다니는 외국 항공사 유니폼과 타고 온 비행기 꼬리날개에 붙은 로고를 보면 호기심이 생긴다. 항공 승무원들은 외항사에 지원하는 경우가 많지만, 항공정비사들은 그렇지 않다. 외항사에 대해 잘 모르거나 지원하는 방법을 잘 모르기 때문이다.

외항사 항공정비사가 되기 위해서는 원하는 외항사 홈페이지를 통해 스스로 채용 공고를 확인해야 한다. 그리고 가장 중요한 것은 FAA 자격증과 영어 능력이다. 기본적으로 외항사는 FAA 미국 항공정비사 자격증이 필수다. 공식적인 토플이나 토익 같은 점수는 요구하지 않지만,

근무 중 영어를 많이 사용하기 때문에 생활 영어 공부를 많이 해야 한다. 매년 소수 인원만 뽑기에 경쟁도 치열하다.

대부분 빠르게 지나가는 공고를 놓치기도 하고, 영어 공고를 보고 겁먹어 포기하기도 한다. 진정으로 외항사에서 일할 마음이 있다면, 오늘부터 외항사 홈페이지를 자주 확인하고 지금 당장 영어 공부를 시작하자.

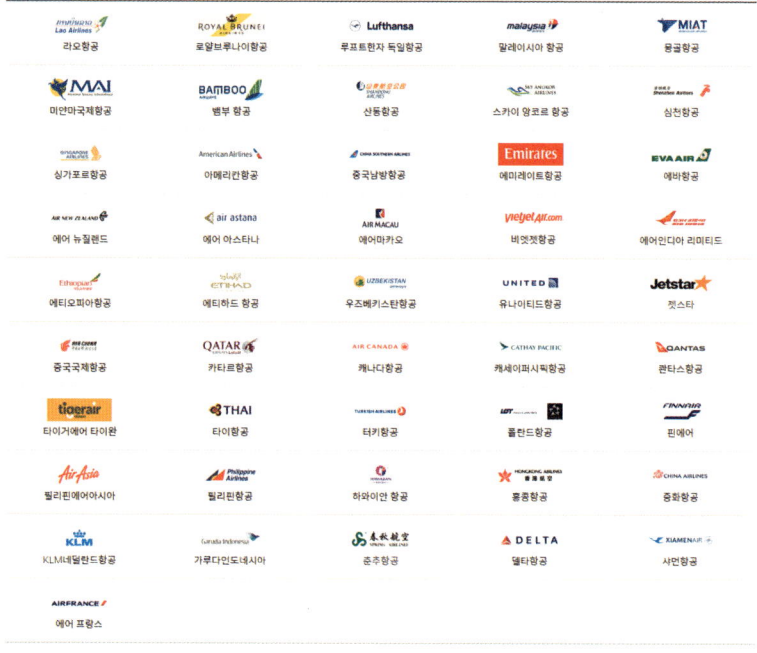

국내 취항 외항사 리스트

# 12명, 해외 취업을 열다.

"일하면서 가장 행복할 때가 언제인가요?"라는 질문에 나는 이렇게 대답한다.

"가르친 학생이 해외 취업에 성공할 때입니다."

그 이유는, 국내 36개 관련 학교에서도 단 한 명도 보내지 못했던 해외 취업의 길을 최초로 열었기 때문이다. 나는 소수 정예 교육을 위해 한 반의 학생 수를 12명 이하로 제한했다. 대부분의 학생은 자격증도 없고 정비 경험도 없지만, 그런데도 해외 진출에 성공했다.

많은 학생이 선호하는 싱가포르에 진출한 학생들은 면장도 없다. 기본적으로 항공정비과를 다닌 학생도 거의 없다. 직접 인터뷰를 해서 인성이 좋고, 영어 회화가 가능한 학생들을 우선으로 뽑았다.

토플. 토익 영어도 요구하지 않고 영어회화가 부족하면 필리핀에서 4-8주 어학연수를 보냈다.

팬데믹 이전에는 전 세계 MRO 기체 중정비 1위 업체인 ST Aerospace 회사 패스를 달고 근무를 하는 모든 정비사는 내가 가르친 학생들이었다. 덕분에 산업인력공단 선정 '해외 취업 위탁업체'에도 선정되었으며, 산업통상자원부 '항공 부문 고객 만족 상'도 받게 되었다. 국내에서 독보적인 국내외 항공정비사 인력 공급 업체가 되었다.

미국 및 유럽을 방문하면 자격증이 없는 인턴 정비사들이 많은 것을 볼 수 있다. 이들은 먼저 정비 경험을 쌓기 위해 훈련생으로 지원해 일을 하면서 경력을 쌓은 후 자격증 시험에 응시한다. 우리나라처럼 항공 정비 관련 대학을 졸업하고 자격증을 취득한 후 취업하는 방식과는 달랐다. 이런 사실을 알게 된 후, 국내에서 특이한 경력을 가진 30대를 선발해 해외 취업 과정을 최초로 만들었다.

30대가 되면 이것저것 시도해 보면서 실패와 아픔을 경험한 학생 중, 필사적으로 이 직업을 해보고 싶어 하는 학생들이 있다. 나는 그런 학생들에게 먼저 기회를 주고 싶었다. 그다음으로는, 살아온 삶 속에서 포기하지 않는 열정적인 끈기가 보이는 학생들을 뽑고 싶었다.

10차수가 넘어갈 때도 차수마다 선발된 학생은 12명을 넘지 않았다. 이유는 국내 직업전문학교에서 한 반에 40명씩, 한 해에 500~1,000명을 선발해 가르치는 방식이 마음에 들지 않았기 때문이다. 이렇게 훈련받은 국내 학생들에게 팬데믹은 국내 취업에만 의존할 경우 큰 어려움을 겪을 수 있다는 사실을 깨닫게 해준 사건이었다. 나는 소수의 학생에게 집중하고 싶었고, 내가 찾고자 하는 학생들도 많지 않았다.

그리고 평균 1년 동안 항공기능사 자격증을 취득한 후, FAA 영어 수업을 진행했다. 학교 밖 현장에서 필요한 항공 기술 영어와 FAA 미국

항공정비사 표준 교재 커리큘럼을 기반으로 공부를 시켰다. 또한, 내가 경험한 해외 취업 과정에서 얻은 영어 인터뷰와 각나라의 정비문화 등 학교에서 가르쳐주지 않는 부분을 경험하도록 했다.

특히 기억에 남는 학생은 글로벌 마인드가 있는 영광 씨였다. 그는 한양대 건축공학과를 졸업 후 대기업인 효성에 잘 다니다가 항공정비사가 되고 싶어 찾아왔다. 똑똑하고 구속받는 걸 싫어하는 자유로운 남자였다. 그게 첫인상이었다. 대기업에서 나올 때 주변에서 많은 우려와 부모님의 반대가 있었다고 한다. 영광 씨의 장점은 영어와 일본어에 능통하고 비행기를 너무 좋아한다는 것이었다. 이런 학생을 만나게 되면 직접 고용해서 일을 시켜본다. 역시나 일 처리가 빠르고 정확했다. 그는 현재 인터뷰에 합격해 일본에서 라인정비사 팀장으로 일하고 있다. 최종 목표는 미국으로 건너가는 것이라고 한다. 하루는 영광 씨에게 왜 항공정비사가 되려 하냐고 물어보니, "공항은 꿈이 모이는 곳이고, 그 꿈을 비행기가 전 세계로 옮겨주잖아요."라고 대답하던 그의 모습이 아직도 기억난다.

일반대 영어학과를 졸업하고 직장 생활을 하던 예민 씨는 비행기가 좋아 드론 자격증을 취득했고, 해외 취업 공고를 보고선 학원에 찾아와 항공기체기능사 자격증을 취득했다. 두 번의 인터뷰 만에 합격을 하여 3년 동안 싱가포르에서 경력을 쌓고 현재 국내 항공사에서 근무 중이다. 나처럼 기술을 배워서 자신만의 비즈니스를 하고 싶다고 한다.

이렇게 해외로 나간 대부분은 항공정비학과를 졸업한 학생들이 아니었다. 건국대 경제학과를 졸업하고 일반 회사에 재직하다 40대에 항공정비사를 꿈꾸던 분, 자동차 생산팀에서 근무하던 학생, 일반대학교 독일어과를 졸업한 학생, 그리고 전기전자과를 졸업한 학생 등 다양했다. 이들 모두 싱가포르 ST 항공정비업체에서 30개월 이상 정비 경력을 쌓은 후, 미국에서 정비 경력을 인정받아 FAA 자격증을 이미 취득했거나 취득할 예정이다.

그밖에 해외 유학파들을 선발해서 기회를 주었다. 특히 캐나다와 필리핀, 말레이시아에서 공부했던 항공 유학생들은, 미국을 제외한 유럽연합EASA 국가에서 항공정비과를 졸업하면 정비 경력이 있어야만 자격증 시험 응시가 주어진다는 사실을 모르고 유학을 떠난 학생들이었다. 자격증은 없었지만, 좋은 인성을 갖추고 영어가 가능한 학생을 선발해 해외 취업 기회를 주고 싶었다. 유학생이지만 대부분 어렵게 공부했고, 겸손하면서도 비행기에 대한 열정이 강한 학생들이었다.

필리핀에서 항공정비과를 졸업하고 국내에 온 진욱 씨는 화물청사에서 아르바이트를 하며 해외취업에 성공했다. 공군 출신인 병연 씨와 한국인 최초로 아일랜드에서 공부한 재민 씨, 그리고 말레이시아에서 공부한 유학생들도 많았다. 이 외에도, 미국에서 FAA 자격증을 취득한 후 항공종합대학 ERAU(Embry-Riddle Aeronautical University)로 편입해 정비경영학을 졸업한 성범 씨와, 미국 유학 후 국내 항공사에서 근무하다 다시 해외로 나가고 싶어 하던 헌기 씨 등으로 최고의 팀을 만들어 보냈다. 소수 12명의 학생이 먼저 인정받았기에 계속해서 다음 차수 학생들을 보낼 수 있었다.

일반적으로 항공정비사들은 해외 취업에 대해 많은 두려움을 느낀다. 주된 이유는 영어 실력이 약하고 자신감이 부족하기 때문이다. 많은 사람들이 엄청난 영어 실력이 필요하다고 생각해 지원 자체를 두려워한다. 그러나 이는 사실이 아니다. 나는 학생들을 선발한 후, 영어 실력이 너무 부족하다고 판단되면 먼저 가장 저렴한 필리핀으로 8주에서 16주 정도 어학연수를 보내고 있다. 대부분의 학생들은 어학연수를 마치고 돌아올 때 영어에 대한 두려움을 완전히 극복한다. 이는 기존에 배웠던 이론적인 영어에서 벗어나 자신감을 갖고 글로벌 마인드를 키우도록 돕기 위한 것이다.

성공적으로 인력을 공급한 후, 일반인들이 쉽게 접근할 수 없는 싱가포르에 있는 ST 회사에 다시 방문한 적이 있었다. 역시 전 세계 1위 MRO 정비업체답게 그 규모는 크고 웅장했다. 대부분 아시아 정비사로 구성되어 있었는데, 저 멀리 우리 학생들이 보였을 때 반가움을 느꼈다. 특히 동행한 인사 담당자로부터 한국 정비사들에 대한 칭찬을 들었을 때는 말로 표현할 수 없는 뿌듯함과 이 일에 대한 보람을 느꼈다. '항공정비사의 해외 취업'은 이제 내게 단순한 사업이 아니라 사명이었다.

한국으로 돌아오기 전, 싱가포르 샤브샤브 식당에서 학생들과 저녁을 함께하며 이야기를 나눴다. 시간보다 일찍 도착해 식탁을 정리하며 기다리다 보니, 마치 멀리 떠났던 아들을 위해 밥상을 차려놓고 기다

리는 어머니 같은 기분이 들었다. 학생들과 함께 식사를 하면서, 낯선 나라에서 땀 흘리며 자리를 잡아가는 모습을 보니 자랑스러웠고, 무엇보다 건강하기를 기도해 주었다.

식사 후 아내의 부탁으로 한국 식품 가게에 들러 필요한 생필품을 사주며 학생들이 환히 웃는 모습을 보니, 한없이 순수하고 따뜻한 기운이 느껴졌다. 그 모습은 마치 나의 30대, 낯선 미국 땅에서 살며 한국 음식을 통해 위로받던 순간을 떠올리게 했다.

나는 여전히 한 반의 학생 수를 12명 이하로 제한하고 있다. 하지만 솔직한 마음으로는 대한민국 모든 학교의 학생들이 이 12명처럼 교육받아 글로벌 마인드를 갖출 수 있기를 바란다.

해외 취업은 결코 쉽지 않다. 나는 오늘도 학생들의 이력서를 들고 해외 항공사와 정비 업체를 직접 찾아다닌다. 회사 대표로서 이 일만큼은 내가 직접 한다. 과거 두꺼운 벽을 열어주지 않아 고개를 숙여야 할 때도 있었고 답변 없는 메일함만 쳐다볼 때도 있었지만, 이제는 전 세계가 심각한 항공정비사 부족 사태가 시작되었다. 그들은 준비된 대한민국 항공정비사들을 찾고 있다.

오늘도 1% 글로벌 항공종사자를 꿈꾸는 학생들에게 늘 말한다.

"해외로 먼저 나가라. 그리고 경력을 쌓아라. 돌아와서 대한민국 항공산업을 이끌어라."

나는 확신한다. 이 청년들이 각 분야의 리더가 될 것이다. 내가 이 일을 계속하는 이유다.

## 60대 항공정비사에게 배운 것들

    국내 최초로 필리핀 마닐라 루프트한자 훈련센터에 10명의 한국 정비사가 보잉 737기종 교육을 받기 위해 입국했다. 40일 기간 동안 5천 불이 넘는 훈련비를 지불했다. 백 퍼센트 영어 수업에 5번의 시험을 각각 75점 이상을 받아야만 기종 교육 수료증이 나온다. 이번 팀은 대부분 20대와 나, 그리고 60대이신 박연항 부장님으로 구성됐다. 가장 연장자인 박 부장님은 대한항공 최고의 베테랑들이 전담하는 "대통령 전용기" 정비사로서 공군 부사관 정비 특기 출신이시다. 그리고 나머지는 취업을 준비하는 20대 청년들이었다. 지금도 마찬가지지만 항공사들이 기종 교육 이수자를 우대하기에, 입사 전 큰 비용을 지불하고 기종 훈련에 참여한다.

    60대인 박 부장님은 20대들 사이에서도 탁월한 학습 능력을 보였다. 가끔 수업 시간에 늦는 청년들에 비해, 노장 정비사의 시간은 정해진 시간에 출발하고 도착하는 비행기처럼 항상 정확했다. 어학연수 경험이 있고 해외 유학도 다녀온 젊은 정비사 틈에서 영어 능력은 조금 부족할 수 있었지만, 오랜 현장 경험에서 나오는 전문 지식은 오히려 외국 강사보다 풍부했으며 다른 교육생들에게 더 쉽게 한국어로 설명해 주셨다.

교육생 중 나이순으로 첫 번째와 두 번째인, 박 부장님과 나는 숙소를 함께 사용했다. 박 부장님은 나이가 있었기에 단기간에 합격을 하고 싶으셨는지, 숙소로 돌아와도 매일 밤늦도록 책상에 앉아 공부했다. 그 모습이 나에게 무척 동기부여가 되었다.

"첫 시험 떨어지면 어떻게 하죠?"

농담처럼 질문하면 오랜 기종 교육을 받은 박 부장님은 걱정하지 말라고 했다. 그러나 미국 유학파인 나와 최연장자인 박 부장님은 유독 부담이 컸다.

2주후 첫번째 시험 날짜가 다가왔다. 모든 교육생이 나름대로 열심히 준비하여 백 퍼센트 개인 실력으로 시험을 보았다. 그리고 다음날 성적표는 참담했다.

딱 두 명만 합격을 하고 나머지는 모두 불합격이 되었다. 그 두 명은, 나와 박 부장님이었다.

떨어진 젊은 정비사들은 모두 당황해서 다시 돌아갈까 고민까지 했다. 다행히 재시험 기회가 주어졌고, 모두가 하나 되어 출제 문제를 분석하고 정보를 나누며 공부한 결과, 모두 합격에 성공했다. 사실, 내가 합격한것은 박 부장님의 도움이 컸다. 같은 방을 쓰면서 이런저런 도움을 받았는데, 그런 호의가 없었다면 나 역시 합격하기 힘들었으리라 생각한다.

곧 70세를 바라보는 박 부장님이 공부하는 모습은 치열하면서도 아름다웠다. 군인 시절 늘 손에서 매뉴얼을 놓지 않고 열심히 공부하던 선배 정비사가 떠오르기도 했다. 현역 최고령 정비사와 함께 공부하면서 다시금 열정을 불태울 수 있는 계기가 되었다.

학생들을 가르칠 때면 늘 박 부장님을 소개한다. 그리고 학생들에게 이런 말을 해준다. 중간에 멈추면 보조 항공정비사로 끝나고, 끊임없이 공부해야만 모두가 인정하는 엔지니어급 정비사가 된다고.

지금도 여전히 취업 시 기종 교육 이수자를 우선 선발한다. 그런 이유로 자격증 소지자들이 교육을 받는 경우가 있다. 회사는 이수자를 뽑을 경우 추가적으로 들어가는 훈련비를 절약할 수 있기 때문이다. 저비용항공사들이 만든 문화이기에 의무적으로 받을 필요는 없다. 대기업에 입사하면 회사 측에서 자체적으로 교육을 시켜주기 때문이다. 달라진 게 있다면, 이제는 국내에서도 국토부 지정 전문교육기관이 인가를 받아 한국어로 보잉 737과 에어버스 737기종 교육을 수강할 수 있다는 점이다. 하지만 아쉽게도 국토부 수료증은 국내에서만 인정된다. 해외 항공사에도 인정받는 기종 교육 수료증을 발급받기 위해서는 내가 했던 것처럼 유럽연합항공청(EASA), 미국연방항공청(FAA)인가 훈련업체에서 모두 영어로 진행되는 수업을 통해 합격해야 한다. 그래서 기회가 된다면 국내용이 아닌 해외에서도 인정되는 수료증에 도전하는 걸 추천한다.

2016년도부터 국내 저가 항공사들이 태동하면서 해외 훈련 인가 업체들을 국내로 초청해서 수업을 듣기 시작했다. 그 첫 번째가 이스타항공과 아퀼라 회사 주관으로 열린 홍콩 HAECO초청 보잉 737 기종 교육이다. 해당 교육의 수강생 중 절반은 평균 나이 60대의 이스타, 제주, 한화 소속의 노장 정비사들과 직업 전문학교 교수님들이었고, 나머지 절반은 취업을 준비하는 젊은 청년들이었다. 그중 가장 기억에 남는 분은 단연 '부산 사나이' 방영석 팀장님이었다. 20대인 교육생들과도 허물없이 지내고 만나는 사람마다 친구로 만들어 버렸다. 나이나 경력으로 보면 자만심을 가질 법도 한데, 그에게 그런 모습은 전혀 보이지 않았다. 그는 대한항공 중정비 팀에서 검열관으로 근무 후 재취업을 목적으로 교육에 참여하셨다. 은퇴 시기에 모든 항공사가 경쟁이라도 하듯 보잉 737기종을 선택하는 것을 보고, '기종 교육 수료 후 취업'이라는 목표를 설정했다고 한다. 일찍이 시대의 흐름을 읽고, 100세 시대를 준비한 그는, 은퇴자들의 롤모델이셨다.

기종 교육 수료자 모두는 '로그북에 정비 후 사인'하라는 의미로 만년필을 선물 받았다. 국가 자격증 소지자들이 정비 확인 후 최종 사인을 하면 항공기가 안전하다고 뜻이다. 이는 항공정비사의 엄청난 특권이다. 회사마다 확인 정비사 고유번호가 있는 도장 Stamp을 줘서 정비 후 도장을 찍거나 사인을 직접 한다.

기종 교육 이수 후 그분이 보낸 한 장의 사진을 아직도 잊지 못한다.

비행기 안에서 만년필을 들고 찍은 사진이었다.

'오늘 처음 사인하는 날입니다'

"보잉 737" 이라는 적힌 만년필이었다. 첫 직장, 첫 로그북에 사인하라고 선물했던 만년필이었다.

정말로 김해공항에서 델타항공 라인정비후 로그북에 사인하는 사진을 보내준 것이었다.

지금도 샤프 김해공항 지점장 및 본부장으로 승진하여 70대를 바라보면서 여전히 현역으로 활동하고 계신다. 국내 항공사에는 나이 제한 없이 건강하기만 하다면 이제 80대분들도 근무를 하고 계신다.

방팀장님은 여전히 회사에서 정비사가 필요하면 연락이 오신다. 내가 추천한 예비 정비사들을 보내면 몇 년 후 가장 성장한 모습으로 나타난다. 문득 20대 청년들과 함께 좁은 훈련실에서 공부하시면서 자신 있게 엄지를 올리시던 방 팀장님의 사진이 눈에 선하다.

세월이 지나 해외에서 기종 교육을 함께 공부했던 박 부장님과 국내에서 기종 교육을 받으신 방 팀장님은 같은 회사에서 근무하셨다. 코로나 이후 박 부장님은 은퇴하셨지만, 나는 아직도 김해공항에 가면 꼭 찾아뵙고 먼저 인사를 드린다.

끊임없이 공부하는 60대분들의 모습은 오늘 20대 신입 정비사들이 꼭 배워야 할 부분이다.

젊은 세대 정비사들과 함께 공부하시는 박연항 부장, 방연석 팀장님

# 3년 후 성장하는 항공정비사

"오늘 출근을 하지 않았는데요? 혹시 아시나요?"

국토부 지정 헬리콥터 및 수송기 전문 정비업체 에어로피스의 본부장님에게 전화가 왔다. 졸업과 동시에 자격증을 취득한 4명 신입 정비사들이 동시에 일을 시작했는데 그중 한 명이 무단결근을 한 것이다. 오랜 경험으로 사라진 이 학생은 영원히 나타나지 않을 것이다.

누구나 처음에는 열정을 가지고 시작한다. 그러나 그 열정이 지속되는 것은 다르다. 점점 수업이 진행되면서 진짜 열심히 하는 아이들만 살아남는다. 내 기준으로는 늘 맨 앞자리에서 불꽃 같은 눈동자로 필기하고, 수업에 늦지 않으며, 집중해서 수업을 듣는 학생들이다. 이런 학생들은 취업 후에도 회사로부터 늘 긍정적인 피드백을 받는다.

코로나 기간에도 국내 및 해외로 취업시켰다. 정비 경험이 없는 학생들을 뽑아 6개월에서 1년가량 기능사 기체 및 기관 과정과 실습 그리고 항공 영어를 가르쳤다. 이후엔 최종 취업 인터뷰 기회를 주어 합격하면, 실제 비행기를 만질 수 있게 된다. 그렇게 평생 기억에 남을 첫 직장에서 설레는 마음으로 일을 시작한다. 그리고 3년후 경력을 쌓은 학생들과 만나 대화를 나눠보면 대화의 깊이가 다르다. 어느새 우리만 사용하는 전문 영어를 알아듣고 기술적인 답변에도 능숙한 기술자가 되어 있다.

그렇다면 어떤 학생들이 이렇게 성장해서 돌아올까?

항공 정비를 처음 시작하면 비행기 세척, 격납고 청소 및 공구통 관리부터 시킨다. 다음은 기름칠하고 닦고 조이는 작업이다. 막상 입사하면 단순한 일의 반복에 원래 가지고 있던 환상과 다름을 느낀다. 날개와 랜딩기아, 꼬리날개 엔진을 탈부착하고, 수리하고 개조하며 분해 조립을 한다. 때론 높은 곳에 올라가서 부품을 바꿔야 하는 위험한 작업도 해야 하며, 객실 내에서 모든 좌석을 반복적으로 제거하고 장착하는 일도 한다.

이런 반복적이거나 힘든 일을 시작하면 대개 두 가지 반응이 나온다. 비행기가 안전하게 비상할 때 일에 보람을 느낀다는 학생과, 반대로 막상 일을 시작하니 실망하고 지쳐 1년을 버티지 못하며 떠나는 학생이다.

인 서울 대학, 경영학과를 졸업하고 항공정비사를 꿈꾸는 상균 씨가 찾아왔다. 4년제 학위가 있기 때문에 다시 직업전문학교 입학해서 공부하기는 싫고, 정비 경력으로 자격증을 취득하고 싶다고 찾아왔다. 1년 동안 항공기 기체, 기관 자격증을 공부 후, 싱가포르에 위치한 ST 정비업체의 두 번째 인터뷰에 최종 합격하여 일을 시작했다.

입사 첫날부터 몇 달간은 대형기들을 보는 것만으로 너무 신기하고 행복했다고 한다. 점점 일도 많아지고 힘든 날도 있었지만, 그토록 바라던 항공정비사였기에 포기하지 않고 3년을 버텼다. 처음에 공구 사용법도 잘 몰라 무시도 당했지만, 이제는 제법 근사한 기술자가 되었다. 그가 끈기 있게 일을 해 나가는 동안 동기들은 적성이 맞지 않는다거나 인간관계가 힘들다는 등의 이유로 1년도 채우지 못하고 그만두는 경우도 많았다. 모두가 일하고 싶었던 전세계 기체 부분 세계 1위 MRO 업체, ST 엔지니어였다.

상균 씨는 본인이 직접 정비했던 보잉 항공기를 타고 휴가차 한국에 올 때가 가장 기억에 남는다고 했다. 그리고 직접 작업한 객실 안 의자와 꼬리날개 등을 생각하면 뿌듯함과 만족감을 느낀다고도 했다. 그는 결국, 3년의 정비 경력으로 동기 중 가장 먼저 미국에 가 FAA 자격증을 취득했다. 현재는 싱가포르에서 만난 여자 친구와 결혼했고 두 배의 연봉을 받으며 국내 항공사로 이직해 근무하고 있다.

같은 회사에 1기로 보낸 동욱 씨도 3년 후 멋진 엔지니어가 되었다. 현장 정비사가 아닌 항공기 정비 계획을 세우는 플래너Planner 포지션으로 근무하다, 엔지니어들이 모이는 기술부로 옮기게 된다. 지금은 신입 정비사 급여를 넘어 경력직 엔지니어 정비사 급여를 받고 있으며, 이는 전체 해외취업자 중에 한국인 중 가장 높은 급여를 받고 있다.

이렇게 결국 성장한 항공정비사의 특징 중 하나는 일단 고치고 수리하는 일에 재미를 느낀다는 것이다. 교육 중 학생들이 실습하는 것만 봐도 알 수 있다. 손의 움직임이 유려하고 공구 만지는 모습을 보면 즐거운 표정을 하고 있다. 따라서 항공정비사는 복잡한 이론을 아는 것도 중요하지만, 손으로 작업하는 것을 좋아하고 익숙하게 생각해야 한다.

또 다른 특징은, 비행기를 좋아한다는 것이다. 정비하고, 문제 발생 시 고장 탐구를 즐겁게 하는 사람들이 보람을 느끼고, 쉽게 지치지 않으면서 오래 근무할 수 있다. 여기에 더해, 좋아하는 것을 넘어 내 업이라고 생각하게 되면 더 높은 차원의 기술자로 거듭날 수 있다.

성장하는 정비사들은 힘들다고 무작정 퇴사하지 않는다. 부서 이동을 하면서 본인에게 맞는 적성을 찾는다. 그들은 수리하는 것과 비행기를 좋아하기에 그 공간을 떠나는 선택을 쉽게 하지 않는다. 대형 항공사에는 다양한 부서가 있다. 내 적성에 맞지 않거나 다른 부서를 경험해 보고 싶다면 부서 이동을 고려해 보는 것도 하나의 방법이다. 오버헤드에서 기술지원 업무라면 현장으로 옮겨보고, 현장 경험이 많다면 품질관리부, 기술부, 훈련부 등 다양한 부서를 살펴보면서 내가 좋아하고 잘하는 쪽을 고민해야 한다.

3년은 길지만 아주 중요한 시간이다. 늘 처음 시작하는 예비 정비사들에게 말을 한다. 3년 정비 경력을 쌓을 때까지는 참아내야 한다고. 이 시간을 넘기면 경력자 소리를 듣게 되고 급여가 달라지며 이직도 자유롭게 할 수 있다.

오늘도 취업을 위해 떠나는 학생들에게 격려하며 묻는다.

'3년, 잘 버틸 수 있겠지?'

# 석. 박사 항공정비사

　내가 만난 60대 이상의 항공정비사들은 대부분 고졸 출신이 많았다. 과거에는 항공정비사가 기름 냄새가 나는 직업으로, 특별한 학위가 필요하지 않고 자격증만 있으면 은퇴까지 무리 없이 일할 수 있었다. 대기업에서는 사내 대학을 운영하거나 기초 훈련, 보수교육, 비행기 기종이 바뀔 때마다 기종 훈련, 계절별 안전교육을 체계적으로 제공했다. 그러나 내가 만난 리더들은 결코 자격증에만 만족하지 않고 배움을 멈추지 않았다.

　미국에서는 여전히 아카데미에서 자격증만 취득해 항공정비사로 일하는 경우가 많지만, 한국은 이제 고졸 항공정비사를 거의 찾아볼 수 없다. 특히 1993년 최초로 설립된 아세아항공직업전문학교에서 많은 항공정비사들이 배출되었다. 이처럼 팬데믹 이전에는 직업전문학교 학생들이 항공정비사의 주류를 이루었다. 이들은 평생교육진흥원의 학점은행제를 통해 자격증 취득과 동시에 준학사를, 면장을 취득하면 가산점을 받아 온라인으로 교양과목을 수강해 최종적으로 4년제 정비공학사를 취득하였다. 이런 이유로 동일한 학위를 가진 젊은 항공정비사들이 많아져 경쟁력이 낮아졌다.

  항공사 채용 절차는 1차 서류 검증, 2차 기술 면접, 3차 임원 면접으로 진행된다. 면접 대기실에서 검은 옷과 넥타이를 맨 젊은이 중 80%는 직업전문학교 출신 학점은행제 학생들이었고, 20%는 일반 대학교 학위 취득자나 해외 유학파들이었다. 하지만 팬데믹 이후 직업전문학교 수가 50% 이상 줄어들었다. 인구 감소의 영향으로 지방 대학들이 폐교나 폐과의 위기에 처해 있는 것도 사실이다. 현재 항공정비를 배우는 대학은 20개가 넘으며, 비전공자들이 다시 항공정비를 시작하는 경우가 많아졌다.

  항공정비사는 석박사 학위를 취득하는 사람이 적다. 특히 박사 학위 소지자는 10명이 채 되지 않는다. 항공정비를 가르치는 대학에서도 경력자는 많지만, 논문을 쓴 석박사 교수는 드문 현실이다. 또한, 기술직이기에 자격증만으로도 나이 제한 없이 일할 수 있는 직업이기 때문에 석박사 학위를 취득하지 않는 경우가 많다. 하지만 정비 경력을 쌓고 진급을 원하거나, 가르치는 직업을 목표로 한다면 한 번쯤 석박사 학위 취득을 고민해볼 만하다.

  정석항공고 및 대한항공엔진 정비사 경험을 통해 "한국항공인적요인학예" 회장이었으며 현재 한서대학교 기술교육원 원장으로 재직 중인 김천용 박사님은 대표적인 항공정비사 출신의 박사 학위 소지자다. 안정적인 대기업 근무 중에도 배움을 멈추지 않고, 항공 안전 분야의 대가로서 항공정비사들이 꼭 배우고 읽어보는 "항공정비 인적요인개론"

저자다. 그는 배움을 멈추고 싶지 않은 후배 정비사들의 롤모델이다.

나도 직업적으로 안정 시기에 접어들던 40대쯤에 더 성장하기 위해 고민했던 적이 있다. 더 공부해 보기로 마음을 먹고 항공대학교 대학원에 처음엔 떨어지고 다음 해 석사학위를 시작했다. 저녁 7시 야간수업을 받기 위해 교실에 앉아 있으면, 나 같은 고민을 했던 군인, 항공사 직원, 공무원들을 만나게 된다. 더 나은 미래를 꿈꾸는 각 분야의 다양한 전문가를 만나며 큰 동기부여를 받을 수 있던 시간이었다.

김포공항 안에서 국토부 지정 정비업체 인가를 받아 6인승 비행기의 정비를 위해 회사를 설립했다. 정비 일을 병행하며 학업을 했기에 정비 작업이 길어지면 대충 세수만 하고 대학원으로 향한 적도 있고, 엔진 실린더 교체 작업 후 기름 냄새를 풍기며 야간 수업을 들을 때도 있었다. 이런 날에는 최대한 동기생들과 떨어져 앉으며 피해를 주지 않으려 했다.

수업 후 밤늦게 동기들과 항공대 앞 주점에서 대화를 나누는 즐거움도 있었다. 두 딸을 키우며 자기 계발을 위해 다시 학교로 돌아온 대한항공 최 과장, 은퇴 후 대학에서 학생들을 가르치고 싶다는 꿈을 가진 정비본부 임원, 승무원과 결혼을 앞두고 미래를 준비하는 항공사 직원 김 대리, 회사에서 일부 수업료를 지원받아 공부하는 경영본부 팀장, 그리고 공항 공사와 산림청에서 근무하는 공무원들까지, 그곳엔 다양한 꿈을 위해 모인 사람들이 있었다.

군대에도 두 종류가 있는데 안정을 택하는 군인과 끊임없이 미래를 위해 준비하는 군인이다. 군 경력을 바탕으로 끊임없이 공부하며 사이버 대학에서 항공정비학과를 졸업하는 군인들도 있다. 대구에 있는 최 중사는 군 정비 경력을 인정받아 FAA 자격증을 취득했고, 온라인으로 미국 중서부 대학에서 항공 안전 석사를 졸업했다. 그는 한국 군인 중 최초로 미국 대학 학위를 가진 군인이며, 이제 제대를 준비하면서 미국에서의 두 번째 인생을 그려보려 한다.

공군으로 성남에서 근무하는 품질관리 감독관, 오권석 준위의 사례도 떠오른다. 그는 경영학 석사에 이어 항공대 교통물류학과 이학 박사 과정을 마쳤다. 또한, 대통령 전용기 정비 경험과 해외 정비 교육을 이수한 후 '국내 항공 정비 자격증 제도 개선'이라는 박사 논문을 발표하기도 했다. 매일 반복되는 일상이 싫어 중사 때 대학원에 입학해 석사 학위를 취득한 1년 후배 공군 윤 상사와 항공 직업전문학교에서 강의하는 공군 동기 김 교수는 '직업전문학교 교수님'이라는 소리를 듣는 게 불편해 교통물류학 석사를 전공한 후 현재는 4년제 대학에서 가르치고 있다.

국내 항공정비사들은 항공대, 인하대, 한서대, 경상대, 세종대 등에서 석.박사과정을 이수하거나, 서울 소재 대학교에서 일반 학위 취득 후 항공정비사 자격증을 취득한다. 더 나아가 미국 대학교 학위를 위해 근무 중에 온라인 학위를 취득하는 방법과 제대 후 유학을 통해 경쟁력을 더 키울 수 있다.

배움을 멈추지 않는 항공정비사들을 자주 만나고 싶다.

## 승진하게 만드는 이것!

미국 오레곤에 위치한 '힐스보로Hillsboro 항공사'의 대표 존 헤이John Hey는 말단 항공정비사로 시작해 회사 대표가 된 인물이다. FAA 항공정비사 자격증을 취득한 후 정비 본부장까지 승진하고, 조종 비행학교 책임자 경험을 거쳐 CEO가 되었다. 2010년 산업인력공단 지원으로 '항공 선진국 탐방' 프로젝트의 인솔과 통역을 맡았을 때, 30:1의 경쟁률을 뚫고 선발된 3명의 국내 항공정비학과 학생에게 이분을 만나게 해주었다.

"항공정비사로 시작해 CEO까지 되려면 가장 중요한 것이 무엇입니까?"라는 한 학생의 질문에 그는 이렇게 답했다.

"난 일을 할 때 회사의 입장에서 생각합니다. 내 개인의 이득이 아닌, 어떻게 하면 내가 속한 회사에 도움이 될지 먼저 생각합니다."

'최선을 다하면 된다.', 열심히 하면 된다.'와 같은 뻔한 말이 아니라, 회사 내 최고의 위치까지 오른 인물의 답변은 역시 달랐다.

항공정비사로 시작해 과장, 팀장, 부장, 더 나아가 항공정비부서의 본부장 그리고 회사 임원이 되는 것은 결코 쉽지 않다. 그들에게는 우리가 배워야 할 것이 있는데, 그것은 나 중심적인 사고방식이 아닌 회사 중심적인 눈을 가진 사람들이다.

대한항공 임원을 거쳐 저비용항공사 정비본부장 및 훈련원 원장 출신인 채창호 교수님은 국내 및 미국 대학교에서 항공정비사들을 가르치고 있는데, 이분 역시 유튜브 채널에 출연해서 강조하는 말씀이 "엔지니어도 경영 마인드를 가져야 한다."는 것이었다. 즉 일을 할 때 나만 생각하는 게 아니라 회사의 입장에서 생각해야 한다는 것이다.

미국 연방항공청 FAA 인가를 받은 운항정비업체인 샤프 에비에이션 K를 성장시킨 도종봉 전무님의 사례는 매우 인상적이다. 그는 잘 다니던 대한항공을 그만두고, 현재 델타항공과 합병된 노스웨스트 Northwest Airlines로 새롭게 도전했다. 이후 델타항공의 정비업체인 샤프 회사에서 본부장을 거쳐 임원으로 승진한 최초의 항공정비사다. 그는 빠른 판단력과 회사 중심적 사고 덕분에 현장을 잘 아는 최고의 라인정비사 출신으로 임원 자리까지 오른 것이다.

이렇게 높은 자리까지 승진하는 사람들을 보면, 먼저 회사의 목표와 비전을 이해하고 이를 달성하기 위해 노력하는 과정에서 리더십을 배우게 된다. 이는 조직의 분위기를 긍정적으로 바꾸고, 모든 구성원이 함께 성장하는 환경을 조성하며 결국, 경력 발전에도 도움이 된다. 회사에 대한 헌신과 열정은 경영진에게 깊은 인상을 주며, 이는 승진과 더 나은 기회를 가져오는 데 중요한 요소가 된다. 이들은 분명 자기중심적이지 않고 회사 입장에서 일하는 법을 아는 것이다.

항공정비사는 흔히 '고집이 세고 타협하지 않는다'라는 말을 자주 듣는다. 자신의 할당량에 해당하는 부분만 작업하고 책임지기 때문이다. 하지만 이런 완고한 자세가 때로는 회사가 손해를 보는 상황을 만들 수 있다.

항공사 입장에서는 하루라도 비행을 하지 않고 비행기를 세워 놓으면 매일 막대한 손해가 발생한다. 보잉 737 기종의 경우 하루 동안 비행을 하지 못하면 대략 5천만 원 이상의 현금이 사라진다. 이 사실을 안다면, 고집스럽게 정해진 시간만 정비할 수는 없다. 다음날 안전하게 비행기가 뜨기 위해 시간이 더 걸리더라도 문제를 해결해야 한다. 특히 정비부서는 혼자가 아니라 여러 명이 함께 팀워크를 발휘하며 작업해야 하고, 생명과 연결된 작업이기에 더 신중을 기해야 한다. 정비사는 나를 넘어 동료를 생각하고, 회사를 생각하고, 더 나아가 승객을 생각해야 하는 직업인 것이다.

요즘 세대는 "하면 된다"라는 말을 싫어한다. "소년이여, 야망을 가져라"라는 말에 꿈을 좇아 태평양을 건넜던 우리 세대와는 분명 다를 것이다. 직장 생활을 하며 '내 시간을 투자했으니 급여를 받는다'고 생각하기에 근무 시간 외의 시간은 온전히 내 것이라고 주장한다.

원래 인간은 이기적이고 자신의 이익을 추구하는 게 당연한 본능이다. 하지만 진정한 성공을 원한다면, 이기적인 사고 방식에서 벗어나 회사와 팀의 성공을 먼저 생각하고 행동해야 더 빨리 승진하고 리더의 자리에 오를 수 있다.

항공정비사는 자격증을 취득하고 공부하며 기술을 익힌다. 하지만 이것으로 리더십과 사람을 이해하는 법을 배우진 못한다. 성장하는 정비사는 학교에서 배우지 않는 요소를, 일을 통해 찾으면서 경쟁력을 갖춘다.

오늘부터 출근할 때, 생각을 바꿀 수 있을까?

나 중심에서 회사 중심으로.

# 월급 주는 항공정비사들

"재무제표 볼 줄 아세요?"

20대부터 항공정비사로 일할 때 나에게 이런 질문을 던진 선배는 단 한 명도 없었다. 늘 정직과 전문성, 그리고 안전에 대해 이야기하는 선배들은 많았지만, 주식이나 재테크, 경영에 대해 이야기해 주는 선후배는 찾아볼 수 없었다.

항공 분야의 경우는, 이름 있는 항공사에 들어가면 정년을 채우고 나올 만큼 안정적이다. 자격증을 소지하고 있기에 이직의 기회도 많다. 그러나 2020년 코로나의 영향으로 전 세계 항공사의 80% 이상이 날지 못했고, 다수의 항공 분야 종사자가 휴직하고 해고를 경험했다. 1997년 IMF 시기에도 항공기는 날아다녔지만, 코로나는 모든 것을 멈추게 만들었다. 이제 평생직장을 막연히 믿고 지내는 시대는 분명 끝났다.

누구나 월급 받는 사람보다는 월급 주는 사람을 한 번쯤 꿈꾼다. 남의 밑에서 일하는 것보다 자기가 설립한 회사에서 좋아하는 일을 하면서 경제적 자유를 찾아가며 살고 싶어 한다. 특히 내 주변에는 직업은 항공정비사인데 다양한 사업을 하는 분들이 많았다. 부업으로 식당이나 옷 가게를 운영하거나, 부동산 공인중개업을 하는 분도 보았다.

코로나 이후로는 주식을 하는 분들이 많아졌다. 아침 일찍 출근하면 격납고 안에서 휴식 시간에 주식 시세를 보는 젊은이들도 많아졌다. 고정급여는 항공정비사로 받지만, 추가적인 수입 거리를 찾고 있다. 개인적으로는 아주 현명하고 지혜로운 분들이라고 생각한다.

30대 시절, 미국 회사에서 FAA 항공정비사로 로그북에 첫 사인을 하며 안정적인 직업을 꿈꾸었지만, 비자와 건강 문제로 더 이상 일할 수 없게 되었고 회사를 창업했다. 그때 나의 직업은 3가지였다. 학생비자를 유지하기 위해 오전에는 칼리지를 다녀야 했고 오후에는 주유소에서 일을 했고, 퇴근 후에는 미국항공유학을 꿈꾸는 분들을 위해 다음 카페를 만들어 글을 올렸다. 자격증 취득 후에는 9.11 사건이 터지는 바람에 공항으로 출근을 못 해 자동차 정비소에서 일했다. 일이 없을 때는 주유소와 세탁소, 햄버거 가게 등에서 시간을 쪼개 가며 일을 했고, 그 와중에 3명의 아이를 키우며 공부했다. 30대는 나에게 지독한 광야 생활, 그 자체였다. 고난은 나에게 새로운 눈을 뜨게 했고, 경영을 배우고 싶어 학교에 입학해고, 재무제표를 보는 법도 배웠다.

40대에는 직원이 30명을 넘어가면서 유학업, FAA 아카데미 운영, 국토부 인가 정비업체 운영, 그리고 항공 인력 공급 사업 등을 했다. 국제화물청사에서 제주항공 다음으로 사무실이 넓고 많았다. 이는 일과 사업을 병행하며 10년 후에 일어난 일들이었다. 김포공항 안에서 출입이 가능한 벤츠를 타고 다니는 유일한 대표였다. 당시 1년에 3회 이상 해외 출장을 다니며 쌓인 마일리지로 비즈니스석을 타는 재미도 있었다.

이런 경험은 월급 받는 항공정비사로 만족했다면 결코 할 수 없었던 일들이었다. 나도 월급을 주는 항공정비사가 되고 싶었기에 끊임없이 공부하고 경영을 배웠다. 50대 지금도 미국에 회사를 만들어 항공교육 디지털 전환과 MRO 정비를 준비하며 시간을 쪼개어 두 번째 미국 석사 학위를 마무리하고 있다.

인천공항에 출근하는 제주항공 이 팀장도 본업은 항공정비사지만 주말에는 부업으로 박물관에서 비행기 조립을 한다. 그리고 왕복 엔진 전문가이기에 김포공항 내 개인 자가용 업자들이 비행기 구매를 요청하면 구매 대행 및 조립 후 감항 검사까지 컨설팅해 준다. 거기에 더해 학원 강사도 하고 있다. 평소 가르치는 것을 좋아하던 그는 파트타임으로 아카데미에 와서 FAA 항공정비사 자격증 취득을 원하는 후배 정비사들을 가르친다.

김포공항 경항공업체에서 품질관리 업무를 하는 황 정비사도 회사 대표다. 다니는 회사에서 품질관리 업무를 하면서 수출입하는 항공기 부품에 눈을 뜨고 나서, 미국에서 비행기 부품을 수입해 저렴하게 판매한다. 근무 시간 동안은 월급 받는 항공정비사이지만, 나머지 시간은 회사 대표로 지내고 있다.

공군 157기 기체 정비사 부사관 출신인 이 대표님도 김포공항 부근에 위치한 시뮬레이터 제작 업체 대표다. 기계를 잘 다루기에 평소 좋아하는 시뮬레이터 장비를 직접 제작해 항공사 훈련용으로 사용하다가, 지금은 취업 준비생인 예비 조종사들에게 조종석 체험 기회를 제공하는 교육사업을 하고 있다. 아침에는 공항으로 출근하지만, 저녁에는 유명한 보쌈 집 사장님이기도 하다. 공군에서 항공기 정비를 배우고 미국으로 날아가 조종사 자격증을 취득한 권 대표님도 캘리포니아에서 비행학교를 경영한다.

이렇게 내 주변에는 항공정비사이면서 CEO이기도 한 인물들이 많다. 어떻게 하면 이분들처럼 두 가지 직업을 가질 수 있을까?

항공 관련 종사자들은 비행기에 관련된 수많은 돈의 흐름을 경험한다. 비행기를 운항하기 위해 필요한 인력, 장비, 부품, 교육, 그리고 서비스를 경험하면서, 자신이 도전해 볼 수 있는 사업 아이템을 찾기도 한다. 일반인들은 들어갈 수 없는 공항 장소에 출입할 수 있다는 것과 비행기에 대해 직접적인 이해를 할 수 있다는 것은 항공정비사의 특권이다. 인력 공급 산업, 비행기 점검에 필요한 지상 장비 및 유류 지원사업, 항공종사자 교육에 필요한 훈련 장비 사업, 온라인 판매 사업, 그리고 항공종사자 자격증 취득 관련 교육 사업 등 다양한 기회가 있다.

눈을 크게 뜨고 주변을 보면서 사업 아이템을 찾아보길 바란다. 과거에 달리 지금은 항공정비사 일을 하면서 다른 온·오프라인사업을 하기에 좋은 세상이다. 먼저, 돈의 흐름을 알 수 있는 재무제표를 공부하면서 일을 통해 사장의 마인드를 키우고, 내가 가진 경험을 통해 할 수 있는 사업 아이템을 찾아보기 바란다.

머리로만 상상하고 고민만 하다 가는 어느새 기회는 지나갈 수도 있다. 항공 관련 사업은 어느 정도 투자도 필요하고, 성과를 내기까지 오랜 시간이 걸릴 수도 있다. 따라서 끊임없는 도전 정신과 지속적인 열정이 필요하다. 힘들 때마다 기억하자. 평생직장을 믿고 살던 시대는 지났다고.

나는 오늘도 할 수만 있다면 완전한 자유를 사고 싶다. 단 하루라도 설렘을 따라 살고 싶고, 하고 싶지 않은 일은 하지 않아도 되는 삶을 꿈꾼다.

사업에 관심 있는 후배가 찾아오면 말한다. "재무제표 볼 줄 알아? 월급 주는 정비사를 꿈꿔봐."

## 캄보디아 최초 항공정비사

캄보디아에서 온 노력의 아이콘이었던 니른이는 국내 최초 외국인으로 항공기체기능사 자격증을 취득했다. 그는 한국말도 서툰 부산 동의대학교 기계공학과 학생이었고, 전액 장학금을 받기 위해 한국어 시험을 통과하고, 한국어 웅변대회에서 1등을 차지했다. 니른이가 처음 항공정비사의 꿈을 품게 된 것은 선교지에서 만났을 때였다.

니른이를 처음 만난 건 그가 고등학교 2학년일 때였다. 한국인 선교사가 운영하는 캄보디아 소빛국제학교로 선교여행을 갔을 때였다. 눈이 크고, 항상 웃고 있던 소년은 예배 중에 보이지 않는 맨 뒤 방송실에서 음향을 담당하고 있었다. 나도 20대에 교회에서 음악을 틀고 정리하는 역할을 맡았기에, 그 모습이 꼭 내 과거를 보는 듯했다.

니른이가 고등학교 졸업 후 한국에서 기계공학과를 다니게 될 줄은 상상도 못 했다. 언어의 벽을 넘어야 했기 때문이다. 나는 멀리서 그의 꿈을 응원하며 매달 선교지에 후원금을 보냈지만, 미국 유학 시절 영어가 들리지 않아 고생했던 내 경험으로 그 꿈이 쉽지 않다는 사실을 알고 있었다.

어느 날, 기계공학과 졸업을 앞둔 니른이가 항공정비사가 되고 싶다며 찾아왔다. 서툰 한국어로 또박또박 자신의 목표를 말하는 모습에 깊은 인상을 받았다. 그의 최종 목표는 FAA 미국항공정비사 자격증이었다. 한국어도 어렵지만 영어로 된 자격증 시험을 준비하겠다는 그의 결심이 놀라웠다. 나는 그에게 먼저 국내 기체기능사 시험부터 준비해 보라고 조언했다.

그는 지방에 있어 매일 오프라인 수업을 듣기 어려운 상황이었다. 다행히 내가 제작해 둔 항공 교육 동영상이 있어, 그것으로 이론을 공부하고 실습을 할 때만 김포공항으로 올라오도록 했다. 방학 동안 비행기로 오가며 실습에 임하는 모습은 마치 아이가 새로운 장난감을 만난 것처럼 즐거워 보였다. 실습 중 그의 손놀림은 섬세하고 빠르며 정확했다. 딱 봐도 훌륭한 정비사의 자질을 갖춘 모습이었다.

시험 날, "니른아, 혹시 떨어지더라도 괜찮으니 다시 보면 돼. 너무 걱정하지 마."라는 말과 함께 그를 위해 기도해 줬다. 며칠 후, 전화가 왔다. "저, 합격했어요!" 그가 기쁜 목소리로 말했다. 국내 역사상 외국인 최초로 항공기체기능사 자격증에 합격한 순간이었다. 한국어로 시험을 본 것도 대단했지만, 그의 노력과 끈기가 더욱 놀라웠다.

이제 그는 영어라는 벽을 한 번 더 넘어야 했다. 토플과 토익 점수가 미국 유학의 문을 열어줄 열쇠이기 때문이다. 두 번째 시험까지는 점수가 기대에 못 미쳤지만, 그는 포기하지 않았다. "700점이 넘어야 되는 거죠? 오늘 625점 받았어요."라는 그의 메시지를 보면서 나는 점점 의심이 아닌 확신을 갖게 되었다. 그는 한국어를 넘어 영어도 정복했다. 그리고 외국인 최초로, 12개월 과정으로 진행되는 한국항공대학교 6개월, 미국 댈러스에서의 6개월 과정을 통해 FAA 자격증을 취득할것이다.

니른이는 학비 마련을 위해 캠핑카 공장에서 일하며 밤에는 유튜브로 한국 역사를 가르치고 있다. 매달 유튜브 채널의 수익이 나올 만큼 구독자도 꽤 많아졌다. 묵묵히 자신의 길을 걷고 있는 그를 보면, 새벽까지 아르바이트를 하고 아침에 학교로 가던 내 미국 유학 시절이 오버랩 되며 떠오른다.

몇 년 후, 니른이는 결혼 청첩장을 보내왔다. 한국에 유학 온 캄보디아 친구들이 하객으로 참석한 작은 교회에서 같은 유학생 신분의 여학생과 아름다운 결혼식을 올렸다. 고등학생이던 소년은 이제 27살의 어엿한 가장이 되었다. 그는 여전히 캄보디아 최초의 항공정비사가 되겠다는 꿈을 가지고 영어 공부를 이어가고 있다. 100% 영어로 진행되는 자격증 과정을 시작하며, 또 한 번 도전하고 있다.

니른이에게는 분명 새로운 문이 열릴 것이다. 그는 좋아하는 찬양 "Way Maker"를 흥얼거리며 보이지 않는 길을 만들어가고, 그가 믿는 기적을 이루는 하나님을 믿으며 나아가고 있다고 한다. 그 신념과 끈기는 언제나처럼 그를 앞으로 이끌 것이다.

나는 그가 캄보디아 하늘 아래에서 항공기를 정비하는 모습을 그려본다. 단순히 정비사가 아니라, 자신의 이야기를 바탕으로 다음 세대가 꿈을 꿀 수 있도록 하는 스승이 될 것이다. 먼 훗날, 캄보디아의 젊은이들이 "니른 선배님처럼 되고 싶다"고 말하는 날이 올 것이다.

니른이의 여정은 꿈이 가진 위대한 힘을 증명하고 있다. 불가능을 가능으로 바꾸며, 세상에 도전의 가치를 보여주고 있다. 그의 눈빛은 여전히 내가 처음 선교지에서 만났을 때처럼 빛나고 있다. 그의 꿈은 캄보디아의 하늘을 더 밝게 만들고, 그 나라 청년들에게 희망을 줄 것이다.

그리고 나는 믿는다. 언젠가 캄보디아의 첫 항공정비사로서 활주로 위에 서 있는 그의 모습을 보게 될 것이다. 꿈을 향해 믿음으로 한 걸음씩 나아가는 그는 분명 내가 만나고 싶었던 "저기 꿈꾸는 자가 오고 있다"의 주인공이다.

## 이 남자 취업좀 시켜주세요.

"대표님, 이 사람 취업 좀 시켜주세요."

만삭의 몸으로 사무실에 들어온 여성이 간절하게 말했다. 그녀 곁에 앉아 있던 30대 준호 씨는 그저 미안한 표정으로 고개를 숙이고 있었다. 지금은 인천공항 외국 항공사에서 라인 정비사로 일하는 준호 씨와의 첫 만남이었다. 그의 첫인상은 순수하고 착했다. 하지만 그의 아내는 달랐다. 불안과 희망이 뒤섞인 얼굴로, 모든 말과 질문은 그녀가 대신했다.

남편을 항공정비사로 만들기 위해 그녀는 부단히 노력해 왔다고 했다. 다른 일을 하던 남편을 늦은 나이에 2년제 직업전문대학에 입학시키고 졸업까지 도왔다. 졸업 후에는 항공정비사로 취업이 될 거라 믿었지만, 현실은 비행기 부품을 청소하는 아웃소싱 업체에서 일하게 되었다. 남편이 힘들어 보이니 그녀는 또다시 나섰다. 이번에는 항공사에서 요구하는 '보잉 737 기종 교육 수료자'로 만들어 주겠다고 결심한 것이다.

"대표님, 이번이 마지막이에요. 이거 기종 교육받으면 진짜 취업할 수 있는 거죠?"

그녀의 눈빛에는 걱정과 간절함이 가득했다. 영어로만 진행되는 7주간의 훈련과 5천 불에 달하는 비용, 그리고 이전 직장을 그만둬야 한다는 부담까지. 준호 씨보다 옆에서 간절한 아내의 모습이 내 마음을 움직였다. 순간, 내 기억은 20년 전으로 돌아갔다.

당시, 나도 취업을 위해 수십 장의 이력서를 썼지만 돌아오는 연락은 없었다. 둘째를 임신하고 만삭의 몸을 하고 있는 아내를 보며, 가장으로서 무거운 책임감을 느꼈다. 항상 나를 믿고 기다려주는 아내가 그저 고맙고 미안했다. 우리는 그렇게 많은 밤을 서로 위로하며 버텼다.

준호 씨는 훈련을 시작했고, 모든 시험을 통과했다. 그의 노력 뒤에는 아내의 묵묵한 응원이 있었다는 것을 알고 있었다. 이제 남은 것은 취업이었다. 또다시 몇 주가 흐르고, 인천공항의 외국계 정비업체에서 좋은 후보를 찾는다는 연락이 왔다. 수료생 명단을 보며, 만삭의 몸으로 찾아왔던 준호 씨의 아내가 가장 먼저 떠올랐다.

"본부장님, 여기 한 학생 추천해 드리겠습니다."

"영어는 잘하나요?"

"네, 인터뷰를 보시면 알 겁니다."

사실 명단에는 영어를 더 잘하는 유학파도 있었고, 경력이 많은 사람도 있었다. 하지만 그 누구보다 열정과 끈기를 보여주던 준호 씨와 그의 아내를 잊을 수 없었다. 며칠 후, 준호 씨에게서 전화가 왔다.

"대표님, 저 합격했습니다! 다음 주부터 출근입니다."

전화 너머로 들리는 목소리엔 환한 웃음이 묻어 있었다. 그리고 그 소식을 아내에게 전할 순간을 상상하니, 나 역시 흐뭇했다.

몇 년 후, 또 다른 부부가 찾아왔다. 우진씨와 그의 아내였다. 40대 중반의 나이에 항공정비사가 되고 싶다는 그의 도전은 놀라웠다. 서울에 있는 대학의 경제학과를 졸업하고 들어간 안정적인 직장을 뒤로하고 이 길에 올인했다는 것이었다. 게다가 남편의 꿈을 끝까지 믿고 함께 하려는 그녀의 모습은 존경스러우면서도 안쓰럽기도 했다.

대화를 나누던 중, 아내가 울음을 터뜨렸다. 남편은 아무 말없이 휴지를 건네며 그녀의 눈물을 닦아주었다. 나는 그 모습을 보고 아무 말도 하지 못했다.

"대표님만 믿습니다."

그녀의 한마디는 무거운 책임감으로 다가왔다.

나는 그를 싱가포르 정비업체 채용 명단에 올렸고, 화상 영어 인터뷰를 준비시켰다. 적지 않은 나이와 무경력으로 쉽지 않겠다는 생각은 했지만, 나는 간절히 바라고 기도했다.

'하나님, 제발 이 가족을 도와주세요.'

합격자 명단이 도착한 날, 한 차례 마음의 준비를 한 다음 메일을 열었고 그의 이름이 합격자 명단에 있음을 보고 나도 모르게 눈물이 흘렀다.

합격 소식을 전하자, 그는 한동안 말을 잇지 못하다가 조용히 "감사합니다"고 말했다. 그 모습을 보니 나의 30대 시절이 떠올랐다. 취업 소식을 아내에게 전하던 그날, 환하게 웃던 그녀의 모습이 선명하게 스쳐 갔다. 늦은 나이에 싱가포르로 떠난 그가 취업한 지 3년이 되었을 때 사진을 보내왔다. 코로나를 버텼고, 그 경력으로 미국에서 가서 FAA자격증도 취득했다. 지금은 인천공항에 도착하는 미국 화물기를 정비하는 경력직 운항정비사가 되었다.

아내의 힘은 참으로 놀랍다. 남편을 믿어주고, 남편과 함께 걸으며 끝내는 세우는 사람. 내가 만나는 젊은이들이 그런 반쪽을 꼭 만나서 모두가 더 높이, 더 멀리 날아가면 좋겠다.

## 아버지도 아들도 항공정비사

"비행기 옆에서 사는 게 행복합니다. 엔진 시동 걸 때 나오는 냄새가 너무 좋아요."

제주항공 라인정비 팀장인 이수호 정비사가 내가 운영하는 유튜브 채널에 나와서 한 첫 마디다. 그는 매일 공항 안에서 사는 게 즐겁다고 한다. 공항 출입을 위해 가슴에 달고 있는 출입증을 보면 마치 선택받은 사람처럼 느껴진다고 한다. 항공업계에서는 아버지가 항공종사자라면 대부분 아들도 이 길을 걸어가길 원한다. 똑같은 길을 걸어가는 자녀가 있다면 그것이 아버지에게 최고의 행복일 것이다. 우린 둘 다 아버지처럼 항공기를 배우는 자녀가 있다. 이 팀장님은 과연 어떻게 자녀에게 영향을 주었을까? 내가 만난 가장 행복한 아버지 중 한 명이다.

그는 정비를 하는 모습도 즐거워 보이고, 진정한 전문가처럼 보인다. 그가 보유한 공구박스와 굳은 손마디, 그리고 가지고 있는 항공 전공 책을 보면 그가 얼마나 열정적인지 알 수 있다. 미국에서는 항공 정비사들이 공구박스를 직접 구매해야 하지만, 한국에서는 회사에서 모두 대여해 준다. 미국에서 항공정비학과를 다니면 최소 3단 이상의 공구통을 직접 구매해야 하지만, 국내에서는 그럴 필요가 없다. 그래서 항공 정비사들이 소유한 공구박스만 봐도 그들의 수준을 알 수 있다. 이 팀장님의 공구박스는 크고 높고 많다. 전 세계 정비사들이 가장 선호하는 스냅온 Snap-On 툴박스다. 너무 비싸고 단단해서 고장이 나면 평생 무료로 교환해 주는 공구다. 이 팀장님의 재산 목록 1호인 이 툴박스는 10단 높이로, 혼자서 일반 항공기를 분해하고 조립할 수 있는 모든 공구를 갖추고 있다.

이 팀장님의 손을 보면 다른 점이 느껴진다. 현장에서 정비하고 교환하면서 생긴 굳은 손마디가, 악수를 하면 고스란히 전해진다. 오랜 시간 비행기를 정비하고 수리한 흔적이 그의 손에 고스란히 남아 있다. 목에 걸고 다니는 USB에는 전공 서적과 다양한 기종의 매뉴얼, 정비 관련 서류들이 저장되어 있는데, 이를 모두 복사한다면 도서관 책장 하나를 가득 채울 만큼 많을 것이다. 정비 결함을 해결하기 위해 해석했던 수많은 영문 자료들과 훈련 교재를 보면, 그는 현장에 딱 맞는 지적인 엔지니어라고 할 수 있다. 그의 핸드폰 뒷면에는 ATA Air Transport Association of America 번호표가 붙어 있는데, 항공기 각 계통을 1~100까지 적어 놓은 이 표를 쉽게 찾고 외우기 위해서다.

그는 현장에서 다양한 기종의 소형기, 헬기, 대형기의 라인 정비를 수행했다. 이스타항공과 제주항공에서는 중정비 업무와 리스 항공기 반납 정비를 맡았으며, 주재원 정비사로도 근무했다. 관리직으로 기획부와 품질관리실에서 근무한 경험뿐만 아니라 국토부 지정 기술 교관으로서 현역 정비사를 직접 교육하기도 했다. 국내 계명대 철학과를 졸업한 특이한 경력과 육군항공대에서 헬기 조종사로 근무했던 이력이 그의 전문성을 더욱 돋보이게 한다. 그는 항공 선교에 대한 꿈을 품고 30대에 미국 무디 대학에서 항공정비공학을 전공했다. 그의 DNA를 물려받은 아들 우주도 고등학교 졸업 후 미국 항공정비 유학을 떠나, 2년간 네브래스카에 있는 대학에서 FAA 자격증을 취득하고 던컨 항공사에 취업했다.

이수호 정비사는 늘 아들에게 꿈을 전파했다고 한다. 김포공항에서 소형 항공기를 정비할 때 아들을 데리고 들어가 아빠의 공구를 이용해 비행기를 만져보게 했다고 한다. 20대가 된 아들은 경력 정비사들과 함께 독일 루프트한자 테크닉에서 주관하는 보잉 737 기종 훈련도 이수했다. 그리고 22살에 FAA 자격증 취득 후 첫 월급을 받아 아빠에게 선물을 했다. 늘 자신 있게 항공정비사로서의 삶을 즐기는 아빠의 모습을 보고 자신도 항공정비사가 될 수 있었다는 감사의 의미였다. 이제 아들은 항공정비사를 넘어 엔진을 설계해 보고 싶어 텍사스 오스틴에서 항공우주공학을 공부하고 있다. 항공에 대한 꿈을 거침없이 이야기하는 아들의 모습을 보며, 우주는 분명 아빠를 뛰어넘는 항공 엔지니어가 될 것이라고 확신한다.

미국 중부에 있는 세인트찰스 비행학교 정비본부장 스캇은 FAA 항공정비사로서, FAA 자격증 취득 후 3년 정비 경험을 쌓아야 취득할 수 있는 IA(Inspection Authorization) 자격증도 보유하고 있다. 이 학교는 한국 학생들이 조종 훈련을 받는 곳으로, 한국인 정비사들에게도 취업 기회를 제공한다. 격납고 안에는 소속 정비사들의 공구통이 자랑처럼 놓여 있다. 가장 크고, 가장 지저분한 공구통은 역시 스캇의 공구박스였다. 미국은 지역공항에서 개인 비행기 소유자들이 작은 격납고를 임대해 비행기를 보관하며, 주기적으로 스캇을 찾아 정비를 맡긴다. 스캇의 아버지 역시 FAA 승인 엔진 조립 정비업체를 직접 운영하고 있으며, 80세가 넘은 지금도 아들과 함께 공항에 출근한다.

나도 늘 자식들이 아빠와 같은 꿈을 꾸기를 바랬다. 어릴 때부터 테마가 있는 항공 여행을 많이 다녔다. 제주도로 가족여행을 갈 때 일부러 제주항공 박물관에 들러 라이트 형제 이야기를 들려주었다. 매년 국군의 날 에어쇼가 열리는 성남공항, 특이한 기종이 많은 오산 에어쇼, 용산전쟁기념관, 그리고 항공 관련 엑스포를 아이들과 함께 다녔다.

미국 출장 때는 아이들과 동행해 서부 로스앤젤레스부터 동부 워싱턴 D.C까지 공항, 항공사, 엑스포를 찾아다녔다. 세 자녀와 함께 100년 전 비행의 역사를 시작한 라이트 형제의 고향 오하이오, 최고의 항공대학 엠브리리들 대학이 있는 플로리다, FAA 본사와 스파르탄 대학이 있는 오클라호마, 보잉사가 위치한 에버렛과 세인트루이스까지 직접 투어했다. 내가 할 수 있는 모든 것을 보여주며 아이들이 비행기를 좋아하게 만들었다.

첫째는 코로나 시기에 공군 병에 지원해 서산에서 F-16 라인 정비병으로 복무한 후 교통물류를 공부하고 있다. 둘째는 댈러스에 위치한

U.S Aviation 비행학교에서 첫 비행을 했으며, 대학에서 경영학을 배우고 있다. 막내딸은 정석항공고등학교에서 항공전자를 배웠고, 나처럼 가르치는 꿈을 이루기 위해 미국으로 조기 유학을 보내서 전기전자를 배우고 있다. 우리 가족 모두가 조금씩 항공 패밀리가 되어가고 있다고 생각하니 벅찬 감정이 든다.

인류 최초로 비행에 성공한 라이트 형제의 아버지는 당시 성직자였다. 두 아들에게 "사람들이 새처럼 날게 될 거다."라는 말과 함께 꿈을 심어 주었다. 그 꿈을 이루기 위해 두 아들에게 헬리콥터 비행 원리 책을 읽게 하고, 자동차 정비소를 운영하며 드디어 비행기가 뜨는 원리를 발견하게 만들었다. 1903년, 12초 동안 36미터를 비행한 둘째 아들의 모습은 아버지가 말한 것처럼 앉아서 첫 비행을 한 것이 아닌 마치 새처럼 날아올랐다.

아버지는 아들에게 꿈을 전달하는 사람이다. 그 꿈이 같다면, 그것이야말로 최고의 행복일 것이다.

# 메카닉Mechanic 테크니션Technician 엔지니어Engineer

　대한항공은 정비사를 두 가지 유형으로 나누어 양성한다. 현장에서 근무할 정비사와 엔지니어로 근무할 정비사다. 인턴 정비사를 뽑아 엔진부서와 기체부서에 배정하고 현장 정비사로 키운다. 또한, 경쟁이 가장 치열한 대졸 공채를 통해 엔지니어로 양성한다. 싱가포르에 위치한 세계 1위 기체 정비업체 ST Engineering과 싱가포르 에어라인 소속 정비업체 SIAEC 훈련소에서도 두 가지를 명확히 구분해, 기술훈련생Training Technician과 엔지니어Engineer를 따로 모집한다. 전자는 외국 학생들도 지원할 수 있지만, 엔지니어 양성은 자국민을 대상으로 한다.

　메카닉은 반복적인 작업을 수행하는 기능공이다. 테크니션은 직접 작업을 수행하는 기술을 가진 정비사이고, 엔지니어는 작업 공정을 관리하고 기술 검토 후 최종 확인하는 엔지니어 정비사다. 비행기의 엔진을 탈착할 때를 예로 들면, 메카닉은 의사가 수술하기 전 준비를 해주는 보조 간호사처럼 보조 정비사 역할을 수행한다. 테크니션은 공군에서 기술병이 보조 역할만 하고 부사관들이 직접 정비 작업을 수행하는 것처럼 기술을 가지고 매뉴얼에 따라 작업을 수행한다. 그리고 엔지니어는 최종 확인 후 사인을 한다. 국내에서는 항공정비사 자격증에 메카닉이라고 쓰고 있고, 규모가 작은 정비 업체는 엔지니어라는 단어를 사용하지 않는다. 미국 FAA에서는 항공정비사를 AMT~Aviation Maintenance Technician~ 테크니션이라고 부르고, 유럽연합 EASA에서는 AME ~Aviation Maintenance Engineer~ 엔지니어라고 부른다.

정비 일을 하는 정비사들은 언뜻 보면 모두 비슷해 보이지만, 두 종류의 항공정비사로 나뉜다. 보조정비사~Support Staff~ 와 확인정비사~Certify Staff~ 다. 자격증을 취득한 후 바로 입사한 신입들은 경력 정비사들을 따라다니며 어깨너머로 배운다. 어느 정도 경험이 쌓이면 항공기의 기종 교육을 이수하고, 3년 전후의 현장 경험이 쌓이면 평가 후 최종 운항기록부(Log book)에 사인할 수 있는 권한을 얻게 된다. 드디어 비행기가 안전하게 날 수 있다고 확인해 주는 확인정비사가 되는 것이다.

대형기 중정비를 수행하는 정비업체에서도 크게 두 가지로 나뉜다. 현장 정비사와 오버헤드~Overhead~ 정비사다. 오버헤드는 현장 정비사를 관리 감독하는 사무실 근무자로, 엔지니어들이 모여 있는 관리 경영 부서다. 품질관리부서와 기술부가 대표적인 오버헤드 부서다. 현장 정비사와 제작사 중간 위치에서 기술 고문 역할을 해주는 엔지니어다. 현장에서 해결하지 못하는 결함이 발생할 때 비행기 제작사에 연락해 문제를 해결하는 정비사들을 SE~Service Engineer~ 엔지니어라고 부른다.

티웨이항공 엔진 담당 김원식 부장님은 한 해 동안 지구 다섯 바퀴를 돌 정도로 출장이 많다. 싱가포르, 중국, 미국의 엔진 제작업체로 출장을 가서 엔진 정비 오버홀~Overhaul~ 최종 검사 및 감독을 직접 수행하기 때문이다. 그는 국내 하늘을 가장 많이 날아다니는 보잉 737 기종의 엔진 부서를 책임지고 있다. 국내로 돌아오면 비행 중에 발생한 엔진 결함을 찾아 직접 작업복을 입고 현장 정비사들과 함께 근무도 하는 현장 경험이 풍부한 엔지니어 정비사다.

대한항공 정비본부에서 SE~Service Engineer~ 엔지니어로 근무하는 준호 씨는 국내 고등학교 졸업 후 미국 유학을 떠나 FAA 자격증을 취득하고 항공정비경영학부를 전공했다. 한국에 돌아와 미국 자격증을 국내 면장으로 전환하고 최종 엔지니어 코스를 양성하는 대졸공채로 합격했다. 입사 후 정비 경험이 없기에 가장 먼저 현장으로 보내 메카닉~Mechanic~ 정비사부터 시작한다. 차츰 어깨너머로 선배 정비사들로부터 배우고 매뉴얼을 이해하면서 기술을 가진 테크니션~Technician~으로 만들어지고 최종적으로 고장 탐구 능력을 갖추고 기술 자문까지 해줄 수 있는 엔지니어~Engineer~ 위치로 올라간 것이다.

해외에서는 테크니션 부서와 엔지니어 부서로 나뉜다. 테크니션 부서는 직접 작업을 수행하는 부서이고, 엔지니어 부서는 관리, 감독하는 부서다. 엔지니어 부서에서 테크니션 부서의 리더를 뽑고 평가한다.

항공사 항공정비본부 조직도를 보면 항공기술팀, 기획팀, 품질보증팀, 보급자재팀, 훈련팀, 항공정비팀 등으로 나뉜다. 팀별로 세분되어 평균 24개 이상의 부서로 나뉜다. 조직도에는 훈련만 담당하는 기술교관부터 비행기 옆에서 일하는 라인 정비사와 격납고에서 일하는 중정비 정비사들이 있다. 또한 품질관리팀은 현장 정비사들이 매뉴얼에 따라 작업을 수행했는지 다시 확인하는 부서다. 즉, 국토부 감항당국 역할을 대신하는 부서다. 국토부 감항당국인 지방항공청에서 이 업무를 수행하는데, 국내에서 운영하는 비행기는 매년 연간 검사에 합격해야 감항증명서를 받고 비행할 수 있다.

엔지니어 정비사들이 모여 있는 부서가 항공기술팀이다. 제작사와 현장 정비사의 중간 역할을 한다. 정시 점검 카드 목록을 보고 현장 정비사들이 정비를 수행할 수 있도록 항공기술팀에서는 정시 점검 카드 목록의 표준을 설정하고 개정하는 역할을 한다. 보잉이나 에어버스에서 비행기를 제작했지만, 직접 운영하는 현장에서는 다양한 이벤트가 발생한다. 이럴 때 제작사에 직접 문의해 해답을 찾아주는 부서가 기술팀이다. 반복적이거나 주요한 결함을 분석해 고장 탐구 능력을 높이고, 정비 관리 및 설계 도면을 해석할 수 있는 최고의 엔지니어급 정비사들이 모여 있는 곳이다.

항공정비사들은 각자의 자리에서 전문성을 발휘하며 협력해 항공기 안전과 완벽한 운항을 책임지는, 항공정비(MRO) 산업의 든든한 중심축이다.

# 3장
## 학교 밖에서 찾은 비밀들

# 고등학교때 결정하는 아이들

경기도 교육청 소속 고등학교에서는 학생들의 진로 상담을 위해 각 분야의 전문 직업인 초청 강의를 실시한다. 작년에는 12개가 넘는 고등학교에 가서 다양한 항공정비사들의 직업 세계와 항공정비사가 되는 법을 소개했다. 바쁜 일과에도 불구하고, 오직 아이들을 사랑하는 마음이 있었기에 가능했다. 강의가 끝나면 평균 5~10명 정도가 마치 처음 비행기를 탔던 날처럼 신나게 질문을 쏟아낸다. "한번 해보고 싶다"라고 말하는 아이들의 눈빛을 보면, 하루가 행복해진다.

항공정비사 진로는 고등학교 때 결정하는 게 가장 좋다. 대부분이 군대를 다녀와서 시작하는 학생들, 대학교에서 전공을 잘못 선택한 학생들, 그리고 30대가 넘어서 새롭게 도전하는 학생들이다. 고등학생 진로 상담을 가면 막연하게 관심 있는 학생들도 있지만, 이미 작정하고 인생의 로드맵까지 완성한 학생들을 보면 신기하다.

진로 상담은 진학 상담과 다르다. 진학 상담은 "국내의 어느 대학에 가면 된다", "미국 대학은 여기가 좋다" 같은 단순한 정보 전달이지만, 진로 상담은 그렇지 않다. 그래서 각 학생의 기질을 파악하고 적성에 맞는지를 상담해 준다. 회사 내 MBTI 전문가와 함께 학생의 기질을 파악하고, 직접 항공기 조종석에 앉아 만져보게 하거나 다양한 항공정비사의 직업을 직접 눈으로 보게 하여 항공정비사에 대한 새로운 시각을 열어준다.

일반 고등학교 출신 학생 중에는 고3 1학기부터 직업전문학교에서 운영하는 고교 위탁 과정을 통해 정부 지원금으로 1년 안에 항공정비사 기체, 기관, 장비 자격증을 취득하는 경우도 있다. 이때 배우는 기초 이론과 실습 경험은 진로를 빠르게 결정할 좋은 기회가 된다. 다른 학생들이 국·영·수나 토플 준비로 바쁠 때, 이 학생들은 1년을 직업전문학교에서 보내며 사전 학습의 이점을 누리게 된다. 이후 항공정비학과 입학 시 산업기사 및 면장 시험에도 도움이 된다.

고등학교 3학년쯤 되면 자신의 실력이 수도권 대학 수준인지, 지방대인지, 전문대 수준인지를 잘 알게 된다. 내신 성적이 약한 학생들은 국토부 지정 직업전문학교를 선택할 수 있다. 고등학교 졸업과 동시에 직업전문학교에 입학해 학점은행제로 준학사 및 항공정비사 자격증을 취득한 후 입대하는 방식이다. 병무청 홈페이지에서 군에 지원 시, 항공기 정비 특기를 받기 위해 자격증 취득하면 가산점을 받을 수 있어, 원하는 특기를 받을 확률이 높아진다.

때로는 중학교 때부터 항공고등학교로의 진학을 선택하는 학생들도 있다. 2025년 기준으로 항공교육훈련포털 사이트에 따르면, 국토부 지정 전문학교로는 인천 정석항공고, 전북 강호항공고, 경남 경남항공고, 경북 경북항공고, 강원도 한국항공고, 경기항공고 등이 있다. 특히 경남 사천에 위치한 공군항공과학고등학교는 공군 부사관 7년 의무복무 조건의 항공기술 마이스터고로, 매년 경쟁률이 가장 높다.

고3 내신 점수를 통해 4년제 항공정비 관련 학과를 선택할 수 있다. 코로나 이후 고등학교 졸업생 감소로 지방대 항공학과는 비교적 쉽게 입학할 수 있다. 대한민국에서 항공종사자를 꿈꾸는 학생들이 가장 선호하는 대학은 경기도 고양시의 한국항공대학교와 충남 서산의 한서대학교다. 한서대학교는 평균 내신 2등급 이상의 학생들이 지원할 수 있고, 활주로가 보이는 격납고 안에서 공부할 수 있는 유일한 대학이다. 하지만 지방에 위치한 것이 단점이다.

한국항공대학교는 2024년부터 대한항공 직업 훈련생 과정을 대한항공 실습장 이용을 통해 직접 운영하고 있다. 평생교육진흥원의 학점은행제 과정도 운영하며 학부 과정에서는 MRO항공과정을 통해 자격증 시험 응시 기회가 주어진다. 2025년부터는 국내에서 유일하게 FAA 항공정비사 자격증을 동시에 취득할 수 있는 학교가 되었다.

교통안전공단에서 운영하는 항공교육훈련포털 사이트에 따르면, 2025년 이후 국토부 지정 전문학교는 36개 이상으로 늘어난다. 4년제 대학으로는 항공대, 한서대, 경원대, 세한대, 극동대, 초당대, 중원대 등이 있고, 2년제 전문대학으로는 경남·경북 항공전문대학 등이 있다. 기타 학점은행제로 운영되는 직업전문학교는 아세아항공, 한국항공직업전문학교, 그리고 항공대학교 부속 기술교육원 등이 있다. 코로나 기간 폐교된 학교들이 있어 신중하게 확인해 보는 것이 필요하다.

경제적 여유가 있다면 국내 대학 대신 미국에서 항공정비 유학을 선택하는 경우도 있다. 부모님의 해외 근무 경험이나 해외여행 경험을 바탕으로 유학을 준비하는 학생들이 많다. 고등학교 졸업 후 유학을 결심했다면 학과 수업보다는 토플 점수에 집중하는 것이 중요하다. 미국 대학은 높은 성적보다는 고등학교 졸업장만 있으면 입학 자격이 주어지며, 일반적으로 요구되는 토플 점수는 평균 61점 이상, 토익 600점 이상이다. 토플 점수가 부족한 경우, 어학연수를 통해 조건부 입학을 허용하는 대학도 있다.

미국 고등학교 졸업장을 취득할 수 있는 조기 항공유학도 가능하다. 항공산업이 발달한 미국 서부 워싱턴주, 중부 텍사스, 남동부 플로리다에는 다양한 사립 고등학교가 있어, 영어의 장벽을 완전히 허물고자 하는 국내 중·고등학생들이 조기 유학을 선택한다. 특히 보잉 본사가 위치한 에버렛과 시애틀에 있는 일부 칼리지에서는 고등학교 과정을 동시에 진행할 수 있다. 고등학교 2학년부터 칼리지에 입학하면 미국 고등학교 졸업장 취득과 동시에 칼리지에서 항공정비를 배울 수 있다. 반면, 캐나다, 호주, 뉴질랜드, 영국 등에서는 졸업 후 이런 기회가 주어지지 않는다.

자녀가 항공정비사 직업에 관심을 가지게 하려면 부모의 역할이 중요하다. 아이들에게 비행기를 보여주고, 알아갈 기회를 만들어 주어야 한다. 아이들이 스스로 이 직업을 선택하겠다고 말할 때까지 기다려

주어야 한다. 부모와 아이의 꿈이 같다면 그보다 더 좋을 수 없을 것이다. 고등학교 2학년 후반기부터는 진로에 대한 승부수를 던져야 한다.

국내 대학에서 자격증을 취득할 것인가? 아니면 미국으로 유학을 가서 FAA 자격증을 취득할 것인가? 남들이 잘 모르는 특수한 분야인 만큼, 진로 결정은 빠를수록 좋다.

## 직업전문학교의 한계와 변화

"직업전문학교 종말의 시간입니다."

팬데믹 이전, 교사들과 학교 운영자들이 예견했던 말이 현실이 되었다. 작년, 국내 직업전문학교의 절반 이상이 학생을 모집하지 못해 문을 닫거나 폐교했다. 학령인구 감소와 팬데믹이 던진 여파는 예상보다 컸다.

현재 국내 항공정비 국토부 지정 전문학교는 총 36개로, 대학 13곳, 전문대 8곳, 고교 6곳, 항공사 1곳, 직업전문학교 7곳으로 나뉜다. 한때 2016년 저비용 항공사가 우후죽순 생겨나던 시기에는 갑작스럽게 1,200명 이상의 학생을 모집하며 호황을 누리던 직업전문학교도 있었다. 하지만 그 대가는 혹독했다. 실습은 절대적으로 부족했고, 누구나 쉽게 입학할 수 있는 학점은행제 특성상 학생들의 만족도는 높지 않았다.

대조적으로, 이런 호황 때에도 국내 4년제 대학은 정원을 약 40명 전후로 유지했고, 미국 항공정비 대학은 1학기 정원이 24명을 넘지 않았다. 실습과 교육의 질을 최우선으로 두는 이들 대학과 비교하면, 국내 직업전문학교는 단순히 많은 학생을 모집하는 데 초점을 맞춘 학원이었다.

직업전문학교는 캠퍼스가 없다. 대부분 상업용 건물 내부에서 강의가 이루어지며, 옥상에 소형기를 전시해 실습하는 곳이 많다. 봄 내음이 나는 캠퍼스를 기대하고 입학한 학생들이라면 실망하기 십상이다. 실제로, 한 학기가 지나면 한반 이상이 학교를 떠난다는 이야기는 흔하다. 학교 밖에서는 직업전문학교 졸업생들의 취업률에 대해 회의적인 시각을 보인다. "100명이 등록하면 30명이 자격증을 취득하고, 그중 10명이 취업한다"는 이야기가 있을 정도다.

강의를 하며 익숙한 환경이 펼쳐진다. 교실 앞자리에는 진지하게 공부하는 예비역 몇몇 학생들이 집중해서 수업에 참여하지만, 뒷자리의 절반은 고개를 숙인 채 잠들어 있다. 이런 환경 탓에 졸업생들은 자신이 어느 학교 출신이라고 자랑스럽게 말하기 어렵다. 이는 대한민국 직업전문학교의 슬픈 현실이다.

팬데믹 이후 직업전문학교는 급격한 변화를 겪고 있다. 고등학교 졸업생 감소와 더불어 전문대학교와 4년제 대학에서도 자격증 취득 과정을 운영하면서 경쟁이 심화되었다. 격납고 안에서 대형기 위주로 수업을 진행하고, 우수한 강사진을 보유한 대학들과 경쟁하려면 직업전문학교도 변해야 한다.

과거 아날로그 소형기 위주로 진행되던 수업 내용을 디지털 계기를 갖춘 상업용 비행기로 전환해야 하며, 군용기 엔진에서 대형기 엔진 교육으로 변화해야 한다. "영어가 싫으면 항공정비사를 하지 말라"는 말이 있다. 미국 연방항공청FAA, 유럽연합항공청EASA 인가 대학들은 모든 수업은 영어로 이루어진다. 앞서가는 국내 직업전문학교는 이미 주 1회 FAA 영어 과정을 진행하며 학생들의 기술 영어 수준을 높이려 노력하고 있다.

강사 수준의 질적 향상도 필요하다. 군 출신과 민항기 출신으로 나뉘는 강사진의 차이는 학생들에게 직접적인 영향을 미친다. 강사들이 전문 교수법을 배우고, 항공사와 정비업체 투어를 지원하거나, 취업 전담 대외협력팀을 두는 등 실질적인 취업 지원 체계를 갖춰야 한다.

직업전문학교에는 여전히 항공정비사의 꿈을 이루기 위해 열심히 공부하는 학생들이 있다. 그들의 열정은 변하지 않았다. 하지만 팬데믹 이전, 대한민국 항공정비사의 80%를 배출하며 전성기를 누리던 직업전문학교는 이제 도전에 직면하고 있다.

시설, 장비, 현장 경험을 제공하는 전문대와 4년제 대학들이 등장하며 직업전문학교의 입지는 줄어들고 있다. 여기에 온라인으로 FAA 미국 항공정비사 자격증을 공부할 수 있는 시대까지 열리면서 경쟁은 더욱 치열해졌다. 변화하지 않는 직업전문학교는 점차 도태될 수밖에 없다.

열정적인 학생들의 꿈을 현실로 만들기 위해, 이제는 변해야 할 시간이다. 변화는 생존의 조건이 아니라, 더 나은 내일을 위한 선택이다. 직업전문학교가 진정한 변화를 이룰 때, 항공정비사들의 미래는 더 밝아질 것이다.

# 2,410시간, 항공정비사 자격증

국내에서 항공정비사 자격증을 취득하려면 반드시 2,410시간의 교육을 이수해야 한다. 이는 국토교통부에서 지정한 전문학교의 규정으로, 이론 1,310시간과 실기 1,100시간을 합한 시간이다. 이 과정을 모두 마친 후에는 교통안전공단에서 시험을 볼 수 있는 자격이 주어진다. 미국과 비교하자면, 미국FAA에서는 1,900시간의 교육을 요구하고 있으며 유럽연합EASA에서는 간단한 라인정비는 800시간, 복잡한 중정비는 2400시간으로 각각 나누어 놓았다.

국토교통부는 항공정비사를 양성하기 위해 국제민간항공기구ICAO의 권고와 미국연방항공청FAA, 유럽항공안전청EASA의 교재를 참고하여 항공정비사 표준교재를 개발했다. 이 표준교재는 2016년에 처음 배포되었고, 2020년 3월 24일에는 개정판이 발간되었다. 2410시간 커리큘럼은 7권의 책으로 구성되었고, 이 책은 FAA 3권 표준교재를 번역하고 감수하여 제작되었다. 그 결과, 이제는 모든 항공정비 학교에서 이 교재를 의무적으로 사용하고 있으며, 필자 또한 FAA 항공아카데미 운영 경험으로 FAA 일반 과목 감수 위원으로 참여했다.

국내 항공정비사 표준교재 7권 과 FAA 표준교재 3권

학교 밖에서 찾은 비밀들

2410시간 과정은 주로 2년제 전문대학과 직업전문학교에서 운영되며, 방학 없이 논스톱으로 소화해야 한다. 특히, 실습 시간에는 교관 2명이 참여해야 하는 규정이 있는데, 많은 학교에서는 재정 문제나 교관 부족으로 이 규정을 지키지 못하는 경우가 많다. 반면, 4년제 대학에서는 3년에서 3년 반 동안, 이 과정을 가르친 후 나머지 1년 동안은 공학, 안전, 경영 등 다양한 과목을 추가로 배우고, 졸업과 동시에 자격증을 취득할 수 있는 기회가 주어진다. 4년제 대학에서 항공정비 학과를 운영하는 곳은 전 세계에서 대한민국이 유일하다. 미국의 4년제 대학은 2년 동안 자격증 과정을 마친 후, 남은 2년은 전기전자, 정비경영, 안전 등을 선택해서 학위를 취득한다.

항공정비사 자격증은 세 가지다. 기능사, 기사, 그리고 항공정비사 자격증, 즉 면장이다. 기능사는 고등학교 때 취득이 가능하고, 기사는 대학생들이 취득하지만, 두 자격증은 현장에서는 쓸모가 없다. 국내 취업을 하기 위해서는 반드시 2,410시간을 이수하고 교통안전공단 시험처를 통해 항공정비사 자격증, 면장을 취득해야 한다. 단, 해외 취업 시에는 국내 면장은 요구되지도 않고 필요하지도 않다.

국내 자격증은 고정익과 회전익(헬리콥터) 자격증을 별도로 나누어 놓았고, FAA에서는 자격증 취득 시 고정익과 회전익을 동시에 정비할 수 있다. EASA에서는 이를 더 세분화하여 고정익 터빈 엔진과 왕복 엔진, 회전익 터빈 엔진과 왕복 엔진, 이렇게 네 가지로 나누어 놓았다.

## 국내/FAA/EASA 자격증 비교표

| | 국내 | 미국 FAA | 유럽 EASA |
|---|---|---|---|
| 훈련 기관 | 국토부 지정 기관 (ATO) | FAA Part 147 AMTS | EASA Part 147 AMTO |
| 자격증 종류 | 항공정비사 자격증<br>-비행기 정비사<br>-회전익 정비사 | FAA A&P Mechanic 자격증<br><br>- 기체 (Airframe) 정비사<br><br>- 기관 (Powerplant) 정비사 | -A1 and B1.1.3.4<br>Aeroplanes / Piston, Turbine<br>Helicopter / Piston, Turbine<br>자격증<br>- 비행기 터빈/피스톤 정비사<br>- 회전익 터빈/피스톤 정비사 |
| 자격증 훈련 시간 | 2410시간 | 1,900시간<br>일반 : 400시간<br>기체 : 750시간<br>기관 : 750시간 | A1-A4: 600-800시간<br>B2: 2,400시간<br>B3: 1,000시간 |
| 연령 제한 | 18세 이상 | 18세 이상 | 21세 이상 |
| 관련 법규 | 운항 기술기준 3장<br>항공법 제29조 3<br>시행규칙 제94조 | FAR Part 147 | EASA Part 147 |

출처: MRO항공정비조직인증제도에 관한 연구 논문(김종복)

2,410시간으로 규정되기 전에는, 항공정비사 과정은 3,600시간 이상으로 진행되었다. 당시 국제민간항공기구(ICAO)의 규정에 따르면, 이론 4,290시간, 실습 5,900시간을 요구했으나, 해당 시간 수치를 지키기 어려웠던 것이 사실이다. 그 시절, 직업전문학교는 전성기를 맞이했으며, 한 학기 동안 1개 반에 40명씩 총 20개 이상의 반이 운영될 만큼 많은 학생이 몰렸다. 하지만 과연 모든 시간 규정이 지켜졌는지는 의문이다. 많은 학교가 과중한 학사 일정을 감당할 수 없어 실습 시간을 건너뛰고 학생들을 사회로 내보낸 경우도 많았다.

그러나 2021년부터는 법이 개정되면서 2년제와 4년제 대학에서 자격증 취득이 가능해졌고, 심지어 항공 고등학교까지 설립되어 전국의 5개 학교에서 이 과정을 운영하고 있다. 이때부터 직업전문학교는 학생 미달이 발생하는 등 어려운 상황이 이어지고 있다. 추가적으로 지방마다 항공고등학교에서 자격증 취득 과정이 열리면서 3년 동안 아침 8시부터 저녁 9시까지 긴 수업이 진행된다. 이는 전 세계에서 인구 밀도 대비 가장 많은 항공고등학교 수치다.

2016년 이전에는 표준교재가 없었고, 대부분의 교관이 개인적인 역량에 따라 교재를 선택하여 가르쳤다. 당시 필자는 FAA 영어 교재로 공부하며, 해석판이 없어 새벽까지 공부한 기억이 떠오른다. 이제는 국토부 항공교육훈련포털 kaa.atims.kr에서 다양한 교재를 무료로 다운로드할 수 있으며, FAA 홈페이지 faa.gov에서도 교재를 쉽게 구할 수 있다. FAA 표준교재는 영어로 제공되지만, 유럽연합 국가들도 대부분 이를 사용하고 있다. 미국이 먼저 항공기를 제작했기 때문에, FAA 교재가 표준으로 자리잡고 있는 것이다.

2,410시간의 과정에서 실습은 평균 45%를 차지한다. 이론 시험 점수는 70점 이상이면 합격이다. 한국은 이론 위주의 교육이며 실습의 비중은 상대적으로 작다. 반면, 미국은 격납고와 활주로가 보이는 실제 환경에서 실습을 진행하며, 이론은 온라인으로 배우는 방식으로 진행되고 있다. 가장 큰 특징은 필기시험 문제와 답을 외우던 방식에서 2024년 9월부터 전면 개정되어 이해하는 방식으로 바뀌었다는 사실이다. 한국은 여전히 출제 문제들이 인터넷상에 떠돌고 여전히 건물안에서 실습을 하는 곳이 많다. 앞으로 격납고와 대형기 중심으로 실제 교육을 진행하며, 디지털 중심 교육으로 이루어져야 할 시점이다. 학교 선택시는 국토부 지정 전문학교 홈페이지에 가서 학교 시설 및 교수들의 프로필을 보고 학교를 선택하는 것을 추천한다.

국내에서는 세스나 172 4인승, 소형기 왕복엔진 위주의 실습에 집중되어 있으며, 판금 작업 Sheet Metal, 튜브 벤딩 Tube Bending, 세프티 와이어 Safety Wire, 턴버클 Turnbuckle, 전기 기초 Basic Electrical 실습 수준에서 벗어나지 못하고 있다. FAA 실습은 모든 과정이 영어로 진행된다. 3단계로 나누어져 있는데, 1단계는 부품 이름을 외우고, 2단계는 원리를 이해하며, 3단계는 가장 중요한 고장 탐구 능력을 쌓는 깃으로 진행된다. 예를 들어, 랜딩기어의 각 부품 이름을 배우고 완충 장치의 작동 원리를 이해하며, 마지막으로 고장이 발생했을 때 이를 정비하고 수리하는 능력을 배양한다. 결국 학생들은 실습에 강한 교육 기관을 선택해야 한다.

2,410시간의 교육 과정은 단순히 자격증을 취득하기 위한 시간이 아니라, 현장에서 실제로 필요한 기술을 배우는 중요한 과정이다. 이 과정에서 실습 중심의 교육이 주를 이루어야 하며, 단순히 답만 외우거나 족보를 찾는 방식은 더 이상 적합하지 않다. 또한, 영어는 항공 산업에서 필수적인 언어이므로, FAA 영어 중심 교육을 강화하고 동시에 영어를 가르칠 수 있는 교관을 양성하는 것이 필요하다. 작년부터 항공안전법에 따라 가상현실(VR) 및 증강현실(AR) 기술을 활용한 디지털 교육도 실습으로 인정되는 시대에 우리는 살고 있다.

2,410시간을 효과적으로 활용할 수 있는 학교와 가르치는 교수들의 변화가 필요한 시기다.

# 30대 비전공자들의 도전

30대에 항공종사자가 되고 싶어하는 비전공학과 출신 학생들이 많다. 그들의 전공은 다양하다. 기계과, 중국어과, 제어계측과, 항공우주학과, 경영학과 등 각기 다른 학문을 공부한 이들이 새로운 도전을 위해 항공정비사를 목표로 하고 있다.

이들이 항공정비사가 되기 위해 선택할 수 있는 방법은 크게 세 가지다.

- **국내 직업전문학교 과정:** 2년 동안 2,410시간의 과정을 이수하며 자격증을 취득하는 방법이다. 하지만, 이 방식은 고등학교 졸업생 위주로 이루어진 환경과 2년이라는 기간이 나이가 있는 지원자들에게는 다소 부담스러울 수 있다.
- **FAA 미국 항공정비사 자격증:** 토플 61점 또는 토익 600점 이상의 영어 성적을 갖춘 학위 소지자라면 12개월 코스로 FAA 자격증을 취득한 뒤 국내 면장으로 전환할 수 있다. 이 방법은 가장 빠르고 경쟁력 있는 선택이지만, 높은 비용과 영어라는 진입 장벽이 있다.

- **국내 및 해외에서 정비 경력을 쌓는 방법:** 국내 취업 및 영어 회화 능력이 있다면 해외 취업 후 정비 경력을 쌓고 자격증을 취득하는 방식도 가능하다. 국내 자격증은 4년, FAA는 30개월의 정비 경력이 요구된다. 단 자격증 없이 국내 취업은 상대적으로 어렵고, 해외에서의 자격증 없이도 취업이 가능하다.

항공 분야는 나이에 제한이 없는 분야다. 현장에서는 "무릎만 건강하면 언제든지 일할 수 있다"는 말이 있을 정도다. 이 분야에서 중요한 것은 "항공종사자 자격증$_{\text{Airman Certification}}$"으로, 항공기의 안전한 운항을 책임지는 조종사, 정비사, 운항관리사 세 직군 모두 이 자격증이 필수다. 이 자격증은 단순한 문서가 아니라 국가가 인정하는 특권으로, 전 세계적으로 높은 신뢰를 받는다.

항공사에서 채용하는 인재의 스펙트럼은 점점 넓어지고 있다. 대한항공 직업훈련원에는 자격증 소지자뿐 아니라 일반 대학교 4년제 졸업생과 석사 학위 소지자도 지원한다. 뛰어난 영어 능력과 학문적 기반을 갖춘 이들을 선발하여 현장에서 필요한 테크니션으로 양성한다. 싱가포르 항공의 정비업체인 SIA Engineering Company 또한 자격증 소지 여부보다는 영어 사용자와 기계 관련 전공자를 선호한다. 이들은 1년 동안 훈련을 진행한 뒤 3년간 테크니션으로 양성하는 과정을 거친다. 과거처럼 자격증 소지자나 항공학과 졸업자만을 우대하던 시대는 지났다. 이제는 다양한 학문적 배경을 가진 일반학과 학생들도 채용하며, 체계적인 교육과 훈련을 통해 필요한 기술을 가르치고 엔지니어로 성장시키는 추세다.

국내 항공사들은 주재원 선발 시 외국어 능력을 높게 평가한다. 중국어 전공자나 공인 중국어 시험 점수 보유자는 중국 노선이 많은 항공사에서 우선 채용된다. 일본어와 영어 능력을 겸비한 지원자는 항공정비만 배운 지원자보다 더 높은 경쟁력을 가진다.

미래 항공 기술은 배터리 기반 전기비행기와 도심항공모빌리티$_{UAM}$로 전환되고 있어, 전기전자 지식을 보유한 인재의 수요가 증가하고 있다. 이제는 디지털화와 전기화의 영향으로 전기전자계기 자격증만 남았다.

교육학 전공자는 항공사의 훈련 부서에서 교관으로 활동할 가능성이 크다. 경영학 전공자는 팀장급 이상으로 진급할 때 관리자 역할을 수행하며, 회사 내 부서 이동과 승진에서 경쟁력을 발휘할 수 있다.

30대에 항공 분야에 도전하는 사람들은 이미 한 번 좌절을 경험하고 새로운 적성을 찾아 도전하는 경우가 많다. 이들의 태도는 20대와는 다르다. 더 간절하고, 더 집중하며, 자신의 강점과 약점을 정확히 이해한다. 이는 항공사가 높게 평가하는 부분이기도 하다.

조종학과를 졸업한 조종사, 항공정비학과를 졸업한 정비사는 흔한 경로일지 모른다. 하지만 경영학을 전공한 정비사, 외국어에 능숙한 정비사, 전기전자를 전공한 정비사, 기타 비전공자들은 항공사가 더욱 주목받는 인재가 되어가고 있다. 다양한 배경과 전공은 곧 차별화된 경쟁력을 의미한다.

30대는 늦은 나이가 아니다. 오히려 인생에서 가장 중요한 도약을 할 수 있는 시기다. 항공기를 보며 가슴이 뛴다면, 그 열정을 실행으로 옮길 때다.

영화 탑건 매버릭에서 전 세계를 설레게 했던 명대사가 있다.

"생각하지 마, 생각하면 늦는다."

행동만이 당신의 꿈을 현실로 바꾼다. 고민하고 머뭇거리는 시간을 줄이고, 도전하지 않았던 것을 후회하지 않도록 지금 바로 첫발을 내딛어라.

# 정비 경력을 먼저 쌓는 방법

항공정비사가 되고 싶다는 학생들을 만나면 가장 먼저 듣는 질문이 있다. "학교에 다니는 게 좋을까요, 아니면 바로 정비 경력을 쌓는 게 좋을까요?" 내 대답은 늘 같다. "경력이 곧 돈이다." 책상 앞에서 배우는 이론도 물론 중요하다. 하지만 항공정비는 현장에서의 경험과 실무 능력이 무엇보다 중요하다. 그래서 나는 학교 교육보다 정비 경력을 우선시하는 것이 얼마나 중요한지, 그리고 어떻게 군,민간 항공업체에서 경력을 쌓아야 하는지를 알려준다.

공군 서산비행단의 김 중사는 항공정비 특기 5년 차 정비사다. 항공정비사 과정을 정식으로 배워본 적은 없지만, 전문대학교에서 기계 관련 학과를 졸업한 후 운 좋게 군에서 항공정비 특기를 부여받았다. 복무 중 학점은행제를 통해 항공정비 관련 학사 학위를 취득할 예정이며, 30개월의 군 정비 경력을 인정받아 FAA 항공정비사 자격증을 취득했다. 이후 시험 응시 기회를 인정받아 국내 면장 시험에도 합격했다. 현재 국내 항공법에서는, 외국 정부에서 발행한 항공정비사 자격증 보유자는 국내 자격증 시험에 응시할 수 있도록 명시되어 있다. 김

중사의 사례는 군 정비 특기를 활용하여 경력을 먼저 쌓고 자격증을 취득한 실질적인 사례이다.

대한항공에 대졸자 공채로 입사한 지원자는 대부분 기계, 전기전자, 산업공학 전공의 졸업생들이다. 흥미로운 점은 이들 중 대부분이 국토부 2,410시간의 항공정비 과정을 배워본 적이 없다는 것이다. 하지만 지금은 대부분 자격증을 소지한 엔지니어로 활동하고 있다. 자격증 소지자를 우선적으로 채용하지 않고, 4년제 비전공 학생들을 선발하여 기초 정비 교육을 제공한 뒤 현장에서 실질적인 경험을 쌓게 한다. 이후 정비 경영과 관련된 심화 교육을 진행하며, 최종적으로 전문 엔지니어로 성장시킨다. 하지만, 이 과정은 국토부에서 인정하는 정비 경력으로 분류되지 않기 때문에, 신입 정비사들은 4년 이상의 경력을 쌓아야 교통안전공단이 주관하는 면장 시험에 응시해 자격증을 취득할 수 있고, FAA 자격증은 30개월 이상 경력자들만 시험에 응시가 가능하다.

함께 교육을 받았던 독일 루프트한자 테크닉의 기술 교관이자 검열관인 Unet Net는 필리핀 루프트한자에서 A380 정비검열관으로도 근무하고 있다. 그는 독일에서 고등학교를 졸업한 뒤 바로 루프트한자에 입사했다. 정비 경력 3년을 인정받아 EASA 자격증을 취득한 그는, 처음 정비를 시작할 당시 필기 과목만 17개 이상이 되는 시험들을 하나씩 차근차근 통과하며 자격증을 얻었다. 흥미롭게도 Unet Net는 항공정비학과를 다닌 적이 없었다. 그는 늘 주변 사람들에게 이렇게 묻곤 했다. "왜 한국에서는 정비사가 되기 위해 이렇게 많은 공부를 해야 하나요?", "왜 모두 학위를 가지고 있나요?" 그의 이야기는 실무 중심의 경력 쌓기가 중요하다는 것을 다시 한번 보여준다.

국내에서는 취업 시 자격증을 먼저 요구하기 때문에 경력을 쌓는 게 쉽지 않다. 가장 쉬운 방법은 군 정비 특기를 활용하는 것이다. 병무청 홈페이지를 통해 육·해·공군 기술직 병사 및 부사관 정비 특기 지원을 할 수 있다. 정비 특기를 받기 위해서는 기능사 이상의 자격증 취득, 헌혈, 봉사활동 등이 증명되면 가산점을 얻어 원하는 항공정비 특기를 받을 수 있다. 이후 최종적으로 군 정비 경력을 통해 FAA 면장이나 국내 면장 시험 응시 자격을 획득할 수 있다.

민간 업체에서도 정비 경력을 쌓는 방법이 있다. 항공기술정보시스템ATIS 홈페이지에는 국토교통부가 지정한 항공정비조직 인증 업체들의 목록이 등록되어 있다. 국내에서는 소형기, 헬기, 대형기 정비업체 등 총 54개 업체가 등록되어 있다. 정비 경력은 이곳에 등록된 정비업체나 운항증명서를 보유한 항공사에서 일해야만 경력으로 인정된다. 오늘도 대기업 취업 공고만 기다리지 말고, 직접 54개의 업체에 전화해 보는 것은 어떨까.

해외에서 경력을 쌓는 것도 충분히 가능하다. 해외 대형 MRO 정비업체는 자격증을 요구하지 않고 영어 사용이 가능한 지원자를 우선적으로 선발해, 보조 정비사로 채용한 뒤 실무 경력을 쌓게 한다. 내가 도운 학생 중 일부는 싱가포르, 캄보디아, 미국 등에서 정비 경력을 시작했다. 이들은 대부분 기계공학, 전기전자공학, 우주공학 전공자들로, 항공정비와 직접적인 연관이 없는 학력을 가지고 있었다.

이런 학생들에게는 기능사 자격증 수준의 정비 교육과 영어를 함께 가르쳤고, 이를 통해 해외 취업을 성공적으로 이끌었다. 이후 정비 경력을 쌓으면서 FAA 자격증을 취득했고, 이를 국내 면장으로 전환하며 경력자로 인정받아 높은 급여와 직책을 얻는 데 성공했다.

최근에는 온라인 항공 교육 콘텐츠가 만들어져서 항공정비 교육을 더욱 쉽게 받을 수 있다. 국내 최초로 정부 지원금을 받아 개발된 에듀에어$_{eduair.co.kr}$는 정비사들이 일을 하며 온라인으로 학습할 수 있도록 설계되었다. 국토부 항공교육포털$_{kaa.atims.kr}$에서는 항공안전 및 인적요소 수업을 무료로 수강할 수 있으며 국내 일부 대학에서도 온라인 학위 취득이 가능해지면서, 일과 학습의 병행이 점점 더 쉬워지고 있다. 미국 대학교에서는 이미 군인 및 경력자를 대상으로 55% 이상의 이론 교육을 온라인화하여 시간을 절약하고 실습 중심 교육으로 바뀌고 있다.

항공정비사가 되기 위해 가장 중요한 것은 실무 경험이다. 학위와 자격증은 경력을 쌓는 과정에서 자연스럽게 따라오는 결과물이다. 경력은 자신의 가치를 증명하고 더 많은 기회를 여는 열쇠다. 결국, 현장에서 쌓은 경험이 미래를 결정한다. 경력이 곧 돈이며, 무엇보다 확실한 투자다.

나는 항상 말한다. "학위보다 중요한 것은 자격증이고, 자격증보다 중요한 것은 경력이다."

# 항공정비사의 연봉과 근무 형태

    한국직업능력연구원의 커리어넷 2021년 조사에 따르면, 우리나라 항공정비사의 평균 연봉은 약 4,000만 원이며, 종사자의 90% 이상이 대졸자이고 직업 만족도는 73.2%로 발표되었다. FAA 미연방항공청 공식 사이트에 따르면, 항공정비사의 평균 연봉은 지역마다 다르지만, 평균 시간당 33달러이고 최고 66달러로, 신입의 경우 $38,970, 경력자의 경우 최고 $103,880에 이른다.

    회사마다 연봉제와 호봉제에 따라 보조기술사, 기술사, 선임기술사로 나누거나, 대리, 과장, 차장, 부장, 이사 등의 직급에 따라 급여 차이가 있다. 급여에서 가장 중요한 요소는 정비 경력이다. 경력이 10년 이상이면 국내에서는 평균 연봉 7천만 원 이상이지만, 미국에서는 1억 원을 넘어간다. 대기업에 비해 저비용 항공사 및 정비업체들은 신입 초봉이 약 3천만 원에서 4천만 원 수준으로 시작하지만, 경력이 쌓일수록 급여는 상승한다. 다만, 일부 회사는 계약서에 급여 공개를 금지하는 조항을 포함하기도 한다.

    나는 예비 정비사들에게 고연봉을 받는 비결을 알려준다. 핵심은 3

년의 정비 경력을 쌓는 것이다. 1년마다 회사를 옮겨 다니면 안 된다. 1년 이하의 경력은 과감히 이력서에서 삭제하라고 조언한다. 내가 해외로 보낸 자격증도 없는 학생들은 기본급 200만 원 정도에서 시작해, 3년 후 3배 인상을 이뤘다. 3년 경력을 기반으로 관리 부서나 엔지니어 부서로 이동하거나, 해외에서 경력을 쌓아 국내에서는 경력직으로 지원하거나, 반대로 동남아에서 경력을 쌓아 제작사로 옮기거나, 미국으로 옮기면 된다. 특히 대형 항공사나 글로벌 정비업체에서 경력을 쌓는다면 더 좋다.

항공정비사들은 초과근무 수당 외에도 주말 수당, 야간수당, 자격증 수당, 출장 수당 등 다양한 수당을 받는다. 이러한 수당은 기본급의 약 30%를 차지하며, 정비사들 사이에서 흔히 "두 번째 통장"이라고 불린다. 24시간 운항하는 비행기의 특성상 초과근무가 잦다. 특히, 24시간 이착륙이 이루어지는 인천공항에서는 근무가 3교대로 진행된다. 야간 수당과 주 40시간 초과 근무 시 1.5배의 수당이 지급되며, 해외 출장 시 별도의 출장 수당도 포함된다. 또한, 면장을 취득하거나 FAA 자격증을 소지하면 매달 추가로 지급되는 자격증 수당이 있다. 이렇게 두 번째 통장에 입금된 수입은 정비사들이 저축하거나 자기 계발에 투자하는 데 활용되는 경우가 많다.

항공정비사는 실제로 비행기를 직접 정비하는 라인 정비사와 품질 관리, 자재관리 같은 후방 지원을 하는 부서로 나뉜다. 라인 정비사는 3조 2교대 근무 체계를 따른다. 예를 들어, 1조는 아침 6시부터 오후

3시까지, 2조는 오후 3시부터 저녁 11시까지, 3조는 밤 11시부터 아침 8시까지 근무하며, 야간 근무 후에는 하루를 온전히 쉬는 방식으로 운영된다. 반면, 후방 지원 부서는 일반적인 사무직처럼 8시, 9시 출근시간을 선택할 수 있다.

미국 항공정비업체에서는 평균적으로 오전 8시부터 오후 5시까지 근무한다. 보통 8시간을 근무하지만, 아침 7시부터 시작해 오후 4시에 종료하는 경우도 있다. 점심시간은 12:00~13:00로 1시간이 주어지고, 오전 및 오후 작업 중에는 각각 30분씩 휴식 시간이 제공된다. 싱가포르 MRO 1위 업체 ST 엔지니어와 SIA Engineer Company 같은 글로벌 기업의 경우 계약기간 2년, 근무 시간은 08:00~17:30, 점심시간은 12:45~13:30으로, 세부적으로 명시되어 있다.

미국의 노동청Labor of Department에 따르면, 미국 항공정비사의 연봉은 국내보다 훨씬 높다. 예를 들어, 미국 델타항공의 항공정비사 평균 연봉은 약 $79,000이고, 전기·전자 정비사는 약 $68,000, 보잉 정비사의 경우 평균 $80,720에 이른다. 엔지니어급 정비사는 평균 $114,940 이상을 받는다. 가장 정비사 인력이 많이 필요한 지역은 텍사스, 플로리다, 캘리포니아, 워싱턴, 일리노이 등이다. FAA에 따르면, 미국 항공정비사의 60% 이상이 고등학교 졸업자이며, 30%가 학사 학위를 소지하고 있다. 이는 자격증과 경력이 연봉을 결정하는 중요한 요소임을 보여준다.

국내 항공법상 자격증을 소지한 사람만 비행기 정비를 수행할 수 있도록 규정하고 있다. 이에 따라 항공정비사는 평생직장으로 평가받는다. 대기업 항공사의 평균 정년은 65세이며, 이후에도 저비용 항공사나 MRO 정비업체에서 촉탁직으로 2년씩 계약을 연장하며 계속 일할 수 있다. 건강 상태가 허락된다면 70대, 심지어 80대까지도 정비사로 활동할 수 있다.

결국, 항공정비사의 연봉과 안정성은 기술과 경력에 의해 결정된다. 기술과 경력이 만들어내는 가치가 바로 항공정비사의 진정한 매력이다. 경력이 쌓일수록 급여와 직책은 상승하며, 자격증과 경험은 항공정비사의 가치를 더욱 높인다. 국내에서는 평생직장으로 안정적인 환경을 제공하며, 특히 해외에서는 경력자들의 연봉이 더욱 높다.

# 신체검사 떨어진 이유

입사 시험에서 최종 합격자는 신체검사를 받게 된다. 지정된 병원에서 시력 검사, 혈액 검사, 심장 검사 등을 진행하고, 의사의 소견서에 이상이 없으면 근무를 시작할 수 있다. 항공정비를 시작하려면 가장 먼저 색맹과 색약 테스트에 합격해야 한다.

- 색맹 Color Blindness : 색을 식별하는 능력이 없거나 부족한 상태
- 색약 Color Amblyopia : 색맹보다 경미하며 색을 약하게 인지하는 경우

항공정비 현장에서 가장 많이 접하는 색깔은 적색, 녹색, 청색이다. 항공기의 계기판에서 녹색은 안정 Normal, 적색은 위험 Red 을 나타낸다. 색깔을 구분하지 못하는 정비사는 위험을 초래할 가능성이 크다. 연료의 색이나 유압류의 색 구분도 필수적이다. 항공기 내부에는 수많은 관과 배선이 연결되어 있어, 색깔을 정확히 구분하지 못하면 치명적인 실수를 유발할 수 있다. 또한, 기타 망막 및 신경 조직과 관련된 검사도 의사의 소견을 통해 이상이 없음을 증명해야 한다.

최종 합격을 하고 국내 및 해외로 학생들을 보내기 전 반드시 확인하는 것이 색맹 및 색약 검사다. 과거 한 학생이 색맹 진단을 받고 현장에서 어려움을 겪었던 사례가 있다. 이 학생은 현장 보직을 받을 수 없었고, 회사의 배려로 후방 지원 정비관리직으로 배치되었다. 때로는 본인도 예상하지 못한 시력 검사 결과가 나오는 경우가 있다. 과거 눈 수술 기록을 알리지 않아 스트레스 상황에서 눈이 흐릿해지는 사례도 있었다. 결국 그는 신체검사를 통과하지 못하고 한국으로 돌아와야 했다.

특이하게도 해외 항공사들은 평가 항목에 몸무게가 들어가기도 한다. 키와 몸무게를 비교해 비만으로 판정되면, 합격을 해도 체중을 감량한 후에야 입사가 가능하다. 대형 항공기 정비업체(MRO)에서는 정비사가 특수복을 입고 항공기 날개 속 연료탱크 같은 좁은 공간에 들어가 작업해야 하는 경우가 있기 때문이다. 한 예로, 미국에서 항공정비 자격증을 취득한 태민 씨는 구직 중 스트레스로 운동을 하지 못해 비만이 되었다. 인터뷰에 합격했지만, 회사는 체중 감량 후 입사를 허가했다. 그러나 1년간 트레이닝을 했음에도 체중이 줄지 않아 최종 입사를 포기할 수밖에 없었다.

미국 항공사에서는 "소변 검사_Urinalysis"와 "마약 검사_Drug Test"가 필수다. 1999년, 미국 텍사스에 위치한 휴스턴 헬리콥터 회사에 취업했을 때 처음으로 마약 검사를 나도 경험했다. 당시 한국인 정서로는 이해할 수 없는 마약 검사였지만, 출근하면 마리화나를 사용한 것으로 추정되는 정비사들이 얼굴이 뻘겋고 눈이 흐릿한 모습을 자주 보이던 시절이었다. 현재 일부 미국 주에서는 마리화나가 합법화되었지만, 항공정비사가 마약 검사에서 적발되면 1년간 자격증이 정지된다.

항공정비사의 신체검사 기준은 조종사보다 덜 까다롭다. 입대 시에는 질병과 심신 장애에 대해 1~3등급이 현역 대상자로 분류되지만, 항공사 취업 시에는 국토부나 항공사 지정 병원에서 신체검사를 통과하면 된다. 다만, 아래와 같은 조건이 있는 경우 항공 정비사로 추천하고 싶지 않다.

색맹·색약: 현장에서 비행기를 정비할 때 색깔 구분은 필수다. 시력의 나안, 교정 여부는 기준이 없지만, 정확한 색 구분이 중요하다.

- **손동작 장애:** 손을 사용하는 빈도가 높아, 손동작에 문제가 있거나 손 떨림이 심하면 정비작업이 어렵다.
- **피부병:** 기름Fuel, 오일Oil, 유압Hydraulics 등 화학 약품을 자주 다루기에 민감한 피부는 문제가 될 수 있다.
- **정신질환:** 정신적 문제가 있다면 사전에 반드시 고지해야 한다.

항공정비는 손으로 직접 작업하는 일이 많아 정확성과 꼼꼼함이 요구된다. 이제는 항공사들도 인원선발시 후순위로 두던 신체검사를 가장 먼저 실시하고 있다.

## 면접에서 가장 중요한 것들

　산림항공본부 면접관과 국립교통대에서 운영하는 비행훈련원 항공종사자 면접관으로 참석할 기회가 많았다. 1차 서류 심사를 통과한 지원자들은 최종 면접에서 하나같이 똑같은 검은 양복과 하얀 와이셔츠를 입고 나타난다. 3명씩 한 조로 면접장에 들어가면, 세 명의 면접 위원 앞에서 2차 최종 기술 면접과 인성 면접을 진행하게 된다. 내 역할은 기술적인 질문을 공평하게 던지고, 1~10점의 척도로 답변에 대한 점수를 매기는 것이다. 인성에 대한 질문은 옆에 앉은 회사 임원 또는 학교 담당자가 진행한다.

　김포공항 국제화물터미널에 위치한 제주항공, 티웨이항공 같은 건물, 같은 2층에서 7년간 아퀼라 항공 회사를 운영했다. 면접 날이면 학생들이 긴장한 얼굴로 같은 복장을 하고 대기실에 앉아 있었다. 가끔 아퀼라 학생들이 지원하면 우리 사무실에서 긴장을 풀게 하기도 했다. 매일 복도와 화장실에서 마주치는 제주항공 인사 팀장과 대표들이 몇 번 바뀌는 동안에도 이곳에 터줏대감처럼 있으면서 많은 지원자를 만나보았다.

면접 후 기술적인 질문은 대부분 비슷하다.

연료 시스템, 오일 시스템에 대해 이야기해 보아라.
기종 교육을 받았느냐?
영어 능력은 어느 정도인가?
AD와 SB의 차이가 무엇인가?
ATA Chapter를 아느냐?
정비사 매뉴얼의 종류는 무엇인가?

최종적으로 면접 위원들의 점수를 합산하여 선발 인원이 결정된다. 그러나 몇 년간 반복적으로 면접 위원을 하면서 느낀 점은 지원자들의 학력과 이력이 대부분 비슷하다는 것이다.

지원자들은 대부분 직업전문학교를 졸업했으며, 학점은행제를 통해 준학사나 학사 학위를 취득한 국내 면장 소지자들이 압도적으로 많기 때문이다. 내가 볼 때 팬데믹 이전에는 70%가 학점은행제 학생, 20%가 대학교 출신, 10%가 해외 유학파였다. 4년제 항공정비학과가 많아졌지만, 역사가 10년 이상 된 대학은 드물어 졸업생들의 취업 데이터가 부족하다. 이는 학생들 90% 이상이 군대에 입대하기 때문일 것이다.

면접에서 추가적으로 보는 항목은 토익 점수, 어학연수 경험, 기종 교육 이수 여부, 특별한 자격증 소지 유무다. 대기업 면접에서는 토익 평균 750점 이상을 요구하며, 저비용 항공사나 소형 항공사들은 토익 점수를 요구하지 않는 경우도 있다. 저비용 항공사는 보잉 737이나 에어버스 320 기종 교육을 수료한 지원자를 선호한다.

기본 면장 외에도 항공안전 자격증, 전기전자 자격증, 비파괴검사 자격증, FAA 자격증 등을 소지한 지원자는 면접관들의 주목을 받는다. 이 외에도 어학연수 경험, 영어 외 외국어 능력, 항공 관련 교육 이수 기록이 있다면 경쟁력을 높일 수 있다. 기타 봉사활동 기록, 항공박물관 근무 경험, 엑스포 도우미 활동, 드론 자격증 취득 등은 지원자의 열정을 드러내는 요소다. 이런 이력이 있는 면접자들은 면접관들에게 긍정적인 인상을 준다.

정비 경력자를 평가할 때 가장 중요하게 보는 것은 근무 기간이다. 이력서상에서 1년 미만의 근무 경력은 의심을 살 수 있다. 이는 입사 후에도 금방 퇴사할 가능성이 크다고 판단되기 때문이다. 면접관은 왜 일찍 퇴사했는지 추궁하게 된다. 반면, 한 곳에서 최소 2~3년 이상 근무한 기록은 긍정적으로 평가된다. 그러나 잦은 이직은 마이너스 요소가 될 수 있다. 경력자 면접에서는 팀워크와 리더십을 추가적으로 평가하며, 평판 조회가 이루어질 수도 있다. 해외에서는 이력서에 추천인 3명의 연락처를 기입해야 하고, 국내에서도 필요시 전 직장에 확인을 요청할 수 있다.

항공사 면접은 일반적으로 이력서 검토, 기술 면접, 인성 검사, 신체검사 순으로 진행되며, 때로는 신체검사에서 떨어지는 경우도 있어 일부 항공사는 신체검사를 가장 먼저 진행하기도 한다.

면접장에서 가장 중요한 단계는 최종 인성 면접이다. 이 단계에서는 후보자들의 이력과 기술 면접 점수가 대동소이하기 때문에, 최종적으로 팀장 이상 임원 면접에서 인성을 평가한다.

다음과 같은 질문이 자주 나온다.

왜 우리 회사를 지원했는가?
5년 후 본인의 모습은 어떤가?
부서 내 의견 차이가 있을 경우 어떻게 할 것인가?
탄소 배출과 지구 온난화에 대해 어떻게 생각하는가?
항공정비사의 정직성Integrity과 전문성Professionalship에 대해 어떻게 생각하는가?
작업하지 않은 비행기에 사인을 강요받으면 어떻게 대처할 것인가?
왜 우리는 후보자를 뽑아야 합니까?

결론적으로, 면접에서 가장 중요한 것은 지원자의 기술적 능력과 경험뿐만 아니라 인성과 태도에서 차별화를 보이는 것이다. 국내 항공업계는 좁고 인맥과 평판이 큰 영향을 미치기 때문에, 단순히 좋은 학력과 자격증만으로는 충분하지 않다. 정직성과 책임감, 그리고 회사에 대한 진정성 있는 관심과 미래 비전을 보여주는 태도가 합격의 열쇠가 된다.

# 취업성공 4가지 방법

　대학교 항공정비과를 졸업한 영석이는 자격증만 있으면 취업이 쉬울 거라고 생각했다. 그는 자격증을 취득하고 대기업에 지원했지만 불합격 통보를 받았다. 마음을 다잡고 6개월 동안 토익 점수를 높이고, 2개월 동안 기종교육을 받으며 다시 준비했지만, 저비용항공사에도 합격하지 못했다. 학교 홈페이지에서 동기들의 취업 소식을 들으며 "곧 나에게도 기회가 오겠지"라며 기다렸지만, 국토부 항공일자리포털www.air-works.kr에서 공고를 확인하는 것도 지쳐갔다. 편의점 아르바이트를 하며 하루하루를 버티는 영석이는 결국 이렇게 물었다. "저는 이제 뭘 더 해야 할까요?"

　미국에서 2년제 대학을 졸업한 민수의 상황도 비슷했다. 졸업 후 OPT 1년간 취업 허가를 받고 수십, 수백 곳에 지원했지만, 답은 없었다. 4년제 대학을 졸업한 윤수조차 OPT로 3년간 취업이 가능했음에도 6개월 동안 연락이 없는 상태다. 결국 윤수는 지인이 운영하는 회사에 임금을 받지 않고 취업했다. 90일 안에 직장을 구하지 못하면 한국으로 돌아가야 한다는 현실이 그를 더욱 조급하게 만들었다. "졸업

학교 밖에서 찾은 비밀들　183

후 스폰서를 받아 영주권을 취득하리라"던 꿈은 막혀버렸고, 하루하루를 식당 아르바이트로 버티며 가족에게 미안함을 느끼고 있다.

이처럼 많은 학생이 자격증을 취득하고 제일 먼저 대기업에 지원한 뒤 결과를 기다린다. 만약 실패하면 이제는 위에서 아래로 내려온다. MRO 정비업체, 저비용항공사, 헬리콥터 회사, 저비용항공사등으로 점차 범위를 넓혀간다. 하지만 기다림만으로는 아무것도 바뀌지 않는다. 취업은 전쟁이다. 이력서를 제출하고 "싫으면 말고"라는 마음으로 기다리는 것이 아니라, 직접 움직이고, 자신을 적극적으로 어필해야 한다.

## 취업 성공을 위한 네 가지 방법

### 1. Following Call: 이력서 제출 후 연락하라

대부분의 학생은 이력서를 제출한 뒤 조용히 결과를 기다린다. 하지만 이는 큰 실수다. 이력서를 제출한 후 1~2주 뒤에는 반드시 "Follow-up Call"을 해야 한다.

"안녕하세요, 00에 지원한 누구입니다. 제 이력서를 받으셨는지 확인차 연락드렸습니다."

이처럼 간단한 전화 한 통이 당신의 진심을 전달할 수 있다. 상대방은 흔히 "담당자에게 전달하겠습니다" 혹은 "아직 검토 중입니다"라는 뻔한 답변을 할 것이다. 중요한 것은 당신의 이름과 열정을 그들에게 각인시키는 것이다.

나는 항공기술정보시스템(ATIS)에 나온 국내 모든 정비업체들에게 일자리를 찾는다고 직접 전화를 하는 학생도 보았다. 해외 취업처가 있는지 나에게 직접 전화하는 학생들도 보았다.

졸업 후 나 역시 이력서를 제출하고 기다리지 않고 떨리는 마음으로 전화를 걸었었다. 나중에 알고 보니, 채용 담당자는 수많은 지원자 중 나처럼 직접 연락한 사람들을 더 오래 기억하고 있었다. 그들은 단순히 "기다리는 사람"이 아니라 "간절히 원하는 사람"에게 기회를 더 주고 싶었다.

## 2. 직접 찾아가기: 문을 두드려라

용기를 내어 지원한 회사에 직접 찾아가는 것도 좋은 방법이다. "내가 지원한 회사의 분위기가 궁금하다"며 방문하거나 "인사 담당자를 만나 뵙고 싶다"고 요청하는 것이다. 이는 당신의 진정성과 담대함을 보여줄 수 있다.

인사 담당자들은 매일 같이 비슷한 지원서를 접하지만, 직접 찾아와 자신의 열정을 설명하는 지원자는 쉽게 잊지 않는다. 온라인으로 제출한 이력서는 형식적인 감사 메일로 끝날 가능성이 크다. 하지만 당신이 그 회사에 직접 찾아가면, 그들의 기억 속에 당신의 이름이 남을 것이다.

나는 입사 지원서를 제출한 후보자가 회사 내 임원이 다니던 교회를 직접 찾아가서 "이번에 지원한 OO입니다"고 자기를 소개했다고 한다.

나는 점심때 지원한 회사 직원들이 모이는 공항 식당에 가서 일부러 밥을 먹는 후보자도 보았다. 내가 말하고 싶은 것은 끊임없이 문을 두르리는 것이다.

### 3. 인력 공급회사를 활용하라

국내 및 해외에서는 인력 공급 회사를 통해 취업 기회를 찾는 경우가 많다. 경력자는 회사 측에서 소개비를 지불하는 경우가 많고, 신입일 경우 본인이 월급의 일부를 소개비로 지급해야 한다. 아웃소싱 업체에 지원해 계약직으로 시작하는 방법도 있다. 중요한 것은 혼자 모든 것을 해결하려 하지 말라는 것이다. 좋은 회사일수록 벽이 높다. 차라리 도움을 받을 수 있는 채용 대행 인력 공급 회사를 활용해라.

나도 어려움 속에서 미국에서 "항공종사자 채용 대행" 리크루팅 회사를 창업했다. 인사 담당자들에게 적합한 인재를 제안하며 관계를 구축했다. 이런 방식으로 많은 학생이 국내외 항공사에 취업할 수 있었다. 당신이 원하는 회사는 개인이 직접 연락하면 오픈해 주지 않지만, 인력을 가진 리크루팅 회사는 오픈해 준다. 당신을 위해 움직여 줄 파트너를 찾는 것도 좋은 전략이다.

### 4. 마지막으로, 네트워크를 활용하라

항공 산업은 매우 좁다. 내가 아는 사람, 부모님이 아는 사람, 친구의 선배 등 모든 인맥을 활용해야 한다. 쪽팔리다고 생각하지 말고 과감하게 도움을 요청하라. 항공사 취업은 특히 네트워크와 청탁이 많은 곳이다. 우스운 이야기로, 어떤 항공사는 청탁이 너무 많아 자체적으로 규칙을 만들었다고 한다. 회사 내부 직원의 추천이라면 1차 서류 심사는 무조건 통과시켜 주고, 더 중요한 외부 인사의 청탁이면 2차 면접까지만 통과시켜 주는 방식이다. 하지만 마지막 3차 면접은 공정한 경쟁에 맡긴다고 한다.

항공 업계는 네트워크를 통해 정보와 기회를 얻는 경우가 많다. 외부에 공고를 내기 전에 이미 내부에서 상당수의 인원을 채용한 상태로, 공고는 형식적으로만 진행된다는 이야기도 들린다. 결국, 항공 업계에서 성공하려면 답은 사람이다. 네트워크가 가장 강력한 무기다.

취업은 기다림이 아닌 전쟁이다

졸업 후 단번에 대기업에 취업한 사람들은 운이 좋았을지도 모른다. 하지만 현실은 그렇지 않은 경우가 대부분이다. 당신은 투우장에 뛰어든 투우사처럼 목숨을 걸고 싸워야 한다. 전화로, 방문으로, 그리고 도움을 요청하며 적극적으로 움직여라. "이력서를 제출하고 결과만 기다리는 사람"이 되지 않았으면 좋겠다.

# 가서 보라: 경험의 힘

✈

"가서 보라."

이 간단한 문장은 목표를 찾고, 방향을 정하며, 변화를 이루는 데 얼마나 중요한 메시지를 담고 있는지 보여준다. 직접 보고, 경험하고, 느끼는 것이야말로 우리를 움직이게 하는 가장 강력한 동력이 된다. 부모와 스승이 아이들에게 해줄 수 있는 가장 중요한 일은 새로운 세상을 보여주는 것이다. 가난과 고난만 견디는 법을 가르치는 것도 중요하지만 세상이 줄 수 있는 가장 멋지고 풍요로운 순간들을 경험하게 해야 한다.

국내 항공고등학교 한 곳은 학생들을 선발해 미국 항공사 투어 기회를 제공하며, 보잉의 에버렛 공장과 미국 항공 정비학교를 직접 방문하게 한다. 아이들은 단순히 듣기만 했던 이야기를 눈으로 확인하며 배운다. 항공학과를 운영하는 지방 대학에서는 재학생을 선발해 캐나다와 미국 항공사 탐방을 진행하거나, 비용 부담이 적은 필리핀과 중국을 견학하도록 지원했다. 항공대 기술교육원은 해외 탐방이 어렵기 때문에 대한항공 내부 견학 및 본사에서 실습 프로그램을 제공한다.

이 모든 경험들은 학생들에게 먼저 가서 보는 기회를 주었다. 뇌는 직접 본 것을 오래 기억하며, 이는 꿈을 향한 에너지를 만들어낸다. 경험은 단순히 눈앞의 현실을 보는 데 그치지 않고, 더 큰 세상을 향한 새로운 문을 열어준다.

군 복무를 마친 후 복학을 앞둔 명수는 아버지의 권유로 캐나다에서 어학연수를 시작했다. 모은 돈으로 가난한 유학 생활을 하던 그는 여러 사람과 방을 나눠 쓰며 아르바이트로 생활비를 충당했다. 아버지는 단호했다.

"유학 생활을 어렵게 보내는 것도 중요하지만, 좋은 경험도 반드시 해야 한다."

명수가 시카고를 여행할 때, 아버지는 특별한 선물을 준비했다. 세계 3대 미술관 중 하나인 시카고 아트 인스티튜트 티켓, 고급 레스토랑에서의 식사, 그리고 300불짜리 호텔 숙박이었다. 처음에는 미술관에 가는 것에 불평하던 명수는 밀레와 반 고흐의 작품에 압도당했고, 호텔에서의 하루는 그의 세계를 바꿔놓았다.

"나도 이렇게 살 수 있다."

그 경험은 명수의 시야를 넓혔고, 국내 취업에만 매달리던 것을 넘어 싱가포르와 말레이시아로 도전하게 했다. 경험이 꿈을 바꾸고, 꿈이 목표를 변화시켰다.

20대의 유학 생활은 가난 그 자체였다. 새벽까지 일하고 아침 수업에서 졸며 하루하루를 버티던 시간은 고되었다. 하루 식비를 아껴야 했던 시절, 유일한 사치는 스타벅스에서 카페라테 한 잔을 마시며 보이지 않은 미래를 걱정하며 보내는 것이었다.

그런 시기에 누군가 말했다.

"너무 힘들면 가장 좋은 호텔에 가서 하루 쉬어봐. 환경을 바꿔봐."

의심스럽긴 했지만, 한 달 용돈을 모아 시애틀의 고급 호텔에서 하루를 보내기로 했다. 하얀 가운을 입고 창밖의 호수 앞에 착륙하는 수상기 Seaplane을 보는 순간 "나도 할 수 있다."는 자신감이 샘솟았다. 환경이 바뀌자 생각이 바뀌었고, 생각이 바뀌자 행동이 달라졌다. 작은 변화가 인생의 터닝포인트가 되었다.

사람은 원하는 것을 먼저 보여줘야 비로소 움직인다. 목표가 재능을 정하고, 재능이 미래를 바꾼다. 삶의 양면을 보여주는 것은 어른의 책임이다. 고난을 견디는 법을 가르치면서도 풍요로운 순간의 기쁨을 경험하게 해야 한다. 추운 겨울날에는 아궁이 앞에서 떨며 고난을 견디는 법을 배우게 하고, 한여름 해변에서 시원한 바람을 즐기며 풍요의 기쁨을 알게 해야 한다. 그러기 위해 어른들은 지하방에서의 삶도 보여주고 꼭대기 층의 삶도 보여주는 것이 중요하다.

산업인력공단의 지원을 받아 선진국 항공사 탐방 프로그램에 선발된 세 명의 학생들과 함께 10일간 미국 항공사를 탐방했다. 30:1의 경쟁률을 뚫고 선발된 평범한 직업전문학교 학생들이었다. 내가 먼저 가서 본 보잉사의 애버렛 공장, 포틀랜드의 비행학교, 그리고 MRO 정비 업체를 견학하며, 회사 대표와 정비본부장을 직접 만나게 했다. 10년이 지난 지금, 한 명은 대한항공에 입사했고 FAA 자격증까지 취득했고, 또 한 명은 아시아나항공에 입사했으며, 마지막 한 명은 해외 진출을 목표로 대학원에 진학했다. 그들이 20대에 가서 본 것들은 계속해서 그들을 날아오르게 할 것이다.

경험이 꿈을 만들고, 꿈이 미래를 바꾼다.

"가서 보라."

국내 해외항공업체 방문

학교 밖에서 찾은 비밀들    191

## 인천공항을 떠나는 유학생들

공항에서 미국으로 떠나는 학생들을 배웅할 때마다 나는 꼭 이런 이야기를 해준다.

"인천공항을 떠날 때는 많은 축하와 응원을 받으며 출발하지만, 다시 돌아오는 순간은 조용히 사라지는 경우도 있더라."

미국 유학이 누구에게나 성공을 보장하지 않는다는 점은 부정할 수 없다. 지나고 나면, 공부하던 때가 가장 행복했던 시간으로 떠오른다. 졸업 후에는 취업을 위해 100곳 넘는 회사에 이력서를 보내고, 면접 날에는 긴장으로 회사 앞에서 토한 적도 있었다. 유학은 단지 새로운 기회가 아니라, 수많은 난관을 극복하며 한 계단씩 포기하지 않고 올라서는 이들에게만 열리는 문이다. 그리고 그 문을 통과했던 사람으로서, 나는 이 여정이 얼마나 값진 선택인지 누구보다 잘 알고 있다.

1997년, 나는 미국 항공 정비 유학의 길을 선택한 1세대였다. 함께 떠났던 동료들 중 일부는 지금 국내 항공사에서 팀장과 부장으로 일하고 있다. 또 다른 몇몇은 미국 항공사에 취업해 영주권을 얻고 안정적으로 자리 잡았다. 그러나 많은 이들은 중도에 연락이 끊기거나 흔적

없이 사라졌다.

그 차이를 만든 것은 운이 아니었다. 유학이 단순히 학위나 자격증을 취득하는 과정이었다면, 끝까지 살아남을 수 없었을 것이다. 나는 비행기를 바라보며 설렜던 어린 시절의 마음과 영어라는 벽 앞에서 좌절했던 순간들 속에서 스스로를 다시 일으켜 세웠다. 철조망 너머의 비행기를 보며 느꼈던 간절함은 나를 움직이게 했고, 내 모든 노력이 쏟았던 그 중심에는 바로 FAA 미국 연방항공청 항공 정비사 자격증이 있었다.

미국 항공 정비 유학의 가장 큰 장점은 졸업과 동시에 FAA A&P 자격증을 취득할 수 있다는 것이다. 이 자격증은 단순히 시험을 통과한 결과물이 아니라, 전 세계적으로 인정받는 능력의 상징이었다.

당시, 호주나 캐나다에서도 항공 정비 유학이 가능했지만, 실무 경험 없이 자격증을 취득하기는 어려웠다. 졸업 후에도 비자 문제로 취업의 문이 닫혀 있는 경우가 많았다. 반면, 미국은 졸업과 동시에 자격증 취득이 가능했고, OPT Optional Practical Training를 통해 합법적으로 일할 수 있는 기회를 제공했다. FAA 자격증은 단순한 종이가 아니라, 나의 가능성을 전 세계로 펼쳐줄 날개였다.

미국 항공 대학이 제공하는 실습 중심의 커리큘럼은 내가 가장 좋아했던 부분이다. 실습 시간이 45%이기에 외국 학생들은 학위와 자격증을 좀 더 쉽게 취득할 수 있었다. 격납고에서 비행기를 직접 정비하며 배우는 시간은 매 순간이 즐거웠다. 특히 왕복 엔진을 분해하고 다시 조립하는 시간은 너무 몰입해서 점심시간도 잊어버릴 정도였다. 그 시간들은 내가 엔진 정비사가 되고 싶다는 강렬한 꿈을 품게 하기도 했다.

미국에서의 학업은 이론과 실습의 균형 속에서 이루어졌다. 나는 단순히 시험을 통과하기 위해 공부하는 데 그치지 않았다. 정비사로서의 책임감과 안전 의식을 갖추는 데 집중했고, 무엇보다 영어 공부에 시간을 투자했다. 일부러 한국 학생들을 피하며 외국 학생들과 어울렸고, 때로는 시기 어린 눈초리를 받기도 했다. 그러나 그런 노력 속에서 영어라는 벽은 점차 허물어졌다. 영어를 두려워했던 나 자신은 조금씩 자신감 넘치는 정비사로 변해갔다.

미국에서 공부하며 또 다르다고 느낀 것은 발표와 토론 문화였다. 한국은 주입식 교육으로 강의하며, 답을 외우는 수업이었다. 하지만 미국 수업은 스스로 주제를 정해 직접 학생들 앞에서 발표하게 하고, 팀으로 작업을 하도록 했다. 발표와 토론은 주입식 교육을 받은 나로서는 늘 긴장되고 떨리는 경험이었지만, 언어의 벽을 넘어가는 소중한 시간임을 알게 되었다.

대학교에서 가르칠 때는 이 경험을 바탕으로 모든 학생에게 주제를 주고 발표하게 했다. 한국은 여전히 변화하지 않은 상태로, 19세기 강의장에서 20세기 선생이 21세기에 태어난 학생들을 가르치고 있는 현실이 안타깝다.

유학의 길은 쉽지 않았다. 영어 실력부터 경제적 부담까지 많은 장벽이 존재했다. 나 역시 공군에서 5년 동안 모은 3천만 원으로 유학을 시작했지만, 다음 해 IMF가 터지며 한국 돈의 가치가 급락했을 때 매 순간이 도전이었다. 그러나 미주리의 저렴한 학비와 생활비 덕분에 학업을 이어갈 수 있었다. 만약 내가 동부 보스턴이나 서부 시애틀처럼 비용이 많이 드는 지역을 선택했다면, 지금의 나는 없었을 것이다.

　FAA 자격증을 취득한 뒤, 내 삶은 완전히 달라졌다. 평범했던 나는 더 이상 평범하지 않았다. 공항으로 출근하며 비행기와 함께하는 삶이 나의 현실이 되었다. 어린 시절 비행기를 바라보던 설렘은 이제 어엿한 FAA 정비사의 자부심으로 자리 잡았다. 그 자부심은 나를 더 큰 세상으로 이끌었고, 그곳에서 나만의 길을 개척할 용기를 안겨주었다.

　만약 다시 태어난다 해도, 나는 다시 이 길을 선택할 것이다. 미국 항공정비 유학 경험은 평범했던 나에게 독수리처럼 하늘을 날 수 있는 날개를 달아주었다. 오늘도 인천공항에서 출발하는 이들이 있다면 나의 이야기가 누군가의 첫걸음에 용기를 줄 수 있기를 바란다.

# 성공하는 유학 15가지 비결

항공 유학은 일반 유학과는 많은 차이가 있다. 캠퍼스에서 공부하는 대신 공항과 격납고에서 배우며, 학위보다 자격증 취득이 훨씬 중요하다. FAA 자격증을 취득하면 강력한 혜택을 얻을 수 있다. 이 자격증은 국내 면장으로 변경 가능하며, 국내외 취업의 길을 열어준다. 또한, 30학점 이상의 학점으로 인정받아 편입이 가능하다.

인천공항조차 없던 시절에 아메리칸 드림을 꿈꾸며 도전한 지금 50대 들은 FAA A&P 자격증이 무엇인지도 모른 채 태평양을 건너 유학 생활을 시작했다. 유학을 떠나는 이유는 사람마다 다르다. 20대는 꿈을 찾아 더 넓은 세상을 경험하고 싶어 떠나고, 30대는 늦기 전에 한 번 더 공부하고자 결심한다. 40대 이후는 개인적인 성장을 넘어 가족과 자녀를 위해 고민하게 된다.

항공 유학을 떠나면 먼저 감사하는 법을 배우게 된다. 경제적으로 지원해 준 부모님께 감사하고, 스스로 유학 자금을 마련한 경우에는 자신의 노력에 칭찬을 아끼지 않게 된다. 하지만 많은 학생이 경제적 이유와 영어 점수의 벽에 부딪혀 유학의 꿈을 포기하기도 한다.

나는 지금까지 매년 다양한 항공 유학생을 보내고 현지에서 만났다. 그렇다면 성공적인 유학을 위해 필요한 것은 무엇일까? 나의 미국 항공 유학 1세대의 경험을 바탕으로, 성공적인 항공 유학을 위한 15가지 비결을 자신 있게 제안해 보겠다.

## 성공적인 유학을 위한 15가지 비결

1. 사전 학습은 필수다.

항공 유학은 토익이나 토플과 같은 시험용 영어가 아니라 항공 기술 영어를 배우는 것이다. 100% 영어 수업은 들리지 않을 것이다. 한국어로 먼저 이해하고 영어 수업을 들어라, 국토부에서 FAA 표준 교재를 번역해 놓은 항공정비사 표준 교재를 먼저 공부해라.

2. 이론보다 실습이 중요하다.

항공 유학의 약 45%는 실습이다. 실습을 통해 방향을 잡고, 이론과 실습을 병행하며 문제를 해결하는 능력을 길러야 한다. 머리로 암기하는 것을 넘어 손으로 직접 해보는 것이 핵심이다.

3. 적성분야를 찾아라.

FAA 과정은 세스나 172 비행기를 혼자 정비하고 시동을 걸 수 있는 수준으로 훈련받는 과정이다. 약 1,900시간 동안 이루어지는 이 과정을 통해 기체, 엔진 정비를 넘어 전기전자 정비, 안전 분야 등 자신의 적성 분야를 찾아가야 한다.

### 3. 전공 선택에 신중하라.

유학생은 2년제 준학사 과정만 마치거나 4년제 학위까지 취득하는 두 가지 경로 중 하나를 선택한다. 이후 어떤 학위를 목표로 할 것인지, 엔지니어, 경영, 전기전자 등 다양한 옵션을 고려해 결정해야 한다.

### 4. 대학 이름보다 실질적인 환경이 중요하다.

대학의 명성에 집착하지 말고, 실습 환경과 학비 등을 고려하라. 공항, 격납고, 활주로가 가까운 학교가 실질적인 학습에 더 유리하다.

### 5. C 학점 이상이면 충분하다.

미국 대학에서는 C 학점(70점 이상)만으로도 학업을 마칠 수 있다. 한국 학생들은 성적에 집착하는 경우가 많지만, 취업 시 성적 증명서를 요구하지 않는 경우가 대부분이다.

### 6. OPT를 꼭 활용하라.

OPT(Optional Practical Training)는 2년제 졸업 후 1년간 합법적으로 취업할 수 있는 기회다. 4년제 졸업 후 STEM 전공자는 최대 3년까지 연장 가능하다.

### 7. 영주권 신청을 원하면 유학 중에 준비하라.

OPT 기간 이후에도 합법적으로 체류하며 일할 수 있는 기회를 원한다면, 유학 시작 전 혹은 중간에 영주권 신청을 해야 한다. 졸업 후에 신청하면 이미 늦다.

### 8. 군 문제를 해결하라.

항공 유학 후 입대는 자격증 취득 여부에 따라 가산점을 받고 공군 정비 특기병으로 지원할 수 있다. 기타 부사관, 카투사, 장교 지원 등 다양한 옵션이 있다.

### 9. 4년제 학위 취득이 가능하다.

2년제 과정만으로 만족해도 되지만, FAA 자격증 취득 시 30학점 전후로 인정을 받기에 온라인 혹은 오프라인으로 4년제 학위를 마무리할 수 있다.

### 10. 외국인과의 교류를 늘려라.

항공 유학은 다양한 사람들과의 만남을 통해 더 큰 세상을 경험하는 과정이다. 외국인 친구들과 어울리며 글로벌 네트워크를 구축하라.

### 11. 한국 학생 비율을 고려하라.

한국 학생 비율이 너무 높은 대학은 피하고, 한국 학생과 외국 학생의 적절한 비율인 환경에서 공부하라.

### 12. 취업 정보를 꾸준히 탐색하라.

항공 분야는 전문 리크루팅과 헤드헌팅이 활발한 산업이다. 학기 중에도 국내 및 미국 내 취업 기회를 적극적으로 탐색하라.

### 13. 좋은 인간관계를 유지하라.

항공 산업은 좁은 분야다. 함께 공부한 동료들과의 관계가 미래에 큰 자산이 될 수 있다.

### 14. 미국 문화를 경험하라.

미국 유학은 단순한 공부만이 아니라, 다양한 문화를 경험하는 기회다. 공부하는 도시에서 동서남북으로 항공 엑스포와 항공 산업이 발달한 도시를 찾아가며 시야를 넓혀라.

유학을 마치고 돌아온 학생들과 상담하다 보면 많은 이들이 "영어가 아직 부족하다"고 말한다. 맞다. 우리는 모두 부족함 속에서 살아간다. 하지만 그 부족함은 결코 부끄러운 것이 아니다. 그것은 오히려 우리를 움직이게 하고, 앞으로 나아가게 만드는 원동력이다. 완벽해질 수는 없지만, 우리는 매일 어제보다 더 나은 자신이 될 수 있다. FAA 자격증을 취득하고, 한계를 넘어서기 위해 치열하게 노력한 우리는 이미 큰 도약을 이뤄낸 사람들이다. 이제 스스로에게 "정말 수고했다"고 따뜻하게 말해주어야 한다.

나는 유학을 떠난 지 20년이 넘었다. 그동안 수많은 유학생을 만나고 컨설팅하며 알게 된 것은, 유학은 단순히 해외에서의 학업이 아니라 자기 자신과의 싸움이라는 점이다. 유학생의 약 30%는 미국에서 취업하며 새로운 삶을 시작하지만, 나머지 70%는 워킹퍼밋과 체류 비자 문제, 또는 외로움과 한계에 부딪혀 한국으로 돌아간다. 어떤 이는 미국이 싫어 떠나지만, 그 경험조차 헛되지 않다. 유학 생활은 외롭고 힘들고 끊임없이 자신을 시험하는 과정이다. 그러나 그 과정을 통해 우리는 한층 더 강하고 단단한 사람이 된다.

지금 유학을 준비하고 있는가? 아니면 이미 유학 중인가? 유학 생활은 결코 쉽지 않다. 때로는 넘어지고 좌절할 수도 있다. 하지만 지금 이 순간, 우리는 성장하고 있다. 이 시간은 다시 돌아오지 않을 소중한 시간이다.

유학은 단순히 자격증이나 학위를 얻는 과정을 넘어, 새로운 세계에 도전하며 자신을 알아가는 여정이다. 우리는 이 과정을 통해 더 큰 세상을 경험하고, 스스로의 가능성을 확인하는 시간이 될 것이다.

## 미국에 진출하는 방법과 벽

전 세계 항공 종사자들이 가장 가보고 싶어 하는 곳, 바로 미국이다. 미국에서 합법적으로 일하려면 취업비자 또는 영주권이 필요하다. 미국은 세계 최대의 항공산업 시장을 가지고 있으며, 높은 연봉과 더불어 선진적인 자녀 교육, 풍부한 일자리, 그리고 다양한 항공사 및 MRO 항공정비업체에 취업할 수 있는 기회로 인해 많은 이들이 선망하는 국가다.

미국에는 영주권 소지자인 항공 정비사들을 만날 수 있다. 대한민국 항공사 소속으로 미국에 주재원으로 와서 영주권을 취득한 경우도 많다. 한국인이 가장 많이 거주하는 로스앤젤레스, 그리고 인천공항에서 논스톱으로 들어오는 애틀랜타, 시카고, 시애틀, 뉴욕, 댈러스 등에는 주재원 정비사들이 정착하는 경우가 흔하다. 국내에서 대기업 정비 경력을 인정받아 H-1 비자 및 숙련공 취업비자로 입국하기도 한다. 청년들은 미국 항공 유학을 통해 신분 변경 후 영주권을 취득하고 있다.

항공정비사를 연세가 많은 분들은 로얄 블루칼라의 상징이라고 한다. 미국뿐만 아니라 전 세계가 "블루칼라의 귀환"이라는 표현을 한다.

과거에 주요 산업에서 중요한 역할을 했던 블루칼라(육체노동 중심의 직업군) 노동자들이 다시 주목받거나, 경제 및 사회적 중요성이 증가하고 있는 현상이다. 디지털화와 자동화 시대에서 기술력과 숙련도가 높은 블루칼라 노동자의 가치가 높아지고 있다.

예를 들어, 항공 정비사, 고급 용접사, 전기 기술자, 그리고 일부 IT 기반 제조업에서는 고도의 기술과 숙련도가 요구되기 때문에 이들의 연봉이 전통적인 사무직을 능가하고 있다. 또한, 대기업들이 숙련된 노동자를 확보하기 위해 경쟁적으로 높은 급여를 제시하면서 블루칼라의 위상이 점점 더 올라가고 있다는 점도 주목할 만하다. 이는 단순히 "육체노동"이라는 이미지에서 벗어나 "전문성"과 "고급 기술직"으로서의 재인식이 이뤄지고 있음을 보여준다.

현재 미국 항공정비사 급여 수준은 상대적으로 높다. 가장 항공정비사가 많이 필요한 지역은 텍사스, 플로리다, 일리노이, 워싱턴주다. 초봉 $45,760부터 시작해서 경력이 쌓이면 $75,020, 더 나아가 엔지니어급은 $114,750이다. 1억이 넘는 연봉은 화이트칼라를 따라잡았다.

육군 항공대 헬기 정비사였던 김 중사는 제대와 동시에 미국으로 잠시 어학연수를 떠났고, 군 정비 경력 30개월 이상으로 미국 FAA 자격증을 취득했다. 2년 전에 신청했던 비숙련공 영주권의 마지막 단계 인터뷰를 미국 현지에서 진행했다. 이후 1년 동안 스폰서 업체에서 일하면서 최종적으로 영주권을 얻었다. 반면 국내에서 공군 부사관으로 제대한 이중사는 코로나 이전 트럼프 대통령의 강력한 반이민 정책으로 인해 영주권 마지막 단계까지 왔음에도 국내 인터뷰를 진행하지 못하고 아직도 5년이 넘도록 대기하고 있다. 매년 미국 이민법은 정권에 따라 변화하기 때문에 관련 정보를 꾸준히 파악해야 한다.

인천공항에서 근무했던 형석 씨는 비숙련공 이민을 통해 결혼 후 미국 영주권을 취득했다. 현재는 직접 구매한 비행기를 정비하며 아내와 함께 핸드폰 가게를 운영하고 있다. 그는 평균적으로 약 3만 불의 수속 비용을 지불하고, 미국 내 스폰서십 회사에서 일하며 영주권을 취득했다. 비숙련공 이민 스폰서 업체는 과거 닭공장, 간병인, 레스토랑, 리조트, 공장, 학교 보조 등의 직업에서 일하며 영주권을 취득할 수 있는 방법을 제공한다. 이러한 과정은 결코 쉽지 않고, 오랜 기다림과의 싸움이며 꼭 넘어야 할 큰 산이다.

## 미국 취업 및 영주권 취득의 5가지 주요 방법이다

### 1. 항공 유학 후 취업

2년제 졸업시는 1년 동안, 4년제 졸업시는 STEM 관련 학위를 취득한 후, OPT(실무 연수)를 통해 3년 동안 합법적으로 일할 수 있다.

OPT 취업 기간에 스폰서십을 받기가 어렵고, 4년제 졸업 시는 H-1B 전문직이 가능하다, 단 전문직에서 요구하는 급여 수준을 맞추어야 한다.

영주권 목적이라면 유학과 동시에 영주권을 신청한다. 유학 후 OPT

취업 후 신청하면 수속 기간이 너무 길어 한국으로 돌아가야 하거나 다시 학생비자로 변경 후 체류해야 한다.

### 2. H-1B 전문직 비자

항공 기계, 정비 관련 4년제 학위 소지자, 또는 2년제 학위와 6년 이상의 경력을 가진 자격요건을 충족해야 한다.

연간 평균 $50,000 이상의 급여를 보장하는 회사에서 스폰서를 받아야 한다.

석사 이상의 학위 소지자는 H-1B 비자 쿼터에서 우선적으로 선발될 가능성이 높다. 단 쿼터 제한으로 비자 받기 쉽지 않다.

### 3. J-1 인턴십 및 리서치 비자

국내 대학교 재학생이나 졸업자는 1년~18개월 동안 미국 회사에서 실무 경험을 쌓을 수 있는 비자를 신청할 수 있다. 35세 이하이며 한 번만 신청이 가능하다.

J-1 비자는 연구원, 교수, 학문적 목적을 가진 지원자들에게도 기회를 제공하며, 최장 5년까지 체류가 가능하다.

### 4. 3순위 숙련공 및 비숙련공 영주권

숙련공 영주권은 국내 항공사 또는 군 정비 경력을 가진 사람들이 주로 신청하며, 평균 3~5년의 대기 시간을 넘어 5-10년 넘도록 기다리는 경우가 발생하고 있다.

비숙련공 영주권은 과거 닭공장, 간병인을 넘어 리조트, 공장, 레스토랑 등에서 근무하며 취득하지만, 수속은 국내가 아닌 미국 내에서 직접 진행하는 것을 추천한다.

### 5. 투자이민

최소 $30만 이상을 투자해 미국 내 사업체를 창업하면 영주권을 받을 수 있다.

항공 관련 사업체 설립이나 항공 스타트업 투자도 고려할 수 있다.

항공정비사들이 미국을 선호하는 이유는 단순히 높은 연봉 때문만이 아니다. 세계 최대 항공시장에서의 성장 가능성, 다양한 경력 개발 기회, 자녀 교육의 확장, 그리고 글로벌 항공산업의 중심에 설 수 있다는 매력은 여전히 많은 이가 미국으로 향하게 하는 요인이다.

그러나 미국에서의 도전은 비자 문제라는 현실적인 벽에 자주 부딪힌다. 비자를 받는 과정은 예측할 수 없고, 때로는 정권 변화나 정책에 따라 계획이 무너질 수도 있다. 합법적인 체류 자격이 보장되지 않으면, 결국 쌓아온 경력과 꿈을 뒤로하고 떠나야 하는 경우도 적지 않다.

그럼에도 불구하고, 미국은 여전히 항공정비사들에게 꿈을 꿀 수 있는 무대다. 철저한 준비와 끈기로 이 벽을 넘는 이들에게, 미국은 끝없는 가능성과 기회를 제공하는 곳은 분명하다.

# 전 세계 항공정비사들이 가장 선호하는 자격증

항공정비사 자격증은 크게 두 가지로 나뉜다. FAA 미연방항공청에서 발급해 주는 FAA A&P 자격증과 EASA 유럽연합에서 발급해 주는 EASA B1/B2 자격증으로 나뉜다. 그리고 나라마다 자국의 민간항공청에서 발급해 주는 자격증이 있다.

우리나라는 교통안전공단에서 발행해 주는 "항공정비사 Airmen Certification 자격증," 중국은 CAAC Civil Aviation Authority China, 중국민항청에서 발급해 주는 자격증, 필리핀은 CAAP Civil Aviation Authority of the Philippines, 인도네시아는 DGCA Directorate General of Civil Aviation, 영국은 CAA Civil Aviation Authority, 호주는 CASA Civil Aviation Safety Authority 등 해당 국가에서만 사용 가능한 항공정비사 자격증이 있다. 이렇게 국가마다 조금씩 다른 자격증은 유엔 산하 188개국 이상이 가입된 국제민간항공기구 ICAO 에서 별도로 국제 항공정비사 자격증 시험 및 교육 커리큘럼 준수 사항을 정해 소속 국가끼리 상호 협조하여 인정해 주는 부분도 있다. 우리나라 항공정비사 면장 자격증을 영어로 ICAO Type II 자격증, 공장정비사를 ICAO Type I이라고 표현하기도 한다. 그러나 한국어로 취득한 국내 자격증은 해외로 나가면 인정받지 못한다.

　대한민국을 기준으로 서쪽에서 날아오는 미국 보잉사$_{Boeing}$에서 만든 비행기와 동쪽에서 날아오는 유럽연합 에어버스사$_{Airbus}$에서 만든 비행기가 인천공항에 도착한다. 비행기를 제작한 국가인 미국$_{FAA}$과 유럽연합$_{EASA}$ 소속 비행기는 FAA·EASA 항공정비사 자격증 소지자가 정비를 하는 것을 원한다. 비행기를 제작하는 나라에서 요구하는 모든 항공 영어 및 관련 정비 규정을 준수해야만 하기에 그들이 말하는 것이 법이고 규칙이다.

　예를 들어, 미국 항공사 1위 업체 델타항공이 인천공항에 취항하면 누구에게 정비를 맡길 것인지 고민하게 된다. 미국에서 델타 정비사들이 한국에 와서 정비하면 급여 및 숙소 제공 등 추가적인 경비가 많이 든다. 그래서 인천공항에 위치한 국내 정비업체에 위탁 정비를 맡긴다. 국내 정비업체들은 입찰 및 제안을 통해 우리 소속 한국인 정비사들이 FAA A&P 자격증 소지자와 해당 기종 경력 정비사들이 충분하다는 것을 입증하고 경쟁한다. 현재 국내에서 인천공항에 도착하는 델타항공 및 UPS 화물기는 샤프테크닉스 K 소속 FAA 미국 항공정비사 자격증 소지자들이 최종 정비 해제 권한을 행사한다.

　아시아 국가에서는 FAA 자격증이 선호되는 경향이 있지만, 국가별로 차이가 있다. 한국, 일본, 필리핀과 같이 미국과 항공산업 교류가 활발한 국가에서는 FAA 자격증이 많이 요구된다. 특히 필리핀은 미국 식민지였던 역사적 배경과 함께 영어 사용 국가로서 FAA 기반의 항공정비 교육기관이 많아 해외 인력 송출이 가장 많다. 반면, 인도네시아, 캄보디아, 베트남과 같은 영연방 국가의 영향을 받은 지역에서는 EASA 자격증이 더 선호된다. 이는 유럽산 항공기(Airbus 등)의 운용 비율이 높고, 유럽 항공사와의 협력이 중요하기 때문이다.

또한, 중동 국가에서는 선호도가 나뉘는데, 사우디아라비아처럼 친미 성향이 강한 국가는 FAA 자격증을 요구하지만, 아랍에미리트$_{UAE}$ 및 기타 중동 지역 국가들은 EASA 자격증 소지자를 선호하는 경향이 있다.

한편, EASA 자격증이 선호되는 국가에서도 미국산 항공기(Boeing) 정비가 필요할 경우 FAA 자격증 소지자가 요구되기도 한다. 이처럼 FAA와 EASA 자격증의 선호도는 국가의 역사적 배경, 항공산업 구조, 운용 기종에 따라 달라진다.

FAA$_{Federal\ Aviation\ Administration}$는 미국연방항공청으로, 미국 교통부$_{Department\ of\ Transportation}$ 산하 항공전문기관이다. 항공교통안전, 항공기 개발 및 운항, 항공사 관리 감독, 비행 승인에 관한 모든 업무를 담당하는 부서다. 우리나라에서 국토교통부 산하 항공정책실이 항공산업, 물류, 안전, 보안, 공항운영 등을 관할하고, 교통안전공단이 항공 종사자 자격증 시험을 주요 관할하는 것과 비슷하다. FAA는 항공정비사들에게 기체$_{Airframe}$와 기관$_{Powerplant}$ 두 가지 자격증을 취득할 경우 FAA A&P 자격증을 발급한다. 국내에서 헬리콥터와 고정익 자격증이 별도로 나뉘는 것과 달리, FAA 자격증은 회전익(헬리콥터) 및 고정익 비행기를 모두 정비할 수 있다. FAA 규정상 1,900시간을 이수해야 FAA 자격증 시험에 응시할 수 있으며, 취득 시 국내 면장 시험 응시도 가능하다.

EASA 자격증은 다르다. 영국에서 항공정비학과를 졸업한 학생들과 호주 브리즈번 AA 항공정비학과를 졸업한 학생들은 요즘 고민이 많다. 막연한 정보 없이 EASA 자격증 과정을 공부한 유학생들이다. 2년 과정을 졸업하면 미국과 다르게 자격증 시험 응시 기회가 주어지지 않고, 수료증Certification만 나온다는 사실을 몰랐기 때문이다. 최소 2~3년 정비 경력이 인정되어야만 EASA 항공정비사 자격증이 최종 발급된다. EASA의 B1/B2 과정은 FAA A&P 자격증 및 국내 면장 커리큘럼과 비슷하다. 필기시험은 해외 업체를 초청해 국내에서도 볼 수 있지만, FAA 시험은 반드시 미국에서 치러야 한다. EASA는 이론보다는 정비 경력을 우선시하기 때문에 졸업 후 실습 비용을 지불하며 정비업체에서 경력을 쌓아야 할 정도로 어렵다. 미국 FAA보다 훨씬 복잡하고 까다로운 자격증이다. 이런 이유로 국내에서는 외항사에 근무하는 EASA 자격증 소지자들은 찾아보기 어렵다.

국내에 취항하는 외국 항공사 정비 지원 전문 업체 "샤프에비에이션 K"는 인천공항에 위치한 FAA 지정 항공정비업체다. 당시 보잉 737과 에어버스 320 기종을 정비할 경력자들이 부족할 것을 예측하고, 외국인 정비사 채용을 처음으로 시도했다는 점에서 선구적이었다. 국내에서는 외국인력을 사용할 때 자국민 보호 정책과 비자 문제가 복잡하게 얽혀 있다. 이 문제를 해결한 후, 필리핀 마닐라를 직접 방문해 인력을 선발하게 되었다.

당시 외국인 인력 공급업체 대표로 이 과정에 직접 참여했다. 당시 가장 중요한 과제는 "어떻게 최고의 외국인 정비사를 선발할 것인가"였다. 회사 임원과 직접 필리핀 현지에서 철저한 인터뷰와 검증 과정을 거쳤고, 세 번 이상 현지를 방문하며 총 30명 이상의 후보자를 인터뷰했다. 최종적으로 대형기 정비 경험이 있는 "FAA A&P 자격증 소지자"를 선발했으며, 자격증 미소지자는 근무 중 자격증을 취득한다는 조건으로 채용했다. 하지만 FAA 자격증을 소지하지 않은 경우 평균 매달 1,000달러의 급여가 차이가 났다.

이 프로젝트는 탁월한 회사 경영진의 결단과 치밀한 검증 과정을 통해 성공적으로 1차 팀이 "인천공항"에 정착하면서 결실을 맺었다. 지금은 벌써 7년째, 외국인 정비사들은 국내 정비 현장에서 기업 문화를 살리고, 기술 습득과 영어 능력 향상을 촉진하는 데 기여하고 있다. 필리핀 정비사들은 미래를 위해 FAA 자격증을 일찍이 취득한다는 점에서 큰 경쟁력을 갖추고 있었다

FAA 자격증을 소지한 인천공항에 근무하는 필리핀정비사들

현재 인천공항에 입국하는 외국 국적기, 예를 들어 루프트한자, 캐세이퍼시픽, 유나이티드항공, FedEx 화물회사 직원들 역시 FAA A&P 자격증을 필수로 소지해야만 한다. FAA 자격증은 단순히 하나의 자격증을 넘어, "해외 항공정비 시장 진출의 필수 조건"이 되었다. 이 프로젝트에 참여하며 느낀 점은 "글로벌 스탠다드를 충족하는 인재가 미래 항공산업을 이끌어간다"는 사실이었다. FAA A&P 자격증은 단순히 정비사의 자격을 넘어, 국제적인 경쟁력을 입증하는 도구로 자리 잡고 있다.

국토부에서 만든 국내 항공정비 훈련 기관 및 대학에서 사용하는 "항공정비사 표준교재"도 FAA Textbook을 번역해 연구·집필·감수하여 동일하게 사용하고 있다. 국내 항공정비 관련 법규와 규정도 FAA 미연방규정집 Federal Aviation Regulation을 참고해 만들어졌으며, 현장에서 사용하는 항공 기술 영어도 FAA에서 출발했다.

이런 이유로 전 세계 항공정비사들이 가장 선호하는 자격증은 FAA A&P 미국 항공정비사 자격증이라고 말한다.

## 다시 학교로 돌아간다면 이것!

축구선수 박지성의 강연에는 많은 젊은이들이 찾아온다고 한다. "해외 진출이 꿈이신 분 손들어 보세요."라고 말하면 모두가 손을 든다고 한다. 그리고 다시 "지금 당장 영어 공부 시작한 사람 손들어 보세요?"하고 물어보면 극소수의 인원만 손을 조심스럽게 올린다고 한다. 나머지는 여전히 머릿속으로만 꿈꾸고 있는 것이다.

박지성도 유럽 진출을 위해 운동을 하면서 꾸준히 생활 영어를 준비했다. 이것은 외국인처럼 완벽하게 쓰는 영어가 아니라, 부담 없이 대화할 수 있는 한국식 영어면 충분했다.

우리가 살아가는 이 글로벌 시대에서 영어는 단순한 언어가 아니라, 세상을 연결하는 열쇠다. 압도적인 경쟁력을 만드는 무기도 결국 영어다. 기술 숙련도는 배우면 되지만, 영어는 스스로 끊임없는 노력과 환경을 만들어야 가능하다.

우리는 미국인처럼 영어를 완벽하게 사용할 수 없다. 그리고 그럴 필요도 없다. 영어를 배우는 이유는 유창함이 아니라, 서로의 생각을 이해하고 전달하기 위함이다. 의사소통이야말로 영어 학습의 본질이자 가장 중요한 목적이다.

  대기업에 취업할 때 토익 750점 수준을 요구하지만, 지원자들의 점수는 이보다 훨씬 높다. 저비용 항공사나 항공 정비 업체는 공식 영어 점수를 요구하지 않는 경우가 많지만, 점수가 있다면 자신 있게 본인을 어필할 수 있다. 영어 실력을 증명할 수 있는 또 다른 방법으로는 어학연수 경험, 외국 학위, FAA 또는 EASA 자격증 등이 있다. 국내 자격증 이외에 내세울 수 있는 가장 중요한 경쟁력이 바로 영어다.

  항공 학교에서도 영어 교육의 중요성을 알고 있다. 교관들의 방식은 크게 두 가지로 나뉜다. 한쪽은 한국어로만 된 파워포인트 자료를 사용해 한국어로 수업을 진행한다. 반면, 다른 교관은 FAA 표준교재를 중심으로 영어와 한국어가 병합된 자료를 만들어 수업을 한다. 내가 가르치는 학교의 한 교수님은 고령임에도 불구하고 영어 원문으로 강의를 진행하시는 분이다. 교실에서 사용하는 파워포인트 자료도 유일하게 영어로 작성되어 있다.

  이 교수님은 민간 항공업체에서 근무하던 시절 모든 매뉴얼이 영어로 작성된 것을 경험했다. 군 생활 때는 알지 못했던 사실이다. 이런 경험을 바탕으로 학생들이 글로벌 항공 산업에서 경쟁력을 갖출 수 있도록 영어 중심 교재를 만들어 영어의 필요성을 강조하셨다. 그러나 안타깝게도 대한민국의 교육 현실은 영어의 중요성을 알면서도 여전히 대부분의 수업이 한국어로 이루어진다. 이는 앞으로 교육자들이 변해야 할 필요성을 강하게 느끼게 한다.

항공 정비 학과에서는 학생을 선발할 때 영어 점수를 요구하는 곳이 단 한 곳도 없다. 하지만 해외여행 경험, 어학연수, 외국인 커뮤니티 활동 등 실제 영어 사용 경험이 많은 학생들이 더 성공할 가능성이 높다. 학기 중에 자격증 공부에만 매달리는 학생들보다 영어 회화 학원에 다니거나 해외 전화 영어를 통해 꾸준히 영어를 준비하는 학생들이 더 주목받는다.

대기업 항공사에서도 영어는 중요한 기준이다. 동일한 운항 정비사 역할을 하더라도 영어 실력이 좋으면 외국에서 도착한 비행기를 정비할 기회가 주어진다. 평생 국내 항공기만 정비하는 데 그치지 않고, 더 넓고 다양한 도시에서 해외 경험을 쌓을 가능성도 열린다. 특히 엔지니어 부서, 도입반납 정비사, 탑승 정비사, 주재원 정비사 그리고 기술 교관 같은 업무에서는 영어 능력이 필수다. 진급을 위해서도, 부서 이동을 위해서도 영어는 끊임없이 따라다닌다.

항공사에 입사하면 외국인이 회사에 나타났을 때 숨어버리는 정비사와 당당히 인사하며 대화를 이어가는 정비사의 차이는 명확히 드러난다.

나 역시 영어 학습에서 자유롭지 않았다. 매일 혼자 영어를 공부하며 휴대폰 화면에는 자동으로 영어 회화와 관련된 콘텐츠가 뜬다. 하지만 실력을 평가할 기회가 없어서 답답했던 적도 많았다. 때로는 "아무리 해도 나는 왜 원어민처럼 되지 않을까?"라는 좌절감에 지칠 때도 있었다. 하지만 이제는 말할 수 있다. 우리는 미국인처럼 영어를 완벽하게 사용할 수 없다. 그리고 그럴 필요도 없다. 영어는 의사소통이 가장 중요하다. 특히 항공 정비사는, 실용적이고 구체적인 역할을 하는 항공 기술 영어만 익히면 된다.

'영어를 잘한다'의 기준은 스스로에 대한 자신감으로 판단할 수 있다. 그 자신감은 외국인을 만났을 때 두렵지 않고 말을 걸고 싶은 느낌이 드는지로 알 수 있다. 지치지 않고 영어를 공부하는 핵심은 스스로를 영어 환경에 집어넣는 것이다.

우리 반 민석이는 늘 외국인 모임에 나간다. 그들과 어울리고 여행하며 친구가 되기 위해 노력한다. 매일 원어민 영어 회화를 암기하고, 혼자서 중얼거리며 연습한다. 방학이 되면 혼자 배낭을 메고 해외로 떠난다. 분명 압도적인 성과를 만드는 학생은 영어를 즐길 줄 아는 학생이다.

영어 공부는 끊임없는 싸움이고 매일 조금씩 쌓아가는 과정이다. 이 싸움은 단순히 언어를 배우는 것을 넘어, 더 넓은 세상을 향한 도전이며, 나 자신을 성장시키는 여정이다. 영어는 단순한 외국어가 아니라, 나의 꿈을 실현하기 위한 가장 강력한 도구다.

지금까지 단 하나도 후회는 없지만, 내가 다시 학생으로 돌아간다면 나는 더 미치도록 영어에 집중할 것이다.

# 4장
## 가장 중요한 이것

# 부모의 꿈과 자식의 꿈

　사람들은 동력 장치를 이용해 인류 최초의 비행기 조종사가 된 라이트 형제는 알지만, 그들에게 하늘을 날 수 있는 꿈을 심어준 아버지 밀턴 라이트Milton Wright을 모른다. 12초 동안 36미터를 날아오를 수 있게 한 12마력 엔진을 설계하고 제작한 항공 정비사 찰스 테일러Charles Taylor도 마찬가지다.

　라이트 형제의 아버지는 성직자였다. 1903년 한 번도 날아보지 못한 그 시절, 그는 기도하다가 환상을 보았다. 사람들이 새처럼 날아다니는 모습을 본 것이다. 그 꿈이 너무도 선명해서 두 아들에게 사람들이 날 수 있다는 꿈을 전파했다. 그는 두 형제에게 비행 원리를 배울 수 있는 책과 기계를 만질 수 있는 환경을 만들어 주었다. 두 형제는 자전거 정비소를 운영하면서, 자전거를 탈 때 계속 움직이면 넘어지지 않는다는 사실을 발견했고, 이를 적용해서 현재의 비행 기술을 만들어냈다. 그리고 그들은 인류 최초의 항공 정비사 찰스 테일러를 이곳에서 만나게 된다.

　라이트 형제의 첫 비행은 어떤 자세였을까? 오늘날처럼 의자에 앉아 있는 자세가 아닌, 아버지가 말한 것처럼 새처럼 누운 자세로, 인류 최초의 비행을 했다. 매일 밤 비행할 수 있는 아침이 올 때까지 설레며 기다렸던 형제를 만들어 낸 것은 바로 그들의 아버지였다.

제주항공우주박물관과 미국 워싱턴 D.C,
스미소니언 박물관 "라이트 형제 비행기 전시장" 두 아들과 함께

항공 정비사가 되고 싶다고 상담을 신청하는 사람들은 세 가지 유형 이 모습으로 나뉜다. 혼자 상담을 신청하는 청년, 부모님과 함께 오는 자녀, 그리고 부모님만 오는 경우다. 20년이 넘도록 진로 및 진학 컨설팅을 해보니 가장 성공하는 모델은 당당하게 혼자 찾아오는 청년이다. 자식을 믿고 혼자 보내는 부모가 부럽기도 하고, 스스로 꿈을 찾아다니는 청년은 분명 달랐다.

그 다음으로 성공하는 쪽은 부모님과 함께 찾아오는 청년이다. 상담실에서 보면 자식이 질문을 하고 물어보는 경우와 부모가 주도적으로 물어보는 경우가 있다. 자식이 주도적으로 질문하는 경우, 그 자식들은 꿈만 꾸지 않고 실행하면서 원하는 것을 이루게 된다. 마지막으로, 정보를 얻기 위해 부모님만 혼자 오는 경우가 있다. 내 경험상, 부모의 꿈과 자식의 꿈이 좁혀지지 않고 포기하는 경우가 많았다.

항공 분야에서는 부모가 항공 종사자면 자녀에게도 적극 추천한다. 아버지가 조종사면 아들도 조종사, 아버지가 정비사라면 아들도 정비사다. 공항에 출근하는 기쁨을 전달한다. 부모가 즐거워하는 모습을 자녀들이 본 것이다. 그러나 상담을 오는 부모들은 항공 종사자가 아니며, 해당 분야를 처음 접하는 경우가 많다. 이때 부모가 할 수 있는 건 자식의 손을 잡고 비행기를 볼 수 있는 곳을 찾아서 보여주고, 항공 전문가를 만날 수 있도록 다리 역할을 해주는 것이다.

"난 널 믿는다"라는 한 마디로 내버려둘 수도 없고, "너 좋아하는 것 찾아서 해"라고 방치해서도 안 된다.

큰아들은 정비를 하는 일 말고 스포츠 기자가 되고 싶다고 했다. 어릴 때부터 함께 휴스턴 하비 공항에 출근하고 격납고 안에서 뛰어놀게 했던 내 노력은 아들이 공군 서산기지에서 F-16 기체 정비병으로 전역하게까지는 했다. 그러나 한국에 오면 축구 경기를 보며, 경기 분석 글을 자기 블로그에 올릴 만큼 스포츠에 대한 열정이 대단했고, 결국 스포츠 기자라는 꿈을 놓지 않았다.

"아들아, 미술과 음악과 영화 그리고 스포츠는 그냥 취미로 만족하면 어떻겠니?"라는 엄마의 한마디에 아들은 말했다.

"엄마, 일단 해보고 안 되면 다른 쪽을 찾아볼게요. 저 아직 20대잖아요."

오늘도 내 뜻대로 움직이지 않는 큰아들을 보며 인내심을 가지고 기다린다. 부모의 역할은 단지 직업을 소개하고 보여주는 것이다. 이제 성인이자 군대에도 다녀왔기에, 아들도 진로에 대한 고민이 많을 테니 그저 기다려 주는 것이다.

둘째 아들은 아주 쉽게 조종사 자격증과 경영을 공부하고 싶다고 했고 조기유학을 온 막내딸은 미국 대학에서 전기전자학과를 다니며 가르치는 직업을 꿈꾼다. 둘 다 부모랑 꿈이 같아서 행복하다. 나는 애들이 태어난 미국에 오면 아직도 댈러스 포트워스 공항으로 줄을 서서 착륙하는 비행기를 보면 사진을 찍는다. 야간 골프장에서 연습할 때도 비행기만 보면 또 사진을 찍는다. 이런 모습을 본 둘째 아들은 나에게 말한다.

"아빠는 비행기를 볼 때 제일 행복해 보여."

이런 모습을 보고 자란 아들과 아침 일찍 공항으로 출근할 때, 비행을 마친 아들과 함께 석양이 지는 활주로를 걸을 때가 가장 행복했다. 내 주변에는 아버지가 즐거워하는 모습을 보고 아들도 같은 직업을 가진 경우가 많다. 어릴 때부터 아들과 함께 필리핀, 캄보디아 선교지에 다니며 비행기의 중요성을 알렸다. 아마도 사도 바울이 지금 이 땅에 왔다면 걸어 다니지 않고 비행기를 타고 복음을 전했을 것이다. 언젠가는 아프리카 선교지에서 아들과 함께 비행하고 싶다는 꿈을 전한다. 아이들과 같은 꿈과 생각을 가지고 사는 것이 바로 행복인 것 같다.

막내딸이 고등학교 때부터 책상에 오래 앉아 있는 모습을 보고 신기했었다. 머리 좋은 유전자를 주지 않았기에, 나처럼 엉덩이를 붙이고 노력하는 모습이 나를 똑같이 닮았다. 늘 자식들 앞에서는 책 읽는 모습을 일부러 보여주려고 노력한다. 소파에 누워 있는 모습을 보여주기 싫어서 아이들이 집에 들어오면 책 읽는 척, 공부하는 척을 일부러 그렇게 한다. 책을 쓸 때도 아들 책상에 앉아서 한다. 내 방보다는 아들 방에서 오늘도 글을 쓰고 있다. 그리고 일부러 책을 산더미처럼 쌓아 놓는다. 아빠가 이렇게 책을 많이 읽었다고 시위한다.

어느 날 밤늦게 주문한 통닭을 먹으며 "다혜야, 너는 커서 뭐 하고 싶니?"라고 물었을 때, "아빠처럼 공항에서 살고 싶고, 엔지니어에 대해 공부할 거예요."라는 딸의 말에 눈물이 날 뻔했다. 그날 밤, 좋아서 잠을 이룰 수 없었고 하나님께 감사 기도를 드렸었다. 부모의 꿈이 자녀의 꿈과 연결되어서 함께 걸어갈 때가 최고의 기쁨이다. 자녀들이 꿈을 키워나가는 모습을 보는 게 행복이고, 그 여정이야말로 진정한 기적을 만들어낼 것이다.

조종사 출신인 어린 왕자의 저자 생텍쥐페리가 말했다.

"배를 만들고 싶게 만들려면 사람들에게 목재를 나눠주고 일을 지시하며 과제를 할당하는 대신, 그들에게 넓고 끝없는 바다에 대한 갈망을 심어줘야 한다."

오늘도 꿈을 찾아 부모님과 함께 온 청년이 있다. 나는 오늘도 밀러라이트, 라이트 형제의 아버지 이야기를 꼭 전한다. 라이트 형제의 아버지는 항공 종사자가 아니었다. 그는 단지 하늘을 보여주었고, 자녀에게 꿈을 심어주며 그 꿈을 이루기 위한 환경을 만들어주었다.

하늘을 보여준 부모가 있었기에, 자녀의 꿈은 시작될 수 있었다.

## 군인들의 고민, 그냥 뛰어내리세요

통나무 위에서 어떻게 살지 고민하는 다섯 마리의 개구리가 있다. 그중 한 마리가 세상을 향해 뛰어내리기로 마음먹었다. 그렇다면 통나무 위에 남은 개구리는 몇 마리일까?

대부분의 사람은 "네 마리가 남지 않나요?"라고 대답한다. 그러나 정답은 똑같이 다섯 마리다. 마음먹는 것과 행동으로 옮기는 것은 다르기 때문이다. 개구리는 뛰어내릴 결심을 했지만 여전히 같은 자리에서 같은 고민을 하고 있을 뿐이다.

군에서 항공정비사로 생활하다 보면 이런 말을 자주 듣는다.

"군대에서 우물 안 개구리로 살기 싫어 제대를 결심했습니다."

대부분 20대에 군에 들어온 부사관들은 점점 안정적인 군 생활에 접어든다. 하지만 30대가 되기 전, 우물 안을 벗어날지 고민하는 시점이 온다. 나 역시 그랬다. 내 인생에서 가장 잘한 선택 중 하나는 공군 기체정비사 특기를 받아 항공정비 경험을 쌓고 제대한 것이다.

군 생활 중 가장 어려웠던 결정은 헌병 특기를 받고 병으로 근무하면서 기술을 배우기 위해 부사관으로 다시 지원해 기체정비 특기를 받은 일이었다. 그리고 가장 탁월한 선택은 마침내 통나무 위에서 세상을 향해 뛰어내리듯 과감하게 제대를 결심한 것이다.

제대 후에는 고민이 많았지만, 더 멋진 항공정비사가 되기 위해 나아가기로 한 선택은 후회하지 않는다. 내가 공군 부사관 156기로 근무하던 1990년대에는 진급 기회가 많았고, 지금 내 동기들은 대부분 원사나 감독관 계급을 달고 있다. 그런데 흥미로운 점은, 당시에도 "제대를 할까 말까" 고민하던 동기들이 지금까지도 여전히 같은 고민을 반복하고 있다는 것이다.

퇴근 후 마시는 소주잔에는 해답이 없다. "후배는 먼저 진급했는데, 나가면 뭘 할까"라는 말과 함께 고민을 반복하며 결국 다시 우물 안으로 들어가 버린다. 국방부 시계는 늘 정확하게 돌아가고 안정적인 월급은 계속 지급되니, 통나무 위에서 결정을 미루는 개구리처럼 변화를 두려워하는 것이다.

항공정비사가 되기 위해 20대가 선택할 수 있는 가장 좋은 방법은 육·해·공군에서 항공정비 특기를 받는 것이다. 짧은 병 복무도 좋지만, 부사관은 안정적인 급여와 함께 항공정비 기술을 확실히 배울 수 있어 인기가 높았다. 지금은 입대 전 원하는 정비특기를 받기 위해 항공 관련 학과를 다니거나, 기능사·이상 자격증을 취득해 가산점을 받아 항공 기체, 기관, 전기전자 특기를 받기 위해 노력한다. 이젠 군특성화 고등학교를 졸업한 학생도 있다.

부사관으로 군 복무 중 항공정비 경험을 쌓으면 제대 후 취업이 상대적으로 쉬워진다. 병은 비행기를 닦거나 공구를 정리하는 보조 역할을 맡고, 장교는 정비를 직접 하지 않고 관리·감독만 한다. 실제로 정비를 수행하는 사람은 부사관들이다. 그런 이유로 정비경력을 쌓기 위해 병에서 부사관으로 가는 학생도 보았다.

장기 근무 군인들은 30대쯤 통나무 위에서 세상을 향해 뛰어내릴지 고민한다. 만약 이 시기에 결단을 내리지 못하면, 40대에 다시 고민이 찾아오고, 두 번의 기회를 놓치면 평생 군에 머물러야 한다.

김 하사는 서산에서 전투기를 정비하던 5년 차 항공정비사였다. 그는 직업전문학원에서 면장을 취득하고, 항공정비 특기를 받았다. 부대 내 선배가 학점은행제를 통해 학사 학위를 취득하는 모습을 보며, 자신도 토익 공부와 국내 자격증을 넘어 FAA A&P 자격증 준비를 시작했다. 그는 제대 전 1년 동안 토요일마다 김포공항으로 날아와서 시험을 준비했고, 지금은 인천공항에 취항하는 외국 국적 항공사, 캐세이퍼시픽 에어라인에 근무하고 있다.

정 중사는 군 특성화 고등학교로 유명한 경북항공고를 졸업했다. 이 학교는 졸업생의 80% 이상이 면장을 취득할 정도로 높은 성과를 자랑하며, 일반 대학의 합격률보다 높은 기록을 보인다. 그는 남들보다 비교적 쉽게 공군 정비 특기를 부여받아 병사에서 부사관으로 전환하며 정비 실무 경력도 더 쌓았다. 군 생활 중에 고등학교 때 해외 탐방에서 보았던 미국을 떠올렸다. 그리고 과감하게 제대 후 정비 경력 30개월을 인정받아, 졸업생 최초로 미국 댈러스에서 FAA 미국 항공정비사 자격증을 취득하는 데 성공했다.

채 상사은 10년 차 항공정비사지만 자격증이 없다. 민간 항공사에서는 자격증 소지자만이 비행 점검 후 "이상 없음"을 사인할 수 있지만, 군에서는 자격증을 요구하지 않기 때문이다. 뒤늦게 제대를 결심한 그는 매달 올라오는 채용 공고에도 이력서를 내지 못한 채 자격증 공부에 몰두했었다. 군에서 모아둔 자금은 점점 줄어들었고, 제대 전에 자격증을 준비하지 않았던 것이 큰 아쉬움으로 남는다고 했다.

태국의 코끼리 쇼에서는 코끼리가 작은 말뚝에 묶여 있는 모습을 볼 수 있다. 코끼리는 힘이 세기 때문에 말뚝을 부술 수 있지만, 사육사는 코끼리에게 이렇게 속삭인다.

"너는 이 말뚝에 묶여 절대로 벗어날 수 없어."

이 말을 듣고 자란 코끼리는 결국 다른 세상을 두려워하며 도망칠 시도를 하지 않는다. 군 생활 중의 나 역시 비슷한 모습이었다. 마치 닭장 속에 갇혀 날지 못하는 독수리 같았다. 제대를 고민할 때마다 선배들은 이런 말을 또 했다.

"너 제대하면 뭐 먹고 살래?"

"군인들이 사업하면 다 망하더라."

위르겐 휠러의 72시간의 성공 법칙은 이렇게 말한다.

"어떤 생각이나 계획이 떠오른 뒤 72시간 안에 실행하지 않으면, 그 아이디어가 실행될 가능성은 1%도 안 된다."

나는 이 법칙을 기억하며 머뭇거리지 않기로 결심했다. 제대 전 영어 공부를 시작했고, 술 문화를 멀리했고, 자격증 공부를 병행하며 행동으로 옮겼다. 이런 실행력이 쌓이자 결국 세상을 향해 뛰어내릴 수 있었다.

오늘도 반복되는 군 생활 속에서 자신이 우물 안 개구리처럼 느껴진다면, 더는 주저하지 말고 도전해 보라고 말하고 싶다.

"그냥 뛰어내리세요!"

# C 학점 학생들이 성공하는 이유

　미국 대학과 한국 대학교에서 학생들을 가르치면서 매 학기가 끝날 때마다 고민스러운 얼굴을 하고 있는 건 C 학점 이하 학생들이다.
　A 학점 이상의 학생들은 열심히 공부하며 교수들의 마음을 사로잡는 질문과 발표로 주목받는다. 발표 기회를 얻으면 파워포인트 디자인까지 세심하게 준비하며, 주제 또한 훌륭하다. 그러나 뒤에서 조용히 자신만의 세계에 빠져 있는 듯한 C 학점 이하 학생들이 어쩐지 마음에 걸린다. 그들은 개성 있는 옷차림으로 자신만의 색깔을 드러내지만, 시험 점수는 늘 고만고만하다. 차라리 F 학점처럼 "난 신경 쓰지 않는다"는 태도로 시험지를 백지로 내는 것도 아니고, 이해가 어려운 답안을 정성스럽게 적어내는 그들. 우리나라 교육 시스템에서는 아마도 이런 C 학점 이하의 학생들을 문제아로 치부할 것이다. 하지만 나는 결코 그렇게 생각하지 않는다.
　전라도 순천 낙안이라는 시골에서 중3 때 서울로 전학을 갔다. 고등학생 시절, 나는 공부하는 것만 보면 서울대에 갈 것 같은데 성적은 늘 전문대 수준이라며, 서울 친구들에게 놀림을 당했다. 시험때만 열심히 하면 시골에서는 상위권이었는데 서울은 통하지 않았다. 고3 때는 당시 흔히 하던 술과 담배도 하지 않고 머리까지 밀고 공부했던 노력형이지만 성적은 늘 똑같았다. 결국 4년제는 떨어지고 지금의 유한대학교 기계설계과 야간을 졸업하고 군에 입대했다. 대학교 성적도 C 학점 수준이었다. 학교 공부보다는 영어 공부가 좋았고, 친구가 좋았고, 아르바이트하면서 세상을 배우는 게 좋았다.

공군부사관 제대 후, 모아 놓은 돈으로 미국 유학을 통해 항공 정비를 공부했다. 당시 많은 한국 유학생이 있었는데, 한국인처럼 공부만 하는 유학생과 미국 학생처럼 놀 땐 놀면서 공부하는 두 종류의 유학생들이었다. "우리끼리 뭉쳐야 한다"라며 한국 학생끼리만 어울리는 그룹과, "우리는 미국에 왔으니 달라야 한다"라며 미국인들 속으로 스며들려는 그룹. 나는 후자에 속했다.

지금도 한국 유학생들을 보면 과묵하고 끼리끼리 문화가 있다. 그리고 지독하게 공부만 한다. 특히 미국 대학에서 시험 점수가 발표되면 공부만 했던 한국 학생들은 조그만 점수 차이에도 민감하게 반응했지만, 공부하고 일하는 미국 학생들은 점수에 크게 신경 쓰지 않았다. 한국 학생들은 어릴 때부터 철저히 주입식 교육을 받아왔기에 성적에 집착하는 것이 익숙했다. 나는 그렇게 살고 싶지 않았다.

성적은 C 학점만 유지하자고 결심한 대신, 그 외의 시간은 온전히 세상을 배우는 데 쓰기로 했다. 주말마다 에어쇼, 박람회, 엑스포 등을 찾아다니며 새로운 것들을 경험했다. 시험 준비에 몰두하던 친구들과 달리 나는 미국 전역을 부지런히 돌아다녔다. 주말에는 영어를 배우기 위해 컨트리 클럽에서 외국인과 포켓볼을 치던 시간, 전 세계 헬리콥터가 모이는 댈러스 HeliExpo 행사에 참석했던 순간, NASA가 있는 휴스턴 방문, 라이트 형제의 고향인 오하이오, 비행기 무덤이 있는 애리조나, 그리고 플로리다까지. 넓은 미국땅을 돌아다니며 쌓은 경험들이 지금의 나를 만들었다.

C 학점 이하의 학생들은 성적에 매달리는 것보다 더 넓은 세상을 바라볼 수 있는 시야를 원했다. 이들은 실패를 두려워하지 않고, 기존의 틀에 도전하며, 자신의 열정을 발견하는 과정을 통해 성장하는 것을 선택했다. 스티브 잡스는 "사람들을 고용해서 그들에게 무엇을 해야 하는지 말해주는 것이 아니라, 그들에게 비전을 보여주고 그들이 스스로 비전을 이루도록 영감을 주는 것이 리더의 역할"이라고 말했다. 외워서 자격증만 얻길 원하는 좋은 성적을 유지하는 학생들이 있다면, 먼저 항공기를 보여주고 하늘을 동경하며 고뇌하게 만들고 싶다.

나는 A 학점 학생들의 정답을 찾는 데 능하고 암기를 잘하는 모습은 언뜻 완벽해 보이지만, 세상을 변화시킬 만한 창의성과 열정, 그리고 자신의 앞으로의 미래를 치열하게 고민하는 것은 C 학점 학생들에게서 더 자주 발견된다.

오늘날 세상도 많이 변했다. 기계적으로 주어진 규칙만 따르고 정해진 업무만 하는 사람보다 창의적이고 혁신적인 사람을 더 필요로 한다. 이들은 정형화된 시스템에 익숙하진 않아도, 스스로 문제를 찾고 해결하며 실패를 통해 배울 용기가 있는 사람들이다. 부모나 선생의 역할은 학생들 앞에서 이끄는 것보다 뒤에서 그들이 스스로 나아갈 수 있도록 돕는 데 있다.

나는 매 학기가 끝나면 C 학점 학생들을 뽑아서 김포공항 사무실로 초대해 실제 항공기를 정비하는 현장을 보여주거나, 특히 미국 댈러스에 있을 때면 공항에 가서 직접 비행기를 보여준다. 교실에서 이론을 배우는 것보다 비행기를 직접 보고 만지며 경험하는 게 훨씬 더 중요하다는 것임을 알기 때문이다.

오늘도 수업을 하면 맨 뒤에서 과묵하게 앉아 있는 학생들이 있다. 이젠 그들을 섣불리 판단하고 싶지 않다. 그저 C 학점 학생들을 응원하고 싶다. 그들이 겪는 성적과 미래에 대한 고민이 결국 그들을 더 강하게 만들 것임을 믿는다. 그들은 하늘을 동경하고 끝없이 스스로에게 질문하며, 자신만의 길로 찾아갈 수 있기 때문이다.

힘내라, C 학점 학생들!

## 3명의 친구를 만드세요

장기 군인들의 사회 적응 훈련과 직업 컨설팅을 제공하는 국방부 산하 국방전직교육원에서 강연을 했다. 대부분 제대 후 어떻게 성공적으로 삶을 꾸릴 수 있는지에 대한 질문이었다. 나는 이렇게 답변했다.

"평생 살면서 마음을 터놓고 지낼 수 있는 최소한 3개의 그룹을 만드세요."

삶에서 어려움이 닥칠 때나 기쁨을 나누고 싶을 때 언제든 편하게 연락할 수 있는 사람들, 남의 눈치를 보지 않고 자신의 생각과 감정을 솔직히 나눌 수 있는 사람들이 필요하다. 이런 그룹은 단순한 인간관계를 넘어 삶의 원동력이자 정신적 버팀목이 된다.

요즘 학교나 직장에서 늘 혼자가 편해 보이는 사람들이 있다. 혼자 다니고 혼자 밥 먹고 혼자 산다. 현대 사회에서 개인주의가 확산되며 혼자만의 시간을 소중히 여기는 문화가 자리 잡았다. 스마트폰과 소셜 미디어의 발달로 물리적인 만남 없이도 온라인에서 교류가 가능해지면서 혼자 시간을 보내는 것이 더 자연스러워졌다.

또한, 경쟁적인 학업 환경과 대인관계에서 오는 피로감으로 인해 학생들은 혼자 있는 시간을 통해 심리적 안정과 스트레스를 해소하려는 경향이 있다. 이런 환경적 요인과 개인적인 선택이 결합되면서 혼자 밥을 먹거나 혼자 활동하는 사람들이 늘어난 것이다. 이젠 서로 마음을 터놓을 수 있는 그룹의 중요성이 더욱 부각되고 있다.

나에게는 고등학교 시절부터 지금까지 함께해 온 소중한 친구들이 있다. 우리는 "보쌈파"라고 불렀다. 고등학교 시절 예쁜 여자를 보쌈해 오자며 장난스럽게 붙인 이름이지만, 이 우정은 장난 이상의 깊은 유대감으로 이어졌다. 우리는 20대부터 10년마다 한 번씩 모여 사진을 찍는 전통을 이어오고 있다. 최근에는 50대 기념으로 네 번째 사진을 찍었다. 5명으로 시작했던 고등학생들의 모임은 이제 17명의 대가족으로 성장했다. 여전히 사진 속 우리의 모습은 세월이 흘렀음을 말해주지만, 우정만큼은 변치 않았음을 증명한다.

20대에 만난 친구들

대학교 시절 친구들도 마찬가지다. 졸업생들은 다 기억나지 않지만, 딱 세 명이 함께하는 모임은 아직도 이어지고 있다. 독실한 크리스천 동기생인 한 명의 여자가 친구와 결혼하면서, 우리는 신앙 안에서 함께 기도하고 서로를 응원하며 자연스럽게 모임을 이어갔다. 이제는 가장 편하게 만나는 대학교 동기 부부 모임이 되었다. 어느새 우리도 자녀들의 대학교 선택과 진로를 고민하는 똑같은 부모가 되었다.

사회생활도 비슷하다. 가수 박진영이 인터뷰에서 "40대가 넘으면 더 이상 친구를 사귀기가 힘들다"라고 말한 것에 동의한다. 나 또한 사업을 하며 "자리이타(남을 먼저 이롭게 하자)"라는 가치를 실천하고, "행복경영(직원이 먼저 행복해야 고객이 행복하다)"이라는 주제에 공감하는 사람들과 친구가 되었다. 가르치면서 영어 중심, 디지털 중심의 뜻이 맞는 교수들과도 마찬가지다. 모두가 장례식에 꽃 한 송이 올려줄 수 있는 소중한 친구들이다. 살아보니 중·고등학교 친구는 깊이가 가장 깊고, 대학교, 직장, 사회에서의 친구들은 점차 깊이가 줄어드는 경향이 있다. 그래서 친구가 되려면 내가 먼저 다가가 친구가 되기 위한 노력이 필요하다.

나는 이렇게 생각한다.

"평생 동안 진정한 친구 세 명만 있어도 성공한 인생이다."

이 말처럼 친구 관계는 삶의 큰 자산이다. 철학자 랄프 월도 에머슨도 말했다.

"친구는 자연이 만든 최고의 걸작이다."

이 두 가지 말은 진정한 친구들이 우리의 삶을 얼마나 풍요롭게 만드는지 잘 보여준다.

그래서 친구를 만날 수 있는 가장 좋은 곳은 학교다. 같은 생각과 같은 꿈을 가진 사람들이 모인 곳이기 때문이다. 항공기를 배우는 동안에도 꼭 그런 친구들을 만나길 바란다. 우리 꿈을 공유하고 함께 나아갈 수 있는 친구들은 평생의 든든한 동반자가 되어줄 것이다. 학기가 시작될 때 혼자 있는 아이들이 눈에 띈다. 어쩌면 먼저 다가가 친구가 되어주고 싶지만, 그들은 마음의 벽을 치고 있는 것 같다.

가장 멋진 친구는 나의 꿈을 믿어주고 응원해주는 여자친구, 더 나아가 평생의 동반자다. 나에게는 20대부터 아내가 그런 존재였다. 세상에서 가장 가까운 동반자이자 꿈을 이루기 위해 도전했던 모든 순간을 함께 나누는 사람이었다. 친구들과의 관계도 소중하지만, 아내와의 관계는 새로운 추억을 만들어가는 특별한 여정이다. 평생의 가장 든든한 친구는 역시 배우자라는 것이다.

그래서 나는 오늘도 강연을 하면 자신 있게 말한다.

"평생 살면서 적어도 3명의 사람들과 깊은 관계를 만들어보세요."

하나는 오래된 친구들로 구성된 그룹, 또 하나는 같은 목표를 공유하는 동료 그룹, 마지막 하나는 가족처럼 마음을 나눌 수 있는 소중한 사람들이다. 이 모임들이 인생을 든든히 지탱해줄 것이다.

평생 가장 든든한 친구가 될 사람을 절대 놓치지 말아야 한다.

# 좁은 항공업계, 좋은 사람들 틈으로

항공업계만큼 지연과 학연, 그리고 인맥을 중시하는 조직도 대한민국에서 드물 것이다. 육·해·공군에서 다져진 군 문화와도 비슷하다. 항공대, 인하대, 서울대, 한서대, 직업전문학교, 공군과학고등학교 출신, 그리고 육·해·공군 부사관 출신 등 항공 분야에 발을 들이면 네트워크는 단순한 인연을 넘어 업계 생존을 위한 중요한 자산이 된다.

해외 유학파도 예외는 아니다. 시애틀, 플로리다, 텍사스 등의 출신지와 특정 대학 출신 등으로 서로를 기억하며 업계에서 동문 네트워크를 활용한다. 내가 졸업한 미국 중부의 미주리 주립 기술 대학도 마찬가지였다. 비록 졸업생이 20명 남짓한 소규모 학교였지만, 친한 동기들은 졸업 후에도 여전히 서로 안부를 묻고 취업 정보를 주고받았다.

김포공항은 나에게 늘 설렘과 기다림을 선사하는 특별한 장소다. 어린 시절, 공항 외곽을 둘러싼 높은 벽들을 지나며 그 너머의 세상이 궁금했다. 군인들이 무장한 채 외곽을 경비하던 모습은 지금도 생생하다. 비행기가 이륙하는 모습을 멀리서 바라볼 때마다 그 벽 너머에서는 어떤 사람들이 일할지 상상하곤 했다.

이 호기심을 풀어준 것은 김포 공항 위치한 "국제항공선교회"였다. 매주 수요일, 항공사 직원들과 공항 사람들이 모여서 국제선 우리은행 지하에서 예배를 드리는 크리스천 모임이 있었다. 그곳에서 만난 분 덕분에, 태어나 처음으로 아시아나 본사가 보이던 게이트 철조망을 통해 공항 내부로 들어갈 기회를 얻었다. 멋진 출입증을 가진 선배님의 인솔하에 공항 안으로 들어갔을 때, 활주로와 정비사들의 모습은 너무도 생생하고 역동적으로 보였다. 그날 밤, 잠을 이루지 못할 만큼 첫 공항 출입은 잊을 수 없는 경험이었다.

나는 공군 병사 및 부사관 출신이다. 해외 유학파이고 해외 경력이 많기에 일부러 병 460기와 부사관 156기라는 타이틀을 꼭 사용한다. 군 경력은 항상 같은 질문을 불러온다. "정비는 어디서 배웠나요?", "어떤 기종을 다뤘나요?", "어디에서 근무했나요?". 김포공항에 출근할 때는, 공군 시절 하늘 같은 상사였던 감독관이 비즈니스 제트기를 운항하는 업체의 정비 부장으로 일하고 있었다. 덕분에 늘 국제선에서 놀러 가면 전세기가 보이는 또 다른 세상을 볼 수 있었다. 군 시절의 추억을 나누고 함께한 시간을 떠올리며 이야기는 끊이지 않는다. 한편, 군대 시절 불편했던 관계라면 사회에서 다시 만나기가 쉽지 않다. 과거의 감정은 여전히 남아 있는 법이기 때문이다.

항공업계에서는 새겨야 할 교훈이 있다. '내가 오늘 만나는 사람들을 언젠가는 또다시 만나게 될 것이라는 점을 기억하라.'

국내 항공업계는 그리 크지 않다. 한 번의 실수가 오랫동안 꼬리표처럼 따라다닐 수 있다. 반대로, 좋은 인맥을 쌓고 신뢰를 얻으면 취업하고 이직할 때 큰 도움을 받을 수도 있다. 처음은 현장 정비사에서 시작해 팀장이 되고 본부장 되고 임원이 된 선배들은 각종 세미나와 학회에 참석하며 인맥을 더 확장한다. 그들은 더 나아가 석·박사 학위를 통해 더 큰 네트워크를 구축하고, 협회나 조직을 만들어 업계에 깊이 뿌리내린다. 항공 분야에서 네트워크와 좋은 사람들을 만나는 것은 단순한 선택이 아니라 생존이라고 말하고 싶다.

하버드대학교 사회심리학 교수인 데이비드 맥클레랜드의 연구에 따르면, 우리가 매일 익숙하게 어울리고 대화를 나누는 사람들을 준거집단이라고 부른다. 그는 이 집단이 우리의 미래에 큰 영향을 미치며, 남은 인생의 95%를 결정한다고 주장했다. 실제로, 우리가 자주 만나는 주변 항공인들의 사회적 지위, 나누는 대화의 내용, 그리고 그들의 수입 수준을 보면 5년 후의 우리의 모습도 그들과 크게 다르지 않을 가능성이 높다. 결국, 지금 어떤 사람들과 시간을 보내고, 그들에게 무엇을 배우고 있는지가 우리의 5년 후를 결정짓는 중요한 단서가 된다.

나는 학생들에게 종종 말한다. "소주만 마시는 친구들과 어울리면 평생 소주만 마시게 된다. 가끔은 비싼 와인도 마시는 친구도 사귀어 보아라." 우리가 지금 어떤 사람들과 어울리느냐가 미래의 우리를 결정한다. 더 넓은 세상을 경험하고, 더 큰 사람들과 어울리기 위해 끊임없이 노력해야 한다.

미국에서 항공기 부품업체 사업을 하는 유학생 출신 존 김 대표가 있다. 육군 항공대에서 헬기 정비병으로 복무한 뒤, 인천공항에서 대형 항공기 정비사로 경력을 쌓고 우리 회사에서 보낸 세 번째 미국 유학생이 되었다. "공부만 하지 말고 동서남북으로 발을 넓혀라."라는 내 조언을 실천하며, 내가 참석하는 항공 엑스포와 행사에 빠짐없이 따라다녔다. 항공기를 향한 그의 열정은 나와 닮아 있었고, 이는 결국 그가 항공정비사를 넘어 성공적인 항공 사업가로 되도록 이끌었다. 지금도 그는 늦은 밤까지 나와 인생과 업계의 미래를 이야기한다. 한국을 방문할 때면 가장 먼저 내 사무실을 찾아오는 그의 모습에서, 우리는 단순한 동료를 넘어 서로에게 영감을 주는 관계로 이어져 있음을 느낀다.

국내 항공사에서는 수장이나 본부장이 교체될 때 팀장이나 과장급 인사들이 함께 바뀌는 일이 자주 발생한다. 수장이 다른 회사로 옮기면 함께 일했던 인맥들이 따라가는 경우가 흔하기 때문이다. 항공정비사들이 도달할 수 있는 최고 위치는 정비본부장 자리다. 본부장에 오르기까지 쌓은 인맥은 수장이 새 회사로 옮길 때 함께할 기회를 제공받는 중요한 요인이 된다. 예를 들어, 대한항공이나 아시아나항공 출신 본부장이 새로 부임하면 과거 인연을 바탕으로 인사 배치가 이뤄지고, 이에 따라 회사 문화가 변화하는 경우도 많다.

특히, 항공사에서 중요 자리를 공개 채용한다는 공고가 나더라도 이미 사전에 선발된 사람이 정해져 있는 경우가 많다. 부서 리더의 추천을 통해 적합한 인물이 네트워크 안에서 미리 선택되곤 한다. 결국, 항공 분야는 신뢰받는 좋은 인맥을 쌓는 것이 업계 경력에 큰 영향을 미친다.

오늘 내 주변에 누가 있는지 돌아보길 바란다. 내가 꿈꾸는 항공인의 모습을 가진 사람과 함께하고 있는가? 진심으로 나를 이끌어 줄 멘토가 있는가? 단 한 명이라도 있다면, 5년 후 당신의 모습은 분명 달라질 것이다.

좋은 사람들 틈으로 자신을 밀어 넣어야 한다.

## 다양한 기질, 정비는 팀이다

직장인이 이직하는 이유 1위는 "성격이 맞지 않아서"라고 한다. 항공정비는 팀으로 움직이는 직업이다. 혼자 출근하지만, 작업이 시작되면 반드시 팀과 함께해야 한다. 정비본부의 분위기는 본부장이 어떤 기질의 리더냐에 따라 크게 달라진다.

현장에서 작업을 수행하는 정비사들 역시 각기 다른 기질을 가진 보조정비사 Support Mechanics와 확인정비사 Certify Mechanics로 나뉜다. 비행기는 거짓말을 하지 않지만, 정비사들의 기질은 작업 결과에 미묘한 차이를 만들어 낸다.

예를 들어, 오전 10시 미국 중부행 비행기가 지연되어 인천공항에 늦게 도착했다고 가정해 보자. 줄을 기다리다 보면 탑승 시각을 놓칠 가능성이 있다. 이때, 각기 다른 기질의 사람들은 이렇게 반응할 것이다.

목표 중심 주도형은 줄을 기다리지 않고 바로 카운터로 달려가 상황을 설명하고 해결을 요청한다. 사람 중심 사교형은 줄 서 있는 사람들에게 일일이 고개를 숙이며 미안함을 전하고 카운터로 향한다. 안전 중심 안정형은 다른 사람들에게 피해를 주고 싶지 않아 마냥 줄을 서서 기다린다. 세밀한 신중형은 애초에 이런 상황을 피하기 위해 2시간 전에 공항에 도착했을 것이다.

이처럼 각기 다른 기질은 같은 상황에서도 다른 선택을 이끌어낸다.

영화를 제작한다면 당신은 어떤 역할을 해보고 싶은가요? 무대에서 연극하는 주인공을 꿈꾸나요? 주인공을 보는 관객이 좋은가요? 연극을 제작하는 것이 좋은가요? 연극을 지휘하는 감독이 좋은가요?

인간 행동 연구가 마스톤 박사는 사람이 태어나 성장하면서 나타나는 행동 패턴을 네 가지로 분류했다. 주도형Dominance, 사교형Influence, 안정형Steadiness, 그리고 신중형Conscientiousness 이다.

조직에서 리더가 되면서 배우는 DISC형 모델은 항공정비본부와 같은 다양한 기질을 가진 사람이 일하는 조직에서 적응하는 데 도움이 될 것이다.

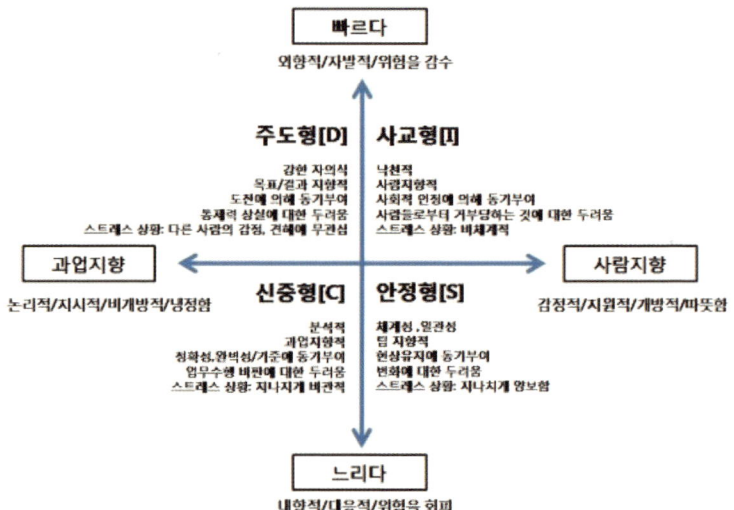

인천공항의 H 정비업체 본부장은 사교형 리더로, 보고를 하러 가면 업무보다 먼저 건강, 가족 등 개인적인 이야기를 나눈다. 덕분에 자유롭고 인간적인 분위기를 만들지만, 숫자나 세부적인 관리에는 약점이 있다. 반면, A 항공사의 본부장은 주도형 리더로 과업 중심적이다. 보고 시 개인적인 질문은 없으며, 오로지 업무에만 집중한다. 차갑게 느껴질 수 있지만, 명확하고 목표 지향적이기에 팀의 성과를 높인다.

이 외에도 안정형 리더는 부드럽고 협조적이지만 변화를 주저할 수 있고, 신중형 리더는 분석적이고 치밀하지만, 감성보다는 사실과 데이터를 우선시한다.

기질은 하나로만 고정되지 않는다. 주도형과 신중형, 사교형과 안정형이 동시에 나타날 수도 있다. 중요한 것은 서로의 기질을 이해하고 존중하는 것이다. 차이를 인정하고 조화를 이뤄야만 최고의 성과를 낼 수 있다.

비행기가 공항에 도착하면 정비팀은 교대로 근무하며 24시간 내내 정비를 이어간다. 중정비는 평균 1주에서 12주 이상이 걸리며, 정비팀은 수십 명으로 구성된다. 성격이 다른 사람들과의 협업이 불가피하다.

기질이 다른 정비사들과 어떻게 작업을 시작을 해야 할까?

주도형 팀원에게는 목표와 유익을 분명히 제시해야 한다.

사교형 팀원은 누구와 함께 일하는지가 중요하므로 칭찬과 긍정적인 피드백을 자주 해야 한다.

안정형 팀원은 준비 시간을 충분히 주고 차분히 설명해야 한다.

신중형 팀원은 말보다 서류와 데이터를 통해 왜 그 일이 필요한지 설득해야 한다.

항공기 엔진 장탈·장착 시, 공구와 부품은 제거한 순서대로 배열하고, 다시 조립할 때는 역순으로 작업해야 한다. 이런 작업에는 세밀하고 안정적인 신중형이 적합하다. 창의성을 발휘할 여지가 적고, 매뉴얼과 법을 철저히 지켜야 하므로 안정형과 신중형이 강점을 발휘한다.

항공정비는 단순히 지시를 따르는 것만으로는 완성되지 않는다. 정해진 시간 내에 모든 팀원이 하나가 되어 업무를 끝내야 한다. 상황에 따라 명령형 대화와 요청형 대화가 적절히 섞여야 하며, 팀원 각자의 기질에 맞춘 의사소통이 필요하다.

당신의 정비팀은 어떤 기질을 가진 사람들이 모였을까?

# 항공정비사 신념 선언서

1951년 제트기 시대가 개막된 이후, 단 한 건의 사망 사고도 기록하지 않은 항공사가 있다. 바로 호주의 퀀타스Qantas 항공이다. 96년의 역사 동안 퀀타스는 전 세계에서 가장 안전한 항공사로 자리 잡았으며, 이는 정비사, 조종사, 그리고 관련 항공인들의 정성과 노력이 있었기에 가능했다.

국산 기술로 개발된 FA-50을 운용하는 공군 8전투비행단 203전투비행대대는 4만 시간 이상의 무사고 비행 기록을 달성하며 대한민국 항공기술의 우수성을 입증했다. 육군 13항공단의 한희만 준위는 항공정비사로 시작해 조종 준사관으로 임관한 뒤, 27년간 7,000시간의 무사고 비행을 달성했다. 대한민국 최초 파병 전투부대인 해병대 2사단 항공대는 40년 넘는 무사고 비행 기록으로 주목받고 있다. 이들의 비결은 간단하다. 정성스럽게 정비하고, 정직하게 점검하며, 정상적인 비행을 위해 최선을 다하는 노력이다.

발명왕 에디슨이 1878년 설립한 제너럴 일렉트릭General Electric은 미국을 대표하는 포춘 500대 기업 중 하나다. 특히 GE의 항공기 엔진 사업 부문은 1990년대부터 세계 민항기 대형 엔진 수주의 50% 이상을 차지하며 성장했고, 국내에서도 김포산업단지에 위치해 있다. 엔진 정비사를 꿈꾸는 이들이 가장 입사하고 싶어 하는 글로벌 대기업이 바로 GE 항공사업부다. 정직Honesty과 준법Compliance을 가장 중요한 원칙으로 삼는다.

항공정비사는 작업 후 비행 기록부에 자신의 이름과 자격증 번호를 적으며, 이는 자신의 정비 작업에 대한 전적인 책임을 의미한다. 만약 비행 중 결함으로 사고가 발생하면 모든 작업 기록은 조사 대상이 된다. 작업이 불완전하거나 거짓된 경우, 정비사는 책임을 면할 수 없다.

비행기 부품은 매우 비싸며, 국내에서는 대부분 미국에서 수입한다. 정직한 항공정비사는 미국 연방항공청FAA가 승인한 부품만 사용해야 한다. 비용 절감이라는 이유로 비인가 부품을 사용하라는 회사의 요구가 있어도, 항공정비사는 신념을 지키며 이를 거부해야 한다.

부품 교체 시기를 미루거나 결함을 숨기는 것은 항공법 위반이다. 항공정비사는 매뉴얼과 법규를 준수하며, 매 순간 자신의 양심에 따라 정직하게 작업해야 한다.

공군 서울공항 35정비대대에서의 강의는 항공정비사로서의 책임감과 신념에 대해 이야기하는 자리였다. 대통령 전용기를 정비하는 최고의 베테랑들이 모인 이 부대는 나에게도 특별한 의미를 지닌다. 첫 자대 배치가 이곳이었고, 27년 후 초청 강사로 돌아오게 된 순간은 감회가 남달랐다.

인천공항으로 향하는 델타 비행기 안에서 특강 주제를 고민했다. 어느새 군 동기들은 원사와 감독관이 되었고, 나처럼 탑승정비를 이어가는 후배들에게 어떤 메시지를 전달할지 생각했다. 제일 먼저 떠올린 것은 미국에서 본 항공정비사 신념Mechanic's Creed 선언서였다.

공군 35전대 "항공정비 인적요소" 강연

이 선언서는 미국 항공안전협회Aviation Safety Foundation를 설립한 미 공군 안전컨설턴트 '제로미 레더Jerome F. Lederer'가 작성한 것이다. 미국의 명문 항공대학교 게시판에도 붙어 있으며, 때로는 항공정비업체에서도 볼 수 있는 이 선언서는 항공정비사의 책임과 신념을 집약하고 있다. 이 선언서의 정신은 린드버그의 대서양 단독 비행에서 비롯된다고 할 수 있다.

뉴욕에서 파리까지 33시간 대서양 횡단 비행에 성공한 찰스 린드버그는 별, 바람, 달의 위치만을 의지해 비행했다. 그는 비행기 무게를 줄이기 위해 브레이크 장치와 라디오를 제거했고, 심지어 낙하산조차 포기했다. 이 무모한 도전을 성공으로 이끈 데에는 린드버그가 신뢰했던 단 한 명의 항공정비사, '도널드 홀Donald Hall'이 있었다. 린드버그는 홀의 정비 기술과 신념이 없었다면 이 비행은 불가능했을 것이라고 말했다. 이 이야기가 항공정비사 신념의 근간이 되었다.

또한, 1903년 라이트 형제가 동력장치를 이용해 인류 최초의 비행에 성공할 수 있었던 것은, 자전거 수리소에서 함께 일하며 그들을 믿어 준 12마력(HP) 엔진 제작자 '찰스 테일러Charles Taylor''가 옆에 있었기 때문이다. 미국 항공 역사에서 최초의 항공정비사로 기록된 그는 2013년 이후 FAA 항공정비사 자격증 뒷면에 얼굴이 새겨졌고, 그의 이름을 딴 장학 재단도 설립되었다. 라이트 형제 대신, FAA 정비사 1호로 기록된 그의 업적은 항공정비사의 책임과 신념을 상징한다.

나는 김포공항에서 국토부 인가 세스나Cessna 정비업체를 5년 동안 운영했다. 5개 업체에 운항정비 지원을 해주면서 특히 항공 측량회사 소속 조종사 한 분을 기억한다. 해군 조종사 출신으로 저비용항공사 입사 전까지 미국 유학 후 부족한 비행시간을 쌓고 싶어 했다. 그는 40대라는 늦은 나이 때문에 절박함이 있었다. 인품도 좋아서 그분이 비행하면 대표인 내가 직접 정비를 했다. 비행이 있는 날은 평소보다 30분 일찍 나와서 비행 전 준비를 해주었다. 앉는 의자의 어깨끈까지 정리를 해줄 만큼 세심하게 준비를 해주었다. 그리고 비행기가 김포공항 활주로를 치고 올라갈 때마다 늘 마음속에 안전 비행을 기원했다. 이런 감정은 서로가 신뢰가 있었기 때문이다. 나를 인정해 주는, 실력 있고 믿음직스러운 조종사가 타는 비행기는 정비사들의 마인드를 새롭게 리셋한다.

항공정비사 신념, 선언서에 담긴 세 가지 정신은 책임감 Responsibility, 정직성 Integrity, 표준 Standard이다. 항공정비사 신념은 다음과 같은 원칙을 포함한다.

- 책임감: 타인의 생명과 안전이 자신의 기술과 판단에 달려 있음을 깊이 인식하고, 정직하게 작업한다.
- 정직성: 부당한 명령을 따르지 않으며, 개인 이익을 위해 판단을 왜곡하지 않는다.
- 표준: 문제가 발견되면 절대 간과하지 않으며, 항공기 감항성 유지에 책임을 다한다.

오늘도 내가 정비한 비행기에 내 가족이 타고 있다고 믿으며 묵묵히 일하는 항공정비사들 덕분에 대한민국 하늘길은 안전하다. 그들은 단순히 기계와 도구를 다루는 것이 아니라 사람들의 생명과 꿈을 지키고 있다. 기술은 배울 수 있지만, 정직과 준법은 하루아침에 얻어지지 않는다. 그것은 오랜 시간과 꾸준한 훈련 속에서 자리 잡는 정신이다.

마지막 수업 때, 나는 학생들과 손을 들고 이렇게 함께 외치고 세상으로 보낸다.

"타인의 생명과 안전이 나의 기술과 판단에 달려 있음을 맹세합니다.
나는 정직과 준법정신으로 오늘도 비행기를 정비할 것을 선서합니다."

이 다짐을 가슴에 새긴 항공정비사들 덕분에 하늘은 오늘도 안전하다. 정비보다 중요한 그것, 바로 그들의 정직성과 준법정신이다.

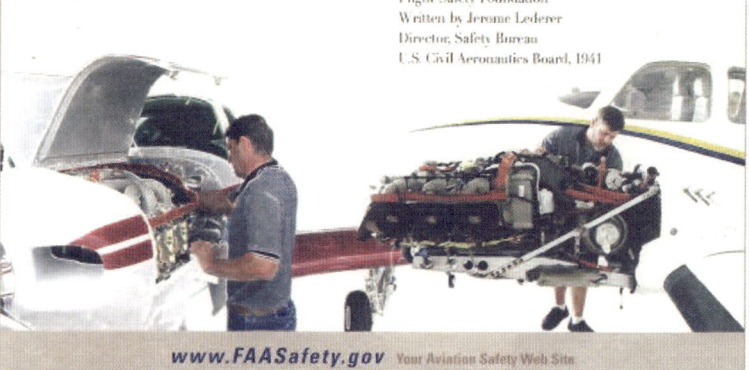

가장 중요한 이것

## 열정적인 끈기

30년 동안 항공정비사로 일하며 수많은 동료에게 공통으로 들었던 말이 있다.

"비행기 오일 타는 냄새가 너무 좋아요."

이 말을 들을 때마다 어린 시절 버스 배기구에서 나온 냄새를 역겹게 느끼던 기억이 떠오른다. 많은 사람들은 이 감정을 이해하지 못하겠지만, 이들에게는 익숙한 냄새이자 열정을 일깨우는 특별한 감각이다.

또 어떤 사람들은 말한다.

"공항은 설렘이 있어서 좋아요."

비행기를 탈 때마다 고소공포증 때문에 힘들어하는 사람들에게는 공감하기 어려운 이야기일 것이다. 나 역시 비행기 옆에 서 있을 때면 가슴이 뛰고 설렘이 가득하다. 중학교 시절 학교 운동장에 헬기가 착륙했을 때 느꼈던 그 전율은 지금도 잊히지 않는다. 공항에서 비행기 창가에 앉아 카메라로 활주로를 찍던 순간들이 기억나고, 매일 출근했던 김포 공항은 아직도 올 때마다 나를 흥분시킨다. 다양한 모양과 로고를 가진 비행기들을 보는 것만으로도 이유 없이 행복하고, 손으로 만지고 싶고, 그리움마저 느낀다. 이런 마음이 오래 지속된다면, 비행기에 '미쳐가는 단계'라고 할 수 있을 것이다.

사람들은 흔히 직업을 구할 때 좋아하는 것, 잘하는 것, 그리고 즐겁게 할 수 있는 것 중에서 무엇을 택할지 고민한다. 여기에 나는 무엇을 좋아하는지를 아는 것이 먼저라고 대답하고 싶다. 그 후 좋아하는 것을 직접 보고, 배우고, 노력하다 보면 어느새 즐거운 일로 자리 잡게 된다. 억지로 돈을 벌기 위해 일하는 것보다, 즐기면서 일하는 것을 업으로 삼는 것이야말로 진정한 행복이 아닐까.

누군가는 "이 세상에서 가장 긴 다리는 머리에서 가슴까지의 거리"라고 말한다. 비행기는 누구에게나 꿈과 상상력을 자극하는 대상이지만, 그것이 가슴까지 전해져 직업이 되는 경우는 드물다. 가슴에 닿는다는 것은 오랜 고민 끝에 자신만의 길을 찾았음을 의미한다. 그리고 이 길은 고난과 역경 속에서도 포기하지 않는 끈기를 가지고 걸어갈 수 있다.

미국 뉴욕주 웨스트포인트에 위치한 육군사관학교는 미국에서 가장 입학하기 어려운 교육기관 중 하나로 꼽힌다. 그러나 입학 후 7주간의 훈련 동안 평균 다섯 명 중 한 명이 포기한다. 이들이 포기하는 이유는 단순히 실력이나 체력 때문이 아니다. 앤절라 더크워스의 책 '그릿Grit'은 그 답을 이렇게 제시한다. 성공을 결정짓는 것은 IQ, 재능, 환경이 아니라 열정적이고 끈기 있는 태도라고.

항공정비사로서 성공하려면 단순한 노력만으로는 부족하다. 기다림과 열정이 필요한 순간이 있다. 세상은 종종 이를 '운'이라 부르지만, 내가 할 수 있는 것은 열정적인 끈기를 잃지 않는 태도를 유지하는 것뿐이다. 열정적인 사람은 3일이 지나도, 3년이 지나도, 30년이 지나도 같은 마음으로 자신을 끌어가는 사람들이다.

나는 이런 사람들을 많이 보아왔다. 30대에 학교에 다시 입학한 사람들, 40대에 안정적인 직장을 그만두고 꿈을 찾아 원하는 직업을 찾아가는 사람들, 50대에 미국으로 이민 와 항공정비사로 새출발한 사람들. 이들의 공통점은 단 하나다. 열정적인 끈기.

2019년, 민수 씨는 항공정비사 자격증을 취득하며 꿈에 한 걸음 더 가까워지는 듯했다. 그러나 그해 시작된 팬데믹은 온 세상을 멈춰버렸고, 힘들게 딴 자격증은 무용지물이 되어버렸다. 항공사들은 4년 동안 채용을 동결했고, 정비사의 꿈을 버릴 수 없던 민수 씨는 에어컨 수리기사로 일하며 하루하루를 버텼다.

그러면서도 그는 공부를 멈추지 않았다. 평소 관심 있던 전기기사 자격증 시험에도 도전해 합격했지만, 여전히 항공사 취업의 문은 열리지 않았다. 자격증 취득 후 5년 동안 그는 모든 것을 포기할지 수없이 고민했지만, "국내가 막히면 해외로 나가세요"라는 한 마디에 희망의 끈을 붙잡았다. 그는 영어 공부를 시작했고, 결국 싱가포르로 떠났다. 지금은 대형 항공기의 정비사로 활약하며 꿈을 이어가고 있다. 팬데믹 세대라 불리며 많은 동료들이 떠나간 가운데, 민수 씨는 유일하게 열정적인 끈기를 가지고 버텨냈다. 그리고 마침내, 해외 취업에 성공하며 자신의 길을 증명했다.

취업이 되지 않아 지쳐 있거나, 자격증 시험에 실패해 낙담한 학생들과 나는 종종 김포공항이 보이는 전망대에 함께 가곤 한다. 활주로를 이륙하는 비행기를 멀리서 바라보며 아무 말없이 그 순간을 공유한다. 가르치려는 의도도, 특별한 조언도 없다. 그저 비행기를 바라보는 것만으로도 느껴지는 특별한 감정을 함께 나누고 싶을 뿐이다.

나 역시 그랬다. IMF로 학비를 마련하지 못했던 청년 시절, 9.11 테러로 항공업계가 멈춰버렸던 날들, 그리고 팬데믹으로 공항이 폐쇄되어 앞날이 보이지 않던 시간들. 그때마다 나는 공항 철조망 너머로 비행기를 멍하니 바라보곤 했다. 아무것도 할 수 없었던 시간들은 길고 고통스러웠지만, 가슴 속에서 다시 무언가가 꿈틀거렸다.

"아직도 내가 비행기를 좋아하고 있었구나."

내가 제일 좋아하는 영어 단어를 하나 선택한다면 "Persistence"다. 끈기, 인내, 지속성 그리고 오래 참음의 뜻이 있다.

꿈을 이룬 모든 이들이 가진 그것은 바로 열정적인 끈기였다.

## 체.덕.지: 시대가 바꾼 우선순위

과거의 "지덕체" 교육 철학은 지식, 덕성, 체력을 고루 갖춘 균형 잡힌 인재를 목표로 했다. 그러나 디지털 시대에 들어서면서 학생들은 책상 앞에서 지식을 쌓고 스크린을 통해 문제를 해결하는 데 익숙해졌다. 이로 인해 체력과 활동성의 중요성은 점점 뒷전으로 밀렸다. 하지만 이러한 변화 속에서도 우리는 체력을 강조하는 "체.덕.지"의 철학이 더 필요한 시대를 살고 있다.

오래전 동두천 두레 국제학교 준공식에 다녀오면서 체력, 덕성, 지식을 강조하는 새로운 교육 철학에 깊은 감명을 받았다. 한국 항공대학교 졸업생이 입학 담당자였던 이 학교는 "세계 속의 학생"을 키우고, 넓은 세계로 나아가 개척하며 살아갈 수 있도록 독특한 교육 방식을 채택하고 있었다. 특히 이 학교는 전통적인 "지덕체" 대신 "체.덕.지"를 교육의 핵심으로 삼고, 체력을 우선적으로 강조하며 덕성과 지식을 차례로 쌓아가는 방향을 제시했다.

한국 교육은 질문하기보다는 무조건 외우고 답하는 지식 교육에 익숙하다. 물론 도덕성과 우리가 살아가는 힘의 원천이 되는 덕성의 중요성도 알고 있다. 그러나 인공지능(AI)과 디지털 교육의 시대에 접어들면서, 체력의 중요성에 대해서는 언급되지 않았다.

한국에서는 체육시간에 이론을 가르치는 경우가 많다. 예를 들어, 야구를 배우면 공을 던지는 법이나 스윙 자세를 교실 안에서 이론으로 배우는 식이다. 이것은 항공정비 실습을 하지 않고 이론으로 설명하는 것과 같다. 반면 미국에서는 체육관이나 야외에서 실전을 통해 배우는 경우가 일반적이다. 비가 오거나 날씨가 좋지 않아도 미국의 학교들은 대부분 체육관을 갖추고 있어 체력 훈련을 이어간다. 이러한 차이는 교육 환경과 문화적 차이에서 비롯되지만, 결과적으로 학생들의 체력과 자신감 형성에 중요한 영향을 미친다.

운동을 꾸준히 하는 사람들은 자기관리가 철저하며 규칙적인 생활과 자기 절제력을 보여준다. 조종사나 정비사처럼 체력 관리가 중요한 직업에서도 운동은 필수다. 특히 운동을 통해 자신의 한계를 극복하고 성취감을 얻는 과정은 자신감을 키우고, 학업이나 업무에서도 긍정적인 영향을 미친다. 반면 활동적인 삶을 살지 않는 경우에는 생활이 불규칙해지거나 자기 통제가 어려워질 수 있다. 결국, 운동은 신체 건강을 넘어 주도적인 삶을 살아가는 데 필수적인 기반이다.

팬데믹이 끝난 후, 많은 사람들이 건강과 체력의 중요성을 새롭게 깨닫고 있다. 나도 운동하는 아들과 함께 헬스장을 방문하며 이러한 변화를 직접 경험했다. 우리 세대에서는 책상에 앉아 공부하는 모습이 이상적이었다면, 지금의 젊은 세대는 헬스장에서 몸을 만들거나, 주짓 수, 복싱 등 다양한 활동을 통해 체력과 정신력을 함께 단련하고 있다.

팬데믹 기간 동안 헬스장에서 운동하는 20대 아들의 영향을 받아, '100일 만에 바디프로필을 만들어 준다'는 광고에 현혹되어 도전을 시작했다. 정말 죽는 줄 알았다. 가족들에게 선포한 이상 포기할 수도 없었다. 결국 5개월 이상의 시간이 걸려 바디프로필 사진을 찍었다. 그 과정에서 내 생활 패턴도 완전히 바뀌었다. 현재 나는 주 4일, 하루 4시간 이상 꾸준히 운동하는 사람이 되었다. 이 경험을 통해 체력이 단순히 건강 유지뿐만 아니라 책상에 앉아 학업이나 업무에 집중하는 시간까지 늘려준다는 것을 깨달았다. 체력이 모든 것의 기반임을 다시금 느낀 순간이었다.

내가 학생들에게 종종 하는 조언 중 하나는 공부를 할 때나 취업을 준비할 때 가장 먼저 헬스장에 등록하라는 것이다. 때로는 해외로 나간 학생들에게 몇 달 치 헬스장 이용권을 선물하기도 한다. 졸업생이나 취업한 학생들을 보면, 요즘 세대는 체력을 중요시하며 헬스장에서 많은 시간을 보내는 이들이 성공하는 모습을 자주 볼 수 있다. 이러한 환경에서 운동은 단순히 건강을 유지하는 활동을 넘어 자기관리와 집중력을 향상시키는 중요한 습관으로 자리 잡고 있다.

이제 나는 학생들을 만나면 "머리가 좋은 학생인가?"보다는 "운동하는 학생인가?"를 먼저 보게 된다. 운동하는 학생들은 공부에 있어서도 더 집중력이 강하고 성취도가 높다는 것을 경험을 통해 깨달았다. 체력은 단순한 신체적 능력이 아니라, 삶의 모든 영역에서 성공을 위한 핵심적인 자산임을 보여준다.

케네디 미국 대통령은 John F. Kennedy는 "체력은 건강한 몸을 유지하는 가장 중요한 열쇠일 뿐만 아니라, 역동적이고 창의적인 지적 활동의 기반이다."라고 말했다. 체력은 단순한 건강 이상의 의미를 가진다. 그것은 삶의 기초를 세우는 가장 강력한 도구이며, 개인의 자신감과 능력을 확장시키는 열쇠다. 체력을 통해 우리는 더 깊이 생각하고, 더 멀리 나아가며, 더 많은 가능성을 열 수 있다.

디지털과 인공지능(AI) 시대를 살아가는 지금, "체.덕.지"의 철학은 단순히 운동을 넘어 체력을 바탕으로 인성과 지식을 함께 키우는 교육을 뜻한다. 체육대회를 꾸준히 이어가는 학교를 본 적이 없는 현실에서, 이제는 항공교육도 체력을 기반으로 시작해야 할 때다.

## 항공종사자와 신앙

항공종사자로 살아오면서 나는 늘 죽음과 생명에 대해 깊이 생각해왔다. 군 복무 시절, 선후배들이 헬기 사고로 목숨을 잃는 것을 지켜봐야 했고, 한 분야에서 30년 넘게 일하다 보니 항공사나 관공서에서 일하는 정비사와 조종사들이 여전히 사고를 당하고 있기 때문이다. 이처럼 생명을 담보로 하는 직업의 특성 때문에 항공종사자들 중에는 신앙을 가진 사람들이 유난히 많았다.

어릴 때 시골 교회에서 바닥에 앉아 기도하던 기억이 있지만, 만약 치열하고 바쁘게 살아가는 한국에서만 살았다면 그 기억은 잊힌 채 종교 없는 삶을 살았을지도 모른다. 또한, 항공업에 종사하지 않았다면 신앙과의 연결고리를 찾지 못했을 가능성도 크다. 그래서 나는 항공기를 공부하는 학생들이나 해외로 떠나는 후배들에게 늘 이렇게 조언한다. "해외 생활은 외롭고 힘들어. 혼자 버티려고 하지 말고, 꼭 신앙을 가져봐." 나 역시 공부에 몰두하며 나만 믿고 살던 시절에는 종교가 없었다. 하지만 고난이 닥쳐오고, 가족을 책임지는 가장이 되면서 신앙을 가지게 되었다. 미국에서 외롭고 힘든 생활 속에서 나를 위로해준 유일한 연결고리는 가까운 교회였다.

나는 이제 자신 있게 말할 수 있다. "나는 크리스천입니다." 젊은 나이, 27살 때부터 나는 특별한 일이 없는 한 매일 새벽 5시경에 일어나 하루를 시작한다. 가까운 교회에서 새벽기도를 마친 후 하루의 첫발을 내디딘다. 새벽마다 적어 온 지난 10년간의 글들을 모아 이 책을 완성하고 있다. 이 습관은 지금도 단 하루도 빠지지 않고 지켜온 나의 루틴이다.

아침 5시에 하루를 시작하면 남들보다 4시간이나 앞서 하루를 시작하는 셈이다. 이 시간에 중요한 업무를 먼저 처리하면, 오후에는 온전히 자신만의 시간에 집중할 수 있는 여유가 생긴다. 아침은 정신이 맑고 방해받지 않는 시간으로, 집중력이 최고조에 달하는 때다. 이 시간을 활용하면 더 높은 효율로 중요한 일을 처리할 수 있다. 또한, 하루를 주도적으로 시작했다는 성취감이 긍정적인 에너지로 이어져 하루를 더욱 활기차게 만들어 준다.

나는 늘 여행이나 출장 목적으로 비행기를 탈 때면 손으로 기체를 살짝 터치하며 먼저 기도하는 습관이 생겼다. "안전한 비행이 되도록, 모두가 무사히 목적지에 도달하도록." 이 짧은 기도는 내가 항공이라는 세상 속에서 살아오며 자연스럽게 자리 잡은 나만의 의식이다.

출발 전의 그 순간, 기체의 차가운 금속을 손끝으로 느끼며 드리는 기도는 단순히 안전을 바라는 마음을 넘어, 내가 항공 종사자로 삶을 살아가며, 매 순간 하늘을 바라보며 느꼈던 겸손함과 감사함의 표현이기도 하다. 이 기도는 단순히 의식에 머무르지 않고, 내게 다시 한번 사명감을 되새기게 한다. 나의 손끝에서 시작된 기도가 비행기를 넘어 모든 승객들에게 평안함과 안전을 전하는 연결고리가 되기를 바란다.

국토부 항공기 정비업을 운영할 때도 항공기 정비를 마치고 나면 항상 마지막으로 하는 일이 있다. 바로 비행기에 손을 얹고 조용히 기도하는 것이다. 마치 안수식을 하듯이, 비행기의 차가운 표면에 손바닥을 대고 마음속으로 이렇게 기도한다. "이 비행기가 오늘도 안전하게 비행할 수 있도록." 기도는 단순한 습관이 아니다. 나의 마음을 다잡고, 마지막으로 한 번 더 모든 과정을 점검하게 만드는 특별한 의식이다. 기도를 마치고 나면 마음이 평안해지고, 내가 맡은 정비 작업에 조금 더 자신감을 갖게 된다. 동시에 혹시라도 놓친 것이 없는지 다시 한 번 꼼꼼히 살펴보게 되는 계기가 된다.

비행기는 단순한 기계가 아니다. 그 안에는 수많은 사람들의 꿈과 희망이 실려 있다. 조종간을 잡고 있는 조종사와 그리고 정비사의 손끝 하나, 작은 나사의 조임 하나가 모두의 생명과 연결되어 있음을 알기에, 나는 매번 이 기도를 통해 나의 역할과 책임을 되새긴다. 그것은 내가 맡은 일에 최선을 다했다는 책임감의 표현이며, 하늘에 맡기는 겸손함의 상징이다. 이 기도는 생명을 담보로 한 직업에서 느끼는 무게를 견딜 수 있게 해주고, 내가 왜 이 일을 하는지 다시금 깨닫게 해준다.

오늘도 습관처럼 알람시계가 5시에 울리면 "Thanks Lord"하고 하루를 시작한다. 내 평생소원은 내가 정비한 모든 비행기가 안전하게 하늘을 날아오르는 것이다.

# 항공정비사는 브라운 칼라

'브라운칼라Brown Collar'는 화이트칼라의 전문성과 블루칼라의 육체노동을 융합하여 새로운 가치를 창출하는 직업군을 의미한다. 이는 기존의 직업 구분을 넘어, 지식과 기술, 그리고 창의성을 결합한 새로운 형태의 노동을 반영한다.

1955년부터 1963년 사이에 태어난 베이비붐 세대 항공정비사들은 전문기술직인 이 직업을 '로얄 블루칼라'의 상징이라고 부르곤 했다. 하지만 나는 이 직업을 새롭게 정의하고 싶다. 항공정비사는 단순한 블루칼라 직업이 아니라, 지식과 기술이 융합된 '브라운 칼라'의 상징이다.

최근 한국의 청년층 사이에서 블루칼라 직업에 대한 인식이 변화하고 있다. 과거에는 사무직을 선호하고 현장 노동직을 기피하는 경향이 강했지만, HR테크 플랫폼 인크루트에 따르면 취업 준비생 10명 중 7명이 블루칼라 직업에 취업할 의향이 있다고 응답했다. 70% 이상이 기회가 있으면 해보고 싶다는 의미로, 청년들이 기술직에 대한 관심이 높아지고 있음을 보여준다.

메카닉, 테크니션, 엔지니어 그리고 관리경영 등 다양한 분야가 있지만, 현장직은 블루칼라로 시작해서 화이트칼라 직업까지 올라갈 수 있는 곳이 항공정비사다. 과거에는 블루칼라 직업이 육체적 노동에 국한되며 화이트칼라 직업이 더 나은 선택으로 여겨졌지만, 이제는 블루칼라 직업의 사회적 가치와 경제적 안정성이 재조명되고 있다. 특히 미국과 영국에서는 기술직의 임금 상승과 안정적인 고용 기회로 인해 청년들이 기술직으로 눈을 돌리고 있다. 이러한 변화는 블루칼라와 화이트칼라의 경계를 넘어서, 두 요소를 결합한 브라운 칼라라는 새로운 개념으로 확장되고 있으며, 항공정비사는 그 중심에 있다.

미국에서는 '공구벨트 세대(Tool Belt Generation)'라는 용어가 등장하며, 대학 대신 기술직을 선택하는 청년들이 주목받고 있다. 이는 대학 등록금 부담과 화이트칼라 직업의 과도한 경쟁 속에서, 블루칼라 직업이 경제적 안정과 기술적 성장을 제공하기 때문이다. 용접공, 전기기술자, 건설, 정비 및 제조업 등은 높은 임금과 전문성을 요구하며, 항공정비사도 이 범주에 속한다.

영국에서도 비슷한 현상이 나타난다. 브렉시트 이후 외국인 노동자 감소로 인해 기술직의 수요가 급증했고, 블루칼라 직업의 임금 또한 크게 상승했다. 이러한 변화는 육체적 노동에 대한 사회적 인식의 변화를 이끌어내며, 기술과 전문성을 결합한 브라운 칼라 직업군의 중요성을 강조한다.

항공정비사는 블루와 화이트의 경계인 브라운 칼라의 핵심적인 직업이다. 항공정비사는 단순히 육체적 노동에 머무르지 않고, 높은 전문성과 디지털 기술을 필요하다. 현대 항공기는 기종에 따라 60% 이상이 전기화 및 디지털화되고 있으며, 항공정비사는 아날로그부터 최신 디지털 기술까지 폭넓은 지식을 요구받는다. 더 나아가, 미래에는 빅데이터와 예측 정비 기술을 활용해 항공기의 문제를 사전에 발견하고 예방하는 역할도 수행해야 한다.

또한, 항공정비사는 국가 자격증을 소지한 사회적 기여도가 매우 높은 직업이다. 항공기의 정비 상태는 승객의 안전과 직결되며, 이를 책임지는 정비사의 작업은 공공의 안전을 유지하는 데 필수적이다. 이는 브라운 칼라 직업이 단순한 기술직을 넘어 사회적 책임감을 내포하고 있음을 잘 보여준다.

블루칼라 직업에 대한 인식은 미국과 영국을 중심으로 변화하고 있으며, 이러한 변화는 국내도 브라운 칼라 시대를 열어가고 있다. 항공정비사는 전문 지식과 기술, 그리고 현장 경험을 결합해 항공산업의 안전과 발전에 기여하며, 브라운 칼라 직업군의 대표적인 사례로 자리 잡고 있다.

베이비붐 세대들이 블루칼라의 상징으로 여겼던 항공정비사 직업이 이제는 젊은 세대들에게 새로운 롤모델과 목표를 제시할 수 있는 브라운 칼라의 상징으로 자리 잡았으면 좋겠다.

## 직장을 믿지 말고 직업을 찾으세요

우린 100세 시대이자 저출산 사회, 기업 수명이 평균 20년도 되지 않는 시대에 살고 있다. 항공종사자는 과거 안정된 직업이었다. 안정된 직장이 가장 위험한 곳이라는 것을 몰랐다. 매달 들어오는 고정적인 급여가 마약처럼 한 곳만 보고 살게 만들었다. 이젠 직업에 대한 생각이 바뀌고 있다. 평생직장, 안정된 직장은 없다. 그럼 어떻게 살아야 할까? 오늘부터 직장인 마인드에서 직업을 찾기 위한 사업가, 경영인 투자자 마인드로 바꿔 나가야 한다.

취업을 위해 자격증 취득하고, 토익 공부를 해서 직장인이 되었다. 이젠 '어떻게 해야 직업을 유지할 수 있을까?'에서 '어떻게 해야 직업을 만들어 낼 수 있을까?'를 고민해야 한다. 월급을 기다리는 것이 아닌 주는 직장인이 되는 것이다. 안전보다는 자유를 택하는 것이다.

책 '부자 아빠, 가난한 아빠'에는 4가지 부류로 사람을 나누는 재미있는 내용이 있다. 직장인, 자영업자, 전문경영인 그리고 투자자다. 항공종사자들은 직장인이 되기 위한 전문기술교육만을 공부한다. 커리큘럼에 회계도 없고, 경영도 없다. 운 좋게 직장을 나와 관련 기술로 창업에 성공하면 기술을 가진 자영업자이자 전문가가 된다. 그러나 여전히 내 돈이 아닌 남의 돈으로 사업을 하는 전문 경영인과 그런 회사에 투자를 하는 것은 배워본 적이 없다.

30대에 해고를 당한 경험이 있다. 전혀 준비되지 않는 통보였다. 이 충격으로 몇 달을 집에서 보내면서, 과거의 생각들을 버리는 작업을 시작했다. 그중 하나가 직장은 안정적이지 않다는 사실이었다. 그래서 책을 읽게 되고, 신앙생활을 하게 되고, 항공관련분야 이외의 것들을 공부하기 시작했다. 정비사이지만 자가용 조종을 배워보고, 신학, 경영, 웹디자인, 컴퓨터 시스템 등을 공부해 보았다. 이때의 경험을 바탕으로 개인 회사를 차리게 되었고, 결국 경영학을 공부하면서 대표가 되고 교수가 되었다.

그전까지는 직장인으로서 항공정비사만 알았다. 결국 해고의 경험이 개인 사업가로서의 눈을 열게 했다. 정확히 표현하자면, 사업을 하면서 동시에 몇 개의 직장에서 더 일했었고, 10년 후에는 직장 없이 오직 주식회사 대표로 생계를 유지할 수 있었다. 가장 도전적인 사업은 항공정비사였기에 직접 국토부 지정 정비업체를 운영해 본 것이다. 김포공항 안에서 타 업체 비행기를 직접 정비해주며 서비스 비용을 받는 기쁨은 남달랐다. 팬데믹으로 정비업은 더 이상 할 수 없었지만, 끊임없이 내가 가진 자격증을 무기로 새로운 직업을 찾았다.

나처럼, 안정적인 항공정비사라는 직업을 만나면서 추가적으로 항공관련 분야를 끊임없이 공부하는 사람들이 있다. 직장인이면서 안전관리자격증, 전기전자자격증, ISO 품질관리 자격증, 자가용 면장, 항공안전, 항공관련 학위취득 그리고 관리자에게 필요한 인문학, 경영학, 커뮤니케이션 등을 끊임없이 공부한다. 이들은 직장인이면서 항공 관련 대학에서 강의를 하고 부서에서 배운 지식으로 항공부품업을 하는 분, 비행기가 전시된 박물관에서 일하는 분, 비행기 유류 및 시뮬레이터 제작을 하는 분들이다. 위기의 순간이 찾아왔을 때, 항공분야는 넓기에 다양한 분야가 있기에 노선을 갈아탈 수 있었다.

반대로 직장인이면서 동시에 개인사업을 하는 분들이 있다. 항공 관련 분야를 공부하는 대신 기술자들이 약한 재무제표 보는 법을 공부하고, 경영학을 온라인으로 수료하고, 끊임없이 동학 개미가 되어서 주식 투자를 공부한다. 온라인 쇼핑몰, 부동산투자, 주식 등을 하는 항공종사자들이다. 이들은 안정된 항공종사자 직업을 가지고 또 다른 직업을 창출해 낸 분들이다.

코로나 이후 평생 안정적인 직업이라 여기던 라인정비사들은 가장 큰 피해를 보았다. 한 곳만 믿지 말고 준비를 해야 한다. 항공정비사의 급여 통장은 두 개라고 말한다. 하나는 고정적으로 들어오는 기본급이지만 두 번째는 자격증 수당, 초과근무 수당, 주말수당, 야간수당, 출장수당 등이다. 두 번째 통장에 들어오는 돈으로 끊임없이 자기 계발을 통해 변화하는 세상을 준비해야 한다.

신입사원일 때는 주어진 일만 잘하면 되지만, 승진을 하면서 책임이 뒤따르는 위치가 된다. 결혼을 하고 애가 생기면서 월급만 쳐다보고 사는 게 싫어진다. 책상에 앉아 있어도, 격납고에서 정비를 하고 있어도 투자한 회사 주식이 올랐는지 궁금해져서 일에 집중이 되지 않는다. 이때부터 부업을 하고 더 나아가 프리랜서를 하고, 결국 자기 사업을 하는 분들이 생긴다. 코로나로 인해 처음으로 실업수당을 받아보았거나, 원하지 않은 해고를 당해보면 이를 더 빨리 인식하게 된다.

평생직장이라는 말을 믿지 않는다면, 이제는 신입사원 때부터 직장을 떠날 준비를 하고 계획을 세워야 한다. 당장 직장을 그만두라는 의미가 아니다.

'어떻게 하면 직업을 유지할 수 있을까?'보다 '어떻게 하면 직업을 통해 새로운 것을 창출할 수 있을까?'를 끊임없이 생각해야 한다.

나는 내가 배운 항공정비를 가지고 새로운 문을 열어 보기 위해 찾고 또 찾을 것이다.

## 기술과 경영을 아는 그들

강연을 하면 "항공정비사를 넘어 항공 엔지니어가 되세요." 이 말도 좋지만, 나는 "기술자들은 기업가가 되어야 합니다"고 말해 버린다.

전 교육과학기술부 장관이자 포스텍 총장이었던 김도연 교수는 공대생들에게 노벨상을 꿈꾸기보다는 기업가 정신을 배워야 한다고 강조했다. 공학은 세상을 바꾸는 기술을 만들어내는 곳이지만, 그 기술로 세상과 시장에 변화를 주는 기업가가 되는 것이 더 큰 가치라는 것이다. 그는 "공대의 롤모델은 노벨상 수상자가 아니라 기업가여야 한다"고 역설했다.

중국 대학가에는 창업 스쿨과 벤처기업이 활발히 들어서 있지만, 한국 대학가에는 여전히 토익 학원과 고시생만 넘쳐나는 현실이 안타깝다. 졸업 후 취업을 준비하는 학생들에게도 이제는 경영을 가르쳐야 한다. 특히, 기술과 경영을 융합할 수 있는 항공정비사들이 더 많아져야 한다.

항공사를 운영하다 보면, 정비본부는 종종 '미운 오리새끼' 취급을 받는다. 비행기의 운항을 유지하고 보수하기 위한 조직이지만, 직접적으로 수익을 창출하지 않기 때문이다. 조종사나 승무원이 있는 조직은 고객과 접점에서 매출을 만들어내지만, 정비본부는 철저히 비용 지출 중심의 부서로 인식되곤 한다.

이러한 현실 속에서, 정비본부가 비용 절감을 위해 경영진과 갈등을 겪는 모습은 흔하다. 정비사들은 매뉴얼에 따라 철저히 작업하고 규정을 준수하는 데 익숙하지만, 회사의 이익까지 고려하는 경영 마인드는 부족한 경우가 많다. 이러한 한계를 넘어서려면 기술자가 경영을 이해해야 한다.

김포공항 화물청사에서 7년 동안 회사를 경영하면서, 제주항공 본사가 바로 옆으로 이사를 왔다. 제주항공은 보잉 737 단일 기종으로 시작해 본격적인 성장을 도모하던 초창기였다. 본사 경영진의 주요 과제는 변화에 둔감했던 정비본부를 개혁하는 것이었다. 공항 외곽에 위치한 본사와 공항 내부의 정비본부는 마치 다른 세계처럼 서로 단절되어 있었다. 기존의 정비본부는 전통적인 방식에 익숙해 변화에 저항했고, 특히 젊은 인재 기용과 부서 간소화를 추진하는 경영진과의 대립이 이어졌다. 결국 초창기 제주항공은 기존 본부장이 교체되고 새로운 리더가 들어오면서 점차 젊고 유능한 인재들이 유입되었다. 그 결과, 제주항공은 국내 1위 저비용항공사가 되었고, 젊고 활력 있는 정비본부를 가진 회사로 자리 잡았다.

물론, 회사가 성장하면서 대표이사 교체가 잦아지고 운항 횟수는 증가했지만, 정비 인력 부족과 정비사 교육 및 부품 지원의 미비 등으로 인해 안전 문제가 드러나기도 했다. 경영진이 회사 이익만을 우선시하면 가장 먼저 줄이는 것이 직원 교육과 비싼 정비 부품 교체와 같은 부분들이다. 결국, 2024년 연말 무안공항에서 대형 참사가 발생했다. 이는 기술자들과 경영자들 간의 끊임없는 마찰이 원인 중 하나였을 것으로 나는 생각한다.

캄보디아 스카이 앙코르 항공사에 한국인 정비사들을 파견한 경험이 있다. 이를 계기로 경영진의 자재실 관리 컨설팅 요청을 받았다. 컨테이너에 고가의 에어버스 A320 부품들이 무질서하게 쌓여 있었고, 사용 가능한 부품과 폐기할 부품이 구분되지 않은 상태였다. 현장 점검을 통해 장탈착 부품의 로그북과 작업카드를 확인한 결과, 부품 관리는 대체로 정확했음을 파악했다. 외국인 정비사들이 성실하게 근무하고 있었으며, 경영진 역시 정비본부 직원들에게 숙소를 제공하는 등 신뢰와 존중의 관계를 유지하고 있었다. 이 경험은 경영진과 정비본부 간의 소통이 조직의 안정과 성장을 이끄는 핵심임을 깨닫게 해준 사례였다.

기술자가 경영을 이해하면 회사의 관점에서 문제를 바라볼 수 있다. 기술과 경영을 융합할 수 있는 능력은 조직 내에서의 성장뿐만 아니라 항공 정비 산업 전체의 발전에도 기여할 것이다. 대기업에서는 기술자가 임원이 되면 경영학을 공부할 기회를 제공한다. 인문학을 공부하며 자격증을 취득하는 학생, 경영학과를 졸업하고 자격증을 갖춘 학생, 또는 사업에 도전하고자 스타트업에 관심을 가지는 항공 정비사들이 더 많아지길 바란다.

국내 항공정비사 자격증 취득 과정 커리큘럼에는 관리와 경영 부분이 없다. 미국에서는 2년 동안 항공정비를 전공한 학생들이 졸업 후 4년제로 편입하여 항공정비경영 Aviation Maintenance Management 을 배우는 경우가 많다. 하지만 국내 4년제 대학에서도 항공정비경영학과를 찾기 어렵고 대부분 대학원에서 배운다.

나는 더 많은 항공정비사들이 경영을 배우길 추천한다. 기술과 경영, 두 날개의 역할을 잘 아는 정비사가 되길 바란다.

# 엔지니어 중심의 기업 문화

항공 종사자들이 가장 취업하고 싶어 하는 회사, 세계 1위 항공기 제작업체 보잉사는 1916년 윌리엄 보잉이 설립한 이후 엔지니어 중심의 기업 문화를 유지하며 항공 산업을 선도해 왔다. 그러나 최근의 737 MAX 사태는 경영진과 엔지니어 간의 균형이 무너지면서 발생한 문제를 단적으로 보여준다.

보잉은 역사적으로 엔지니어가 중심이 되는 회사였다. 안전을 최우선으로 하는 항공산업의 특성상 엔지니어들이 설계와 품질 관리를 주도했으며, CEO 역시 항공학이나 공학을 전공한 기술자들이 대부분이었다. 해당 기종 사태로 사임한 데니스 뮬렌버그Dennis Muilenburg 전 CEO 역시 항공학 석사 출신으로 엔지니어에서 경영자로 성장한 인물이었다. 보잉이 "안전"을 중시하는 기업으로 성공한 데는 이런 엔지니어 중심의 리더십이 중요한 역할을 했다.

하지만 2003년부터 2019년까지 보잉의 경영진은 GE 출신의 전문 경영인들로 채워졌다. 이들은 비용 절감과 이익 창출을 최우선 과제로 삼았고, 그 결과 엔지니어 중심의 문화는 약화되었다.

이 시기에 설계된 737 MAX는 경쟁사 에어버스의 A320neo에 대응하기 위해 빠르게 출시되었다. 새로운 설계를 하기보다는 기존 모델에 소프트웨어(MCAS)를 추가하는 방식으로 개발 기간을 단축했고, 이는 치명적인 사고로 이어졌다. 2018년과 2019년에 발생한 인도네시아 라이온에어와 에티오피아 항공의 사고는 안전 중심의 엔지니어 문화가 무너지고, 이익 중심의 경영이 우선시되면서 발생한 결과였다.

사고를 조사한 결과, 엔지니어들은 경영진의 압박에 반대 의견을 제기하지 못한 것으로 드러났다. 항공정비사들이 의무적으로 배워서 알고 있는, 더치더즌Dirty Dozen 이론에서 언급된 "자기주장의 결여Lack of Assertiveness"가 문제의 핵심이었다. 캐나다 TC 항공당국의 사고 조사관 고든 듀폰Gordon Dupont은 "안전에 영향을 미치는 요소가 있다면 엔지니어는 반드시 '아니요.'라고 말할 수 있어야 한다"고 강조했다. 그러나 보잉에서는 엔지니어들이 경영진의 시간 압박과 비용 절감 요구에 침묵할 수밖에 없는 기업 문화가 자리 잡았다.

국내 항공사 이스타항공은 보잉 737 MAX를 도입하며 새로운 도약을 꿈꿨다. 해당 기종은 1,000km 이상의 비행 거리와 10% 이상의 연료 효율 개선을 약속하며 중장거리 운항에 적합한 기체로 홍보되었다. 그러나 김포공항에 도착한 보잉 737 MAX는 운항 중단 조치로 인해 주기장에만 머물러야 했다. 결국 이스타항공은 해당 기종의 문제로 기대했던 도약이 좌절되었고, 회사 자체가 초창기는 경영난을 견디지 못하고 사라지는 결과를 초래했다. 무안공항 제주항공 사고도 전세계에서 가장 많이 팔린 베스트셀러 모델인 보잉 737NG 기종이다.

항공조종사와 정비사들은 기술자이자 엔지니어에 가깝다. 그러나 국내 항공사 및 항공기 제작업체에는 항공 엔지니어 출신의 CEO가 단 한 명도 없다. 반면, 미국의 IT 기업인 마이크로소프트, 구글, 페이스북, 애플의 창업자들은 모두 프로그래머이자 컴퓨터 공학을 전공한 엔지니어 출신이다.

항공산업의 역사를 되짚어보면, 직접 비행기를 제작하고 조종했던 인물들이 회사를 설립한 사례가 많다. 1923년 뉴욕에서 설립된 시코르스키사는 헬리콥터의 아버지라 불리는 이고르 시코르스키가 설립했으며, 그는 수직이착륙이 가능한 헬기를 발명해 항공 역사에 큰 획을 그었다. 록히드 마틴의 캘리 존슨Kelly Johnson, 노스럽Northrop사의 잭 노스럽Jack Northrop, 그리고 GE를 설립한 발명왕 에디슨도 모두 엔지니어 출신이 설립한 회사들이다.

글로벌 헤드헌팅 전문기업 유니코서치의 조사에 따르면, 대한민국 100대 기업 CEO의 51%가 이공계 출신이며, 경영학과를 졸업한 CEO보다 많았다. 이는 기술적 전문성을 갖춘 리더가 기업의 지속 가능성을 높인다는 점을 반영한 결과다.

항공산업은 생명을 담보로 하는 사업이다. 단 한 번의 실수가 치명적인 결과를 초래할 수 있다. 이런 산업에서 엔지니어 중심의 사고와 안전을 우선으로 지향하는 문화는 선택이 아니라 필수다. 그러나 보잉은 GE 출신 경영인들에 의해 안전보다는 비용 절감과 주주 이익이 우선시되는 방향으로 변화했다. 보잉이 위기를 맞이한 원인은 이익 중심의 경영이 기술 중심의 사고를 압도했기 때문이다. 엔지니어와 경영진 사이의 협력과 균형이 깨진 결과는 전 세계로부터 신뢰 상실로 이어졌고, 이는 결국 보잉의 실적과 평판에도 치명타를 입혔다.

항공산업의 본질은 '안전'이다. 보잉의 성공에는 안전을 우선시하는 엔지니어 중심의 리더십이 있었다. 그러나 국내 항공사 및 MRO 정비업체 대표이사 중 경영을 아는 엔지니어 출신이 단 한 명도 없다는 점이 아쉽다

항공산업은 기술과 경영이 조화를 이뤄야 지속 가능하다. 엔지니어는 경영진의 관점을 이해하고, 경영진은 엔지니어의 목소리에 귀를 기울여야 한다. 특히, 경영진은 현장에 대한 이해를 바탕으로 기술과 안전의 가치를 존중해야 한다.

엔지니어 중심의 기업 문화는 선택이 아닌 필수가 되어야 한다.

# 5장
## 항공정비(MRO)산업과 미래

## 왜 지금 항공정비(MRO) 산업인가?

2001년 개항한 인천공항은 전 세계를 연결하는 허브 공항으로 자리 잡았다. 그리고 "MRO 항공정비산업" 중심으로 새로운 비전을 떠올리게 할 만큼 뜨거운 관심을 받고 있다. 하지만 흥미로운 사실은 항공정비사 교육을 받고 졸업한 학생도 공군에서 창정비를 했던 제한 중사도 "MRO"라는 단어를 잘 모른다는 것이다. 그만큼 이 용어는 관련 공부를 한 사람과 종사자에게도 낯설 수 있지만, 항공산업의 중심에 없어서는 안 될 단어다.

MRO는 Maintenance(정비), Repair(수리), Overhaul(분해 조립)을 아우르는 개념으로, 항공기의 안전 운항과 성능 향상을 위한 모든 정비 과정을 포괄한다. 이는 단순히 기계적 작업이 아니다. 자동차는 오일 교환 같은 작은 정비부터 큰 사고 때 공업사에서 장기 수리를 받는 것처럼, 항공기도 경정비 수준의 운항 정비부터 큰 정비 작업은 격납고에서의 대규모 중정비가 필요하다. 하지만 그 범위는 자동차보다 훨씬 넓다. 항공기의 구조는 너무나 정교하고 복잡해서, 하나의 작은 부품이라도 정확하게 작동하지 않으면 하늘을 날 수 없기 때문이다.

항공기의 주요 시스템은 인체에 비유할 수 있다. 엔진은 심장, 기체는 뼈대, 구성 부품들은 장기, 그리고 전기와 전자는 신경계. 정비사가 이 모든 것을 관리하며 항공기의 생명을 연장하고, 더 안전한 비행을 가능하게 한다. 특히 여객기를 화물기로 개조하는 과정은 기체의 구조를 수정하는 거의 외과적 수준의 작업이다. 이는 항공정비 기술이 얼마나 깊고 섬세한지 보여주는 사례 중 하나다.

항공산업은 기술의 발전과 함께 기계 중심에서 전자 제어 중심으로 변화하고 있다. 이에 따라 전기 신호와 데이터를 통합하고 처리하는 기술이 비약적으로 성장했다. 항공 전기전자 기술은 통신, 항법, 비행 제어, 항공 계기 등 첨단 기술의 집약체로, 이제는 단순한 정비를 넘어 항공기의 디지털 심장을 다루는 수준에 이르렀다.

### 항공정비(MRO)산업
Maintenance, Repair, Overhaul

운항정비
Line Maintenance

중정비
Heavy Maintenance

엔진
Engine MRO

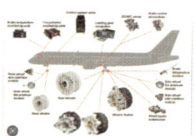
구성품 정비
Component MRO

화물기 개조
Freighter Conversion

전기.전자
Avionic

보잉사의 최신 전망에 따르면, 2041년까지 전 세계 항공기 수는 80% 증가할 것으로 예상되고 새로운 상업용 항공기 42,600대가 도입될 예정이며, 이 중 아시아 태평양 지역이 약 40%를 차지할 것으로 말했다. 이는 아시아 태평양 지역이 세계 항공기 수요의 중심으로 자리 잡게 될 것이며, 이 지역에서 대규모의 항공정비(MRO)산업이 더욱 활성화된다는 의미다.

이제 MRO는 단순한 기술 산업을 넘어 경제적인 핵심 축으로 자리 잡고 있다. 2018년, 국내 항공사들은 두 대 중에 한 대, 즉 50% 이상의 정비 물량을 싱가포르, 홍콩, 대만, 더 나아가 몽골의 해외 정비 업체에 의존했었다. 하지만 현재, 인천공항의 "샤프테크닉스 K"와 사천의 "한국항공서비스KAEMS"는 해외 의존도를 낮추고 국내 정비 산업을 선도하고 있다. 또한 국토교통부의 계획에 따라 인천공항에 해외 MRO 전문업체들을 유치하면서 2026년까지 5,000개의 일자리 창출과 10조 원의 경제 효과가 기대된다. 팬데믹이라는 위기 속에서도 국내 MRO 산업은 꾸준히 성장하며 세계적으로 주목받고 있다.

팬데믹은 국내 항공산업을 멈추게 하고, 해외로 눈을 돌리게 만들었다. 해외 출장을 가면 MRO 분야에서 근무하는 정비사들은 자격증을 요구하지 않는다는 사실을 알게 되었다. 보조정비사와 확인정비사로 나누어졌다. 먼저 입사 후 기초교육과 기술을 배우고 익힌 다음, 해당 경험을 통해 자격증을 취득하는 인력들이 많았다. 국내에서도 저비용항공사들이 우후죽순처럼 태동할 때 MRO 항공정비산업에 필요한 인재 양성에 관심이 커지면서, 나는 싱가포르와 미국에 주목하기 시작했다. 미국 유학 시절 아시아의 공룡 MRO 업체인 싱가포르 ST 엔지니어 회사가 샌안토니오 텍사스와 모빌 알라바마에 진출한 모습이 인상적이었다. 현장 바닥에서는 백인과 흑인 정비사들이 정비를 하고 오버헤드 관리 경영진은 아시아 사람들이었다. 20년 전에는 미국에서 본 상당히 충격적인 모습이었다.

팬데믹 이전, 오랜 시간 동안 준비를 마치고 처음 12명씩 국내 항공정비사들을 세계 1위 MRO 업체인 싱가포르의 ST Aerospace에 취업시킨 것은 큰 의미가 있다. 미국 유학생 및 영주권자들에게 미국 1위 AAR Corp MRO 업체를 소개한 것도 마찬가지다. 이는 해외 진출 가능성을 보여준 동시에, 우리 정비사들에게 글로벌 경쟁력을 갖춰야 할 필요성을 다시 한번 상기시켰다. 하지만 동시에, 해외 MRO 업체들이 비용 절감을 위해 자격증보다는 보조 정비 인력을 선호하면서 정비사의 처우 문제라는 과제가 떠오르고 있다. 이러한 문제는 MRO 산업이 성장하며 반드시 해결해야 할 부분이다.

MRO 정비사는 단순한 기술직이 아니다. 특히 중정비 분야는 항공기의 생명과도 같은 엔진, 구성품, 복합 소재, 화물기 개조 등 고도의 전문 기술을 요구하며, 항공산업의 핵심으로 자리 잡았다.

지금 이 순간, MRO 산업은 도약의 문턱에 서 있다. 미래의 항공 정비사들에게 묻고 싶다. 만약 이 길을 선택한다면 어디로 나아가겠는가? 그 답은 분명하다.

MRO 항공정비분야는 당신의 열정과 기술을 펼칠 최고의 무대다.

# MRO 인력 부족, 심각한 현주소

팬데믹 이후 항공산업은 빠르게 회복하고 있지만, 항공정비사 지원자 감소와 교육기관 축소라는 새로운 도전에 직면하고 있다. 한때 국토부 지정 전문교육기관에서 연간 3,766명의 항공정비사를 배출하던 시절은 지나고, 현재는 50% 이상의 모집도 어려워 직업전문학교와 일부 대학들이 폐교나 폐과 위기에 놓여 있다.

2016년 이전에는 연간 평균 640명이 항공정비사 자격증을 취득했으나, 2016년 이후 저비용항공사들이 많아지면서 1,240명 이상으로 증가했다. 그러나 최근 자격증 취득자는 감소하여 작년에는 778명에 그쳤다. 과거 직업전문학교들은 한 학기에 800~1,200명을 모집하며 호황을 누렸고, 이를 바탕으로 2년제와 4년제 대학들도 항공정비학과를 신설했다. 현재는 대학 13곳, 전문대 8곳, 고교 6곳, 항공사 1곳, 직업전문학교 7곳, 군 1곳 등 총 36개의 국토부 지정 전문학교가 운영 중이다.

2023년말 기준 국내 항공정비사 자격증 보유자는 17,459명으로, 연간 발급 규모는 상승세를 보이다가 팬데믹으로 인해 감소했다. 자격증

보유자 중 항공사에 채용된 인원은 5,764명이며, 항공사를 제외한 정비업체에서 일하는 정비사는 1,595명 수준이다. 정말 더 놀라운 사실은 국토부에서 인천공항 최첨단 복합산업단지 조성, 대한항공 신엔진 공장 영종도 이전, 해외 이스라엘 IAI, 미국 화물기 정비 센터 건축 등으로 3년안에 3,500명 이상의 신규 인력이 만들어질 것이라고 발표한 점이다. 여기에 국내 티웨이항공도 저비용항공사 전용 자체 격납고를 건설하겠다고 올해 발표했다. 앞으로 양질의 MRO 인재가 양성되지 않는다면 심각한 인력 부족 사태가 예상된다.

출처:인천공항공사

팬데믹 이후 급증하는 항공 운항 횟수와 베이비붐 세대의 조기 은퇴, 그리고 인구 감소로 인해 전 세계적으로 심각한 항공정비사 부족 사태를 겪고 있다. 보잉사는 2043년까지 716,000명의 항공정비사가 필요하다고 발표했으며, 미국 연방항공청(FAA)에 따르면 지난 5년 동안 정비사 수가 연평균 2.3% 증가했지만, 상업용 항공만 해도 2031년까지 필요한 정비사 수보다 31,000명이 부족할 것으로 예측했다.

국내에는 학교에서 배출되는 신입 정비사는 많지만, 30~40대 경력자는 절대적으로 부족하다. 대기업에서 은퇴한 정비사들이 저비용항공사로 옮기거나 촉탁직으로 MRO 정비업체 현장을 옮기고, 젊은 경력자들은 반대로 높은 급여를 원하기에 대기업 항공사, 외항사로, 해외로 떠나는 경우가 많다. 특히, 보조 항공정비사들은 낮은 임금과 열악한 근로 환경에 처해 있으며, 이로 인해 높은 이직률을 보인다. 정부는 국내 항공기 제조 산업의 인력난을 해소하기 위해 연간 300명의 외국 인력을 도입하는 제도를, 시범 운영할 것을 발표했지만 값싼 노동력으로 간주되는 외국인력 활용은 국내 정비 인력의 경쟁력을 약화시킬 위험이 있다.

중동에 위치한 두바이와 카타르를 방문하면, 이미 지상 조업과 보조 정비사들은 경제적으로 어려운 동남아시아 출신 인력들이 자리를 잡고 있다. 미국도 엔지니어와 관리 경영인은 자국민으로 채우는 한편, 특별 비자를 발급해 보조 정비사 자리에는 멕시코 및 남미 히스패닉 정비사들을 고용하고 있다. 한국 역시 MRO 정비 인력이 양성되지 않고 인력 부족 사태가 지속된다면, 비싼 인건비로 인해 몽골, 필리핀, 베트남, 캄보디아, 방글라데시, 우즈베키스탄, 더 나아가 아프리카에서 저임금 인력들이 대한민국으로 유입될 가능성이 높다.

미국 항공정비 협의회Aviation Technician Education Council에 따르면, 작년 FAA 인증 전문학교 190곳에서 6,929명이 자격증을 취득했으나, 여전히 2028년까지 20% 이상의 추가 인력이 필요한 상황이라고 한다. 미국은 FAA 인가 정비학교들이 많아지고 있으며, 자격증 취득 후 전문가의 길로 가고 싶은 젊은 세대들이 있기에 높은 임금과 복지로 정비사 부족 문제를 해결하고 있다. 그러나 국내는 MRO 항공 산업이 이제 막 활성화되는 단계이기에, 아직은 낮은 임금과 다소 열악한 근로 조건에 대한 대비책을 마련해야 한다.

MRO 산업의 발전을 위해서는 엔진 정비, 전기전자 분야, 부품 정비, 화물기 개조, 복합 소재 정비 등 고부가가치 분야의 전문 인력을 양성할 필요가 있다. 대한항공은 자체적으로 미국 3대 엔진 제작 회사 중 하나인 롤스로이스로부터 엔진 정비 인증을 발급받았으며, 엔진 훈련생을 자체적으로 모집하고 있다. 싱가포르 ST 엔지니어링, 싱가포르 항공의 자회사 SIAEC MRO 전문업체, 그리고 미국 AAR Corp 등에서 근무하는 국내 항공정비사들도 기체 분야를 넘어 고부가가치 분야에서 경험을 쌓아야 할 것이다. 이들은 추후 인력 시장에서 높은 몸값을 요구하며 국내 MRO 산업을 선도할 핵심 인재로 자리 잡을 것이다

한국항공대학교, 폴리텍대학교, 인천산학융합원 등 교육기관들은

MRO 전문 인력 양성을 위한 노력을 하고 있지만, 아직 운항정비 및 기체 정비 수준의 인력을 배출하는 데 그치고 있다. 이를 극복하기 위해 격납고와 대형기를 다룰 수 있는 실습 환경을 조성하고, 첨단 장비와 디지털 정비 교육을 강화해야 한다. FAA 기술 영어 및 국제 자격증 과정을 도입해 글로벌 경쟁력을 높이는 것도 필수적이다.

전문 기술을 가지고 안정된 직업을 꿈꾼다면 MRO 항공정비사는 더할 나위 없이 좋은 선택이다. 자격증이 필요한 기술직이기에 은퇴 걱정 없이, 신체가 건강하다면 장기적으로 일할 수 있다. 현재 MRO 항공정비산업은 급성장하고 있으며, 인력 부족으로 정비사의 가치는 점점 더 높아지고 있다.

# 국내 MRO 현실과 서비스 마인드

대한민국은 전 세계에서 인구 밀도 대비 가장 많은 저비용항공사를 보유하고 있다. 2005년 티웨이항공(당시 한성항공)을 시작으로 2007년 이스타항공이 설립되면서 대형 항공사를 포함해 현재 13개의 항공사가 운영되고 있다. 이들 항공사에서 운항하는 보잉 737과 에어버스 320 기종은 시간이 지나면서 C·D 체크와 같은 중정비가 필수로 필요하다.

대기업은 자체 중정비 물량도 많기에 저비용항공사의 정비 요청을 외면했다. 이에 따라 2011년 인천공항에 샤프테크닉스 K(STK)가, 2018년 사천에 한국항공우주산업(KAI)의 자회사인 한국항공서비스(KAEMS)가 설립되면서 국내 MRO 생태계가 점차 자리 잡기 시작했다. 또한 MRO 관련 업체로는 한국의 초등훈련기 KT-1과 고등훈련기 T-50의 유압 계통 개발을 주도하였으며, 가스터빈 엔진의 생산, 개발, 정비를 담당하는 한화에어로스페이스, T-50과 수리온의 랜딩기어 정비를 담당하는 현대모터그룹 산하의 현대위아, 군용기 성능개량사업을 하는 에어로피스, 그리고 화물기 개조 사업을 하는 켄코아에어로스페이스 등이 있다.

국토부는 2021년 8월 "항공정비 산업 경쟁력 강화 방안"을 발표했다. 2030년까지 국내 MRO 시장 규모를 5조 원으로 확대하고, MRO 자격 취득자 수는 2025년 2만 명, 인력 규모는 2030년 2만 3천 명으로 증가할 것으로 발표했다. 2019년 기준, 미국의 기술 수준을 100%로 보면 우리나라는 75% 수준에 머물러 있지만, 2030년까지 이를 90%로 끌어올릴 계획이다.

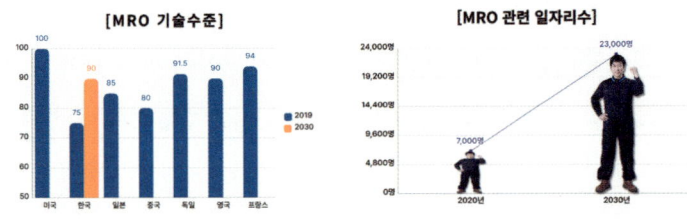

출처:국토부

사천과 인천 지자체의 경쟁적인 MRO 유치가 계속되는 가운데, 인천국제공항의 '첨단복합항공단지'는 2026년 준공을 목표로 하고 있다. 이곳에는 세계적인 항공 기업과 국내 MRO 업체들이 입주해 통합 항공정비 서비스를 제공하고, 해외 업체들의 참여로 MRO 인력 양성이 본격화될 예정이다.

그럼에도 국내 MRO 항공정비 산업은 여전히 운항정비와 기체 정비에 집중되어 있다. 이 두 분야는 많은 일자리를 창출하지만, 단순노동 중심으로 고부가가치를 창출하지 못한다. 반면, 엔진 정비와 부품 정비는 기술 및 자본 집약적 사업으로 높은 수익을 창출할 가능성이 있지만, 기술 장벽이 높아 진입이 어렵다. 국내 MRO 산업은 아직 생태계가 제대로 구축되지 않았으며, 기술력과 품질에 대한 신뢰 부족 역시 해결해야 할 과제로 남아 있다.

화물기 개조와 항공전자, 복합 소재 분야는 새로운 성장 가능성에서 찾고 있다. 화물기 개조는 고도의 기술력을 요구하는 작업으로, 이스라엘 IAI 같은 글로벌 기업과의 협력을 통해 경쟁력을 강화할 수 있다. 항공전자 분야는 비행 제어, 항법, 통신 등 고부가가치 기술로, 국내 IT와 소프트웨어 역량을 결합하면 글로벌 시장에서도 충분히 경쟁할 수 있다. 또한, 복합 소재 기술은 경량화된 항공기 제작의 핵심으로, 높은 개발비와 인증 문제는 극복해야 하는 중요한 도전 과제다.

군용기 정비에는 최첨단 기술이 요구되며, 민간 MRO 기업과의 협력을 통해 기술 이전과 공동 연구를 활성화해야 한다. 대표적인 군용기 성능개량사업을 하는 곳은 한화, 한국항공우주산업(KAI), 대한항공과 김포산업단지에 위치한 에어로피스다. 글로벌 시장에서 경쟁력을 확보하려면 기술 표준화와 인증 체계를 마련해 나가야 한다. 이는 민간과 군의 협력을 확대해 비용 절감과 기술력 향상을 도모할 수 있으며, 이를 통해 민간 MRO 산업의 성장에도 기여할 수 있을 것이다.

아직도 MRO 항공정비산업은 국내의 높은 인건비를 해결하기 위해 고등학교 졸업생들과 준비되지 않은 무경력자들을 채용하는 과정에서 임금수준이 낮은 게 현실이다. 이런 이유로 이직이 많고 MRO 인력들이 항공사로 옮겨가고 있다. MRO 전문 인력이 양성되지 않으면 결국 외국인력에 의존할 수밖에 없을것이다.

MRO는 본질적으로 서비스업이다. 그러나 국내 MRO 산업은 현재 고객 중심의 서비스 마인드와 글로벌 경쟁력을 강화하는 데 어려움을 겪고 있다. 특히, 대한항공이나 아시아나항공 출신의 정비사들이 기존의 경험에 익숙해져 변화에 적응하지 못하는 경우가 많다. 이들은 주로 자사 항공기의 정비에만 익숙하고, 타사의 항공기를 정비한 경험이 부족하다.

또한, 외국 항공사를 고객으로 맞이하는 상황에서 고객이 요청한 기한에 정비를 완료하고, 정비 현장에서 필요한 정보를 영어로 명확히 전달하는 능력이 중요하다. 그러나 일부 베테랑 정비사들의 경우, 영어 능력이 부족하고 과거의 관습에 의존하는 경향이 여전히 존재한다.

MRO는 고객의 요구를 신속하고 정확하게 충족하는 것이 핵심인 서비스업이다. 이를 위해 정비사들은 간결하고 전문적인 커뮤니케이션 능력과 유연한 사고방식을 갖춰야 하며, 글로벌 표준에 부합하는 서비스 마인드를 갖춰야 한다.

국내 대학들도 MRO 전문 인력을 양성하기 위해 대형기 중심의 교육으로 전환해야 한다. 현재 소형 항공기와 왕복엔진 중심의 교육에서 벗어나 격납고에 비치된 중·대형 항공기를 활용한 디지털 기반의 현장 실습이 필요하다. 여기에 추가로 서비스 교육을 시키면 어떨까. 실질적으로 항공사와 MRO 정비업체가 요구하는 교육 체계를 마련해야 할 것이다.

우리는 바다를 메우고 개척해 인천공항을 완성한 저력이 있다. 2001년 개항 이후 13년 연속 세계 최고 공항으로 선정된 인천공항은 이제 글로벌 MRO 시장의 중심으로 도약하고 있다. 현재 글로벌 MRO 업체 유치와 특히 대한항공과 아시아나항공의 합병으로 탄생할 메가 항공사가 MRO 전문업체를 운영할 가능성도 기대된다.

결국, MRO 항공정비산업은 글로벌 경쟁력을 갖추기 위해 해외 MRO 업체를 벤치마킹하고, 전문 인력을 체계적으로 양성해야 한다. 현장에서는 고객 중심의 서비스 마인드를 훈련하는 것이 필수적이다. 보잉사는 전 세계 MRO 시장에서 아태지역이 1위가 될 것이라고 발표했다. 대한민국이 이 흐름에 동참하며 선두로 나아가기 위해서는 정부, 지자체, 기업, 그리고 교육기관 간의 긴밀한 협력이 절실하다..

# 해외 MRO 업체를 배우자

　항공정비(MRO) 산업은 국제공항 주변에 위치해 항공기 운항의 증가와 함께 자연스럽게 성장한다. 해외 MRO 업체들은 이러한 전략적 입지를 활용해 민간 및 군용 정비를 지원하고 지역 경제에도 크게 기여를 하고 있다.

　한국의 MRO 산업은 아직 세계적인 경쟁력을 갖추기 위해서는 넘어야 할 과제가 많다. 대한항공 아시아나 통합을 통한 메가 항공사의 출현으로 경쟁력 있는 MRO 산업은 관심이 더 확대되고 있다. 우리는 글로벌 MRO 강자들인 미국, 독일, 싱가포르의 성공 사례를 통해 무엇을 배우고 적용해야 하는지 고민해야 한다. 한국이 가진 기술력과 장점을 결합한다면, 한국의 MRO 산업은 분명히 한 단계 더 성장할 수 있을 것이다.

　글로벌 MRO 전문업체들은 각기 다른 방식으로 경쟁력을 강화하고 있다. 항공사가 직접 운영하는 MRO 업체는 자사 항공기의 안전을 유지하며 신뢰성을 보장하는 데 중점을 둔다. 대표적으로 아메리칸 에어라인(AA), 유나이티드 항공, 대한항공 등이 있다.

반면, 독립 법인 형태로 운영되는 MRO 전문업체는 더욱 폭넓은 고객을 대상으로 정비 서비스를 제공한다. 독일의 루프트한자 테크닉Lufthansa Technik, 미국의 델타 테크옵스 TechOps, 싱가포르의 SIA Engineering Company, 에어프랑스-KLM E&M 등이 그 예다.

또한, 정비를 주목적으로 설립된 독립형 전문업체도 있다. 미국의 AAR Corp., 싱가포르의 ST Engineering, 홍콩의 Haeco, 국내의 KAEMS(사천)와 샤프테크닉스 K(인천공항)는 항공사뿐만 아니라 세계 시장을 대상으로 경쟁력을 확대해 나가고 있다.

MRO 산업은 단순히 항공기를 정비하는 것을 넘어 항공기의 안전과 효율적인 운영을 보장하며, 운송, 물류, 제조업과 같은 다양한 산업과 함께 성장한다. 특히 글로벌 MRO 전문업체들의 공통된 특징은 MRO 클러스터를 중심으로 성장하고 있다는 점이다. 클러스터란 공항 중심으로 MRO 관련 업체와 기관들이 특정 지역에 밀집하여 형성된 집합체라는 뜻이다.

예를 들어, AAR Corp.은 미국 오클라호마, 일리노이, 플로리다 등 주요 국제공항이 있는 지역에 정비 시설을 두고 민항기와 군용기 정비를 통합적으로 지원하고 있다. 싱가포르의 ST Engineering은 창이공항과 셀레타공항을 중심으로 전 세계 MRO 시장의 10%를 차지하며 아시아 태평양 지역의 항공 허브로 자리 잡았다.

글로벌 MRO 전문업체들은 해외로도 진출하며 기술력을 수출하고 있다. AAR Corp.은 태국,인도, 그리고 캐나다에 정비 시설을 운영하고 있으며, ST Aerospace는 미국 텍사스와 알라바마에 진출해 경쟁력을 확장하고 있다. 독일의 루프트한자 테크닉은 필리핀 MacroAsia Corporation과 협력해 루프트한자 테크닉 필리핀을 설립하고, 중국 베이징 카일란과 협력해 루프트한자 테크닉 셴젠을 운영하며 아시아 시장을 선도하고 있다.

출처:Market Research Report

최첨단 IT 기술을 보유한 한국은 빠른 경제 성장과 혁신의 역사를 써 내려온 나라다. 조립과 생산 중심이었던 제조업에서 벗어나, 이제는 완성된 비행기를 수출하며 항공 산업 강국으로 자리 잡고 있다. 이러한 성장은 단순한 기술의 집약이 아니라, 창의성과 기술력을 겸비한 인재들이 뒷받침하고 있기에 가능했다. MRO 산업에서도 이 강점은 우리의 도약을 위한 든든한 기반이 될 것이다.

그러나 우리는 여기서 멈출 수 없다. 한국의 MRO 산업이 세계 시장에서 경쟁력을 확보하기 위해서는 글로벌 선도 기업들의 성공 사례를 벤치마킹하며, 이를 우리의 강점과 결합해야 한다. 인천공항과 사천을 중심으로 MRO 클러스터의 조성을 넘어, 대한항공 아시아나 통합을 통해 탄생한 메이저 에어라인에서 독립적으로 운영되는 MRO 정비업체들이 해외에서 시작되어야 할 것이다.

AAR Corp.와 ST Engineering의 사례에서 볼 수 있듯이, 해외 시장에 정비 시설을 설립하거나 현지 파트너와 협력하는 것은 한국의 MRO 산업이 글로벌 시장에서 입지를 다지는 데 중요한 전략이다. 루프트한자 테크닉의 협력 모델은 현지 기업과의 협력이 어떻게 시장 확대와 비용 절감으로 이어질 수 있는지를 보여준다. 메가 항공사의 탄생으로 인해 아시아 지역 항공사를 대상으로 한 정비 허브 구축을 고려할 필요가 있다. 향후 20년 동안 보잉. 에어버스 기종을 가장 많이 도입하는 지역이 아시아·태평양 지역이며 세계 MRO 시장의 30% 이상을 차지하기 때문이다.

인력 공급 목적으로 방문한 미국 앨라배마와 텍사스에 진출한 싱가포르에 본사가 있는 ST Engineering은 MRO 선진국인 미국에서 엔지니어들과 경영진의 노력으로 성공적으로 자리 잡았다. 경영진은 아시아인들이었고, 현장 기술자들은 대부분 현지 미국인이었다. 특히, 미국 땅에서 외국 인력을 효과적으로 활용하는 능력, 화물기 개조 기술, 엔진과 부품 정비 역량을 바탕으로, 현지화 전략과 고객 맞춤형 서비스를 통해 미국 시장에서 신뢰를 얻은 성공적인 모델로 평가받고 있다.

한국 MRO 산업 역시 이러한 글로벌 성공 사례를 벤치마킹하여, 기술력 강화와 현지화를 통해 세계 시장에서 경쟁력을 갖춰야 한다. 아시아를 넘어 미국에 진출한 ST Engineering은 한국이 지향해야 할 모범적인 모델이다.

# 정비본부 조직도 부서와 역할

"항공사에 지원할까? 아니면 항공정비(MRO) 전문업체에 지원할까?"

항공 정비 분야에 취업을 준비하는 학생들이 가장 먼저 마주하는 질문은 단순하지만 중요한 의미를 가진다. 이 질문은 다시 "라인정비처럼 활주로 가까이에서 비행기의 이착륙을 볼 수 있는 현장에서 일할까? 격납고 안에서 체계적인 정비를 경험할 수 있는 중정비를 선택할까?"로 이어진다. 정비본부의 조직도를 이해하면 각 부서와 직무에 대한 명확한 시각을 갖게 되어 이러한 고민을 해소할 수 있다.

정비본부는 항공사의 안전성과 운항 효율성을 보장하는 핵심 조직으로, 각 부서의 역할과 책임이 명확히 정의되어 있다. 항공사나 항공정비(MRO) 전문업체에 지원하려는 학생들에게 정비본부 조직도를 이해하는 것은 단순히 업무 선택의 기준을 넘어, 항공정비 산업 전체를 조망할 수 있는 안목을 제공한다.

정비본부의 주요 구조와 역할

항공사 정비본부 조직도는 일반적으로 기술지원부Technical Services, 항공기 정비Aircraft Maintenance, 공장정비부Overhaul Shops, 자재지원부Material Services, 정비프로그램 평가부Maintenance Program Evaluation의 다섯 개 주요 부서로 나뉜다. MRO 중정비 조직도는 1장 "중정비 정비사"에 올려놓았다.

추가로 독립적 부서로 운영되는 안전보안부서가 있으며, 대표이사와 동등한 위치로써, 최고의 베테랑 정비사 중 안전 분야 교육을 이수한 자들이 정비본부에 있는 모든 비행기의 안전을 관리 감독한다. MRO 중정비 조직도는 1장 "중정비 정비사"에 올려놓았다.

다섯 개의 주요 부서는 명확하게 역할이 분담되어 있고, 유기적인 협력을 통해 항공기의 감항성과 안전성을 유지하는 데 초점이 맞춰져 있다.

항공기 정비부(Aircraft Maintenance)

운항 정비(Line Maintenance): 항공기의 일상적인 운항을 지원하며, 공항 근처에서 빠르고 즉각적인 대응이 요구된다.

중정비(Heavy Maintenance): 격납고에서 이루어지는 장기적이고 복잡한 정비를 담당한다. 엔진 점검, 구조 수리 등 높은 수준의 기술과 장비가 필요하다.

기술지원부(Technical Services)

정비사가 현장에서 필요한 기술 자료와 매뉴얼을 제공하며, 항공기 제작사와의 협력으로 기술적 문제를 해결한다.

엔지니어급 인력들이 모여 항공기 성능 최적화를 위한 연구와 고장 분석을 수행한다.

공장정비부(Shops Maintenance)

항공기에서 분리된 구성품(유압 계통, 전자 장치 등)을 정비, 수리, 교환하는 전문 부서다.

각종 장비와 시스템을 전문적으로 처리하며, 구성품의 재사용 여부를 결정한다.

자재지원부(Material Services)

정비에 필요한 부품과 자재를 관리하고, 필요한 경우 조달을 담당한다.

항공기 유지보수에 있어 원활한 자재 공급은 필수적이다.

정비프로그램 평가부(Maintenance Program Evaluation)

항공기 정비 프로그램의 준수 여부를 점검하고, 정비 절차의 효율성을 검토한다.

법규 및 회사 규정을 준수하면서 최적의 정비 성과를 달성하도록 지원한다.

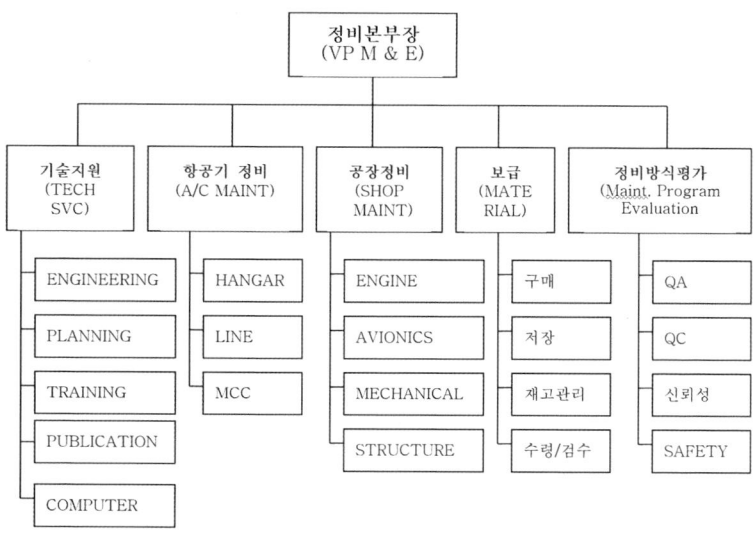

정비본부 조직은 일반적으로 삼각형 구조를 이루며, 아래로 갈수록 정비 인원이 많고 위로 갈수록 관리.경영인원들이다. 정비본부장은 임원급으로, 항공사 사장의 지휘를 직접 받으면서 정비본부와 운항본부 간의 긴밀한 협력을 돕는다. 정비본부는 항공기가 안전한 상태, 즉 감항성을 갖춘 항공기를 운항본부에 제공할 책임을 지며, 운항본부는 안전 운항의 결과로 정비본부에 피드백을 제공한다.

작은 규모의 저비용항공사(LCC)는 주로 라인 정비에 집중하지만, 대형 항공사는 격납고를 갖추고 중정비와 외부 고객 정비를 함께 수행한다. 조직은 더욱 세분화되어 규모와 정비 역량에 따라 엔진 정비, 전자전기, 복합 소재, 정비통제실 등으로 달라질 수 있다. 정비본부는 단순히 기술자와 작업자들만 모여 있는 곳이 아니라, 기능공, 엔지니어,

관리자, 품질 감독관, 안전 감독, 그리고 경영인 등이 협력하는 복합 조직체다.

정비본부 조직도는 항공산업의 정비 생태계를 체계적으로 이해하는 데 필수적인 도구다. 각 부서 간의 유기적인 협력과 명확한 역할 분담은 항공기의 안전성과 운영 효율성을 극대화하며, 이는 항공사 전반의 경쟁력과 직결된다. 정비본부는 항공기 안전과 국가 항공산업을 책임지는 최전선에 위치한 핵심 축이다.

예비 항공정비사들에게 정비본부 조직도는 단순한 구조도가 아니라, 각 부서의 특성과 직무를 통해 자신의 경력 방향과 목표를 설계할 수 있는 나침반과도 같다.

# 인공지능(AI), 사라지는 항공종사자

항공산업은 오랜 역사를 통해 기술과 인간의 협업으로 발전해 왔다. 하지만 인공지능(AI) 기술이 빠르게 확산되면서 항공업계의 전통적인 역할들이 변화의 중심에 서 있다. 특히, 반복적이고 규칙적인 업무를 수행하던 항공종사자들은 AI와 자동화 기술의 영향으로 새로운 도전에 직면하고 있다.

항공정비사는 크게 현장에서 직접 작업하는 메카닉과 데이터를 관리하고 기술 검토를 수행하는 엔지니어로 나뉜다. 이들의 역할은 각각 육체적 노동과 지적 작업으로 구분된다. 한편, 조종석에서는 경험과 지식에 따라 부기장과 기장으로 구분되며, 비행의 최종 결정권은 인간의 손에 달려 있다. 그러나 AI 기술이 정비와 조종 업무에 도입되면서, 이들의 역할에도 커다란 변화가 예상된다.

단순하고 반복적인 업무는 AI가 가장 잘 대체할 수 있는 분야다. 백악관 보고서에 따르면, 정형화된 업무의 83%가 자동화될 가능성이 있다고 한다. 이미 공항 내 식당에서는 직원 대신 고객이 직접 메뉴를 선택하고 주문할 수 있는 키오스크 시스템이 보편화되었고 서류 검토 업무가 많은 엔지니어를 돕고 있다. 정비사들이 대형기 보다 높은 곳에 올라가서 항공기 외부 점검 방식도 이제는 AI 탑재한 드론을 날려서 항공기 표면을 빠르게 스캔하여 손상, 균열, 페인트 결함 또는 부식과 같은 이상을 탐지하고 있다.

항공업에서 반복적이고 규칙적인 작업의 대표적인 예는 서류 작업이다. 비행기 운항과 관련된 방대한 데이터와 기록 관리 작업은 이미 AI 기술의 주요 적용 대상이 되고 있다. 머신러닝과 딥러닝 기술은 수많은 데이터를 분석하고 문제를 예측하며, 정비와 관리 과정에서 의사 결정을 지원한다. 이러한 변화로 현장 작업보다는 데이터와 서류를 관리하는 엔지니어와 관리자의 역할이 먼저 영향을 받을 가능성이 크다.

AI가 반복적 작업을 대체하더라도 창의성과 판단력이 필요한 작업은 여전히 인간의 몫으로 남을 것이다. 예를 들어, AI는 고장 탐구와 예측 분석에서 강점을 보이지만, 최종 결정을 내리고 기록하는 것은 인간의 역할로 유지될 것이다. 이는 조종석에서도 유사하다. 보잉은 AI를 통해 조종사를 대체할 수 있는 로봇을 개발했지만, 로봇만이 조종석에 앉은 비행기를 사람들이 신뢰하고 탈지는 의문이다. 인간의 생명이 걸린 항공산업에서 AI의 역할은 어디까지나 보조적일 수밖에 없다.

항공법 또한 이를 뒷받침한다. 현재 법적으로 비행기 운항은 훈련된 상업용 조종사만이 수행할 수 있으며, 정비 역시 자격증 소지자만이 담당할 수 있다. 이는 AI가 최종 책임을 맡기에는 아직 신뢰성과 법적 기반이 충분하지 않음을 보여준다.

미래에는 AI와 인간이 공존하며 협력하는 형태가 주를 이룰 것이다. 정비 현장에서는 AI가 보조 정비사의 역할을 수행하며, 인간은 최종 판단과 서명 작업을 담당하게 된다. 이러한 변화는 시간이 절약되고 효율성이 향상되는 결과를 가져오겠지만, 동시에 항공종사자들에게 새로운 기술을 익히고 적응할 것을 요구한다.

예를 들어, AI는 딥러닝을 통해 데이터를 분석하고 예측 가능한 결함을 찾아내지만, 인간은 딥씽킹을 통해 더 깊은 이해와 결정을 내려야 한다. 인간과 AI의 협업은 항공산업의 새로운 표준이 될 것이며, 이는 정비사와 조종사가 기존의 역할에서 벗어나 새로운 기술을 활용하는 전문가로 거듭날 기회를 제공할 것이다.

AI 기술은 항공산업의 풍경을 바꾸고 있다. 반복적이고 규칙적인 작업은 점차 AI로 대체되고 있지만, 인간의 판단력과 창의성이 요구되는 역할은 여전히 중요한 위치를 유지할 것이다. 이는 항공정비사들이 비행 전. 후 항공기가 안전하게 비행할 수 있다고 최종적으로 결정하며 사인 권한을 행사하는 역할이다.

AI는 이 권한을 대체할 수 없기 때문에 이러한 역할은 사라지지 않는다. 법적으로, 이는 항공종사자 자격증을 소지한 사람만이 수행할 수 있는 고유 권한이다.

# 인공지능(AI), 새로운 정비방식

인공지능AI 기술의 발전은 항공기 정비 방식을 크게 변화시키고 있다. 과거의 정비가 고장이 발생한 이후에 문제를 해결하는 사후적 방식에 의존했다면, 이제는 운항 중 발생하는 데이터를 통해 고장을 사전에 예측하는 예측정비Predictive Maintenance 방식으로 전환되고 있다. 이는 유지보수 시간의 단축과 함께 항공기 가동률을 높이며 정비 효율성을 극대화한다.

항공 정비는 크게 계획정비Scheduled Maintenance와 비계획정비Unscheduled Maintenance로 나뉜다. 계획정비는 제작사가 정한 기준에 따라 일정 기간마다 수행하는 필수 작업이며, 비행기가 운항하지 않더라도 정해진 시점에 반드시 수행해야 한다. 반면, 비계획정비는 예측할 수 없는 결함이 발생했을 때 즉각적으로 이루어진다. 예를 들어, 타이어 손상이나 천재지변으로 인한 결함은 비계획정비의 대표적인 사례다.

최신 항공기는 구형 항공기와 비교할 때 80배 이상의 데이터를 생성한다. 2026년까지 전 세계 항공기에서 생성되는 데이터는 연간 약 9800테라바이트에 달할 것으로 예상된다. 이러한 빅데이터는 머신러닝과 딥러닝 기술을 활용해 비행 중 발생하는 문제를 사전에 감지하고, 적시에 해결 방법을 제시한다. 예를 들어, 엔진의 유압펌프 작동 데이터를 분석해 다음 비행 전에 문제가 발생할 가능성을 예측할 수 있다. 이를 통해 항공기 결함 시간을 획기적으로 줄일 수 있다. 델타항공은 예측 정비를 도입해 2010년 5,600시간에 달했던 결함 시간을 2018년에는 55시간으로 줄이는 데 성공했다.

국내 티웨이항공은 에어버스 330 기종을 운영하면서 유럽 노선에 취항한 최초의 저비용 항공사다. 해당 기종에 사용되는 트렌트 700 엔진은 제작사인 롤스로이스의 토탈케어 서비스를 받고 있다. 이는 단순한 엔진 유지보수 지원이 아니라 예측 정비 가능성과 설계, 제조, 판매 등 전 영역에 빅데이터를 활용한 기술을 적용한 것이다. 롤스로이스는 자사의 항공 엔진에 IoT 기반 센서를 탑재해 데이터를 수집하고, 이를 분석해 엔진 결함 및 교체 시기를 운영자에게 제공하고 있다. 이러한 기술은 항공 정비의 효율성을 획기적으로 변화시키고 있다.

에어버스는 항공기의 모든 운항 정보를 Skywise 클라우드에 저장하고 분석해 예측정비를 실현하고 있다. 항공기 센서에서 수집된 데이터는 발생 가능한 구성품 고장을 사전에 탐지하며, ATA(Air Transport Association) 표준번호 체계를 기반으로 문제를 분석하고 있다. Skywise는 항공 데이터를 수집하고 분석하는 안전한 오픈 데이터 플랫폼이다. 에어버스는 데이터 분석과 인공 지능 도구를 활용해 엔지니어링, 유지관리부터 비행 운영까지 모든 것을 최적화하고 예측할 수 있다.

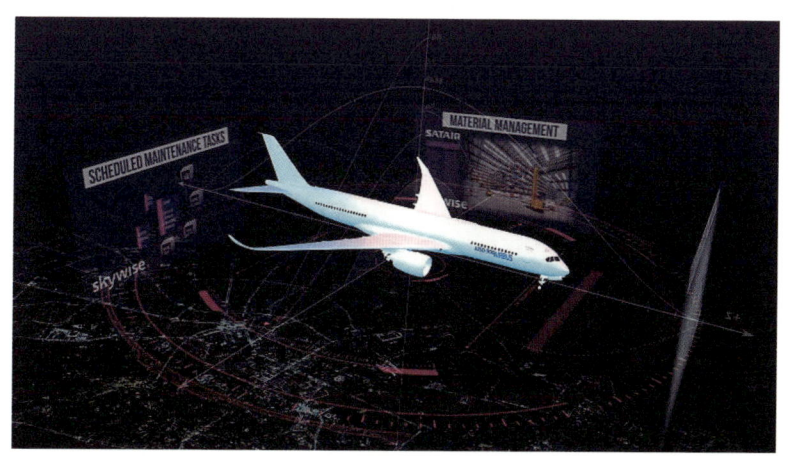

에어버스 Skywise 플랫폼

AI 기술은 정비 시간을 단축하고 고장 탐구를 지원하지만, 최종 정비 작업은 여전히 인간의 손이 필요한 영역으로 남아 있다. 타이어 교체, 유압 및 연료 교환과 같은 물리적인 작업은 AI가 대체할 수 없는 영역이다. 최신 항공기의 60% 이상이 전자 및 통신 시스템으로 구성되어 있어, 복잡한 결함을 탐지하기 위해 AI가 사용되더라도 최종 수리와 모듈 교체는 인간 정비사의 몫이다. 이러한 이유로 항공정비학과에서는 학생들이 직접 비행기를 정비하며 손기술을 익히는 실습 교육에 많은 비중을 두고 있다.

빅데이터와 예측정비는 항공산업의 새로운 기준을 만들어가고 있다. AI는 데이터를 기반으로 문제를 사전에 감지하고 해결책을 제시하며, 정비 과정의 효율성을 높인다. 하지만 항공 정비는 단순히 데이터를 처리하는 것을 넘어, 항공정비사의 경험과 감각이 중요한 분야다.

  AI가 제공한 결과를 바탕으로 최종 판단을 내리고 작업을 수행하는 것은 여전히 인간의 몫이다. 이는 비행기의 안전과 승객들의 생명을 책임지는 중요한 작업이기 때문이다.

# 전기 비행기 시대와 항공정비

세스나 비행기는 전 세계에서 가장 많이 팔린, 항공연료로 비행하는 9인승 이하 단거리 비행기 제작업체다. 작년 12월 캐나다에서 세스나 206 비행기의 화석연료로 움직이는 엔진을 제거해 버리고 배터리 전원으로 15분간 첫 비행에 성공하게 된다. 터빈 대신 모터를, 항공연료 대신 배터리 전원을 이용한 첫 비행이었다. 100년 전 라이트 형제가 화석연료를 이용해 첫 비행을 12초 동안 36m 날았던 것처럼 큰 의미 있는 사건이다. 그 주인공은 세계 최초로 전기 비행기 Electric Airplane 시험 비행에 성공한 전기 추진 시스템 을 설계하고 개발하는 미국의 매그니엑스 MagniX 개발업체다. 앞으로 전기전자기술자 위상이 높아질 것이다.

전기 비행기 시대가 열린다면, 기존 연료를 태우면서 나오는 이산화탄소로 인한 대기오염이 줄어들고, 소음과의 전쟁에서도 답을 찾을 수 있다. 엔진에서 뿜어져 나오는 오일 타는 냄새가 좋다던 항공종사자의 말은 추억 속으로 사라질 것이다. 엔진을 움직이기 위한 화석연료, 오일, 유압유 등이 사라지고 전기로 움직이기에 운영비도 50% 이상 줄어들게 된다. 공항에 도착하는 비행기에 연료를 주유하는 모습도 사라지게 되고 대신 배터리 충전소가 생길 것이다.

 전통 비행기가 30분을 날기 위해서 항공유를 300달러 사용했다면, 전기 비행기는 단돈 6달러로 전기를 충전하면 된다는 얘기다. 이렇게 되면, 제일 먼저 피해를 보는 회사는 미국을 대표하는 단거리 비행기 제작업체 세스나, 유럽을 대표하는 다이아몬드 회사이기 때문에, 이들 기업은 변화하지 않으면 도태될 수 있다. 아이폰이 생기면서 기존 아날로그 핸드폰 업체들이 사라지던 것처럼.

 지금은 주변에서 전기차를 쉽게 만날 수 있는 시대다. 기존 내연기관 전문 정비사들 말로는, 전기차 고장 시에는 부품을 간단히 교환하는 방식이라고 한다. 다양한 전기차 전문 학교 및 기관에서 새로운 정비 방식을 훈련받고, 새로운 형태의 전기차 전문 정비소가 태동하게 될 것이다.

 항공정비사는 여러 종류가 있다. 전기비행기 시대가 도래하면 기체 정비사는 살아남고 엔진 정비사들은 없어지고 전기전자 정비사들의 위상이 높아질 것이다. 비행기 심장만 바뀌고 항공기 기체에 대한 기본 정비는 동일하지만, 추가로 배터리에 필요한 정비 기술, 교환 주기, 배터리 제작업체가 요구하는 훈련을 이수한 자만이 배터리로 구동하는 모터와 엔진을 정비하게 된다. 국내라면 전기전자 정비사들이 몸값이 더 올라갈 것이며, 미국에서 기체 정비사와 기관 정비사 자격증이 나뉘어 있는 것처럼 새로운 전기전자 정비사 자격증 제도가 만들어질 것이다.

물론 전기비행기 시대가 열리면서 해결해야 할 문제도 많다. 현재 배터리는 무겁고, 비싸고, 수명이 짧다. 배터리 용량 한계로 인해 한 번의 충전으로 9인승 비행기가 160km를 날 수 있으며 앞으로 804km까지도 가능하며, 속도도 시속 400km에서 시속 800km까지 올릴 계획이라고 한다. 대표적인 회사가 완전 전기식 비행기로, 9명의 승객을 태우고 700km를 비행할 수 있도록 설계한 미국 워싱턴에 위치한 Eviation Aircraft다.

실제로 김포공항에서 부산공항까지 국내 저비용항공사에서 운영하는 보잉 737-900 기종을 타면 순항 속도 844km/h에 60분 이내로 도착하는 것과 비교하면 아직은 단거리용에만 적합하다. 그러나 보잉과 에어버스 같은 전통 비행기 제조업체들도 전기 비행기 개발에 뛰어들고 있기에 배터리 용량만 극복된다면 조금씩 중장거리로 확대될 것이다.

출처:magniX and Eviation Aircraft

현재 기술로는 2025년까지 대한민국에서 플라잉카의 실용화가 기술적으로 가능하다고 말한다. 다만 지상에 다니는 자동차는 도로교통법을 따르고, 하늘을 나는 비행기는 항공법을 적용받지만, 자동차가 하늘로 날아갈 때는 적합한 법규 및 인증 제도가 확립되어야 할 것이다.

앞으로 다가올 전기비행기 시대에 대비하여 기술기준을 정립하고, 하늘길 전용도로를 확보하는 경쟁 속에서 안전 기준이 세워져야 할 것이다. 엔진이 없어지고 배터리로 구동되는 전기 비행기 시대를 준비한다면, 기존의 정비사들은 조금씩 전기전자 정비사에게 필요한 훈련을 받아야 할 것이다.

# 도심항공모빌리티(UAM) 시대와 항공정비

　도심항공모빌리티UAM, Urban Air Mobility는 내가 상상했던 미래 교통수단 중 가장 현실에 가까워 보인다. 복잡한 도심 교통 체증을 해결하고, 전기로 움직이는 친환경 항공기를 타고 단시간 내에 목적지에 도착하는 모습은 이미 가까운 미래의 일이 되었다. 이런 변화는 단순히 교통수단의 발전을 넘어, 항공정비사로서 내가 겪어온 정비 산업의 패러다임까지 바꿔놓고 있다.

　나는 공군에서 헬리콥터 정비사로 직접 탑승하는 Flight Engineer 근무했다. 미국에서도 휴스턴 헬리콥터서비스 업체에서 근무했다. 헬리콥터는 긴 활주로 없이 수직으로 이착륙할 수 있다는 큰 장점이 있지만, 늘 진동과 소음 문제는 풀리지 않는 숙제였다. 엔진 소음과 효율성의 한계를 극복하기 위해 노력했지만, 현대 기술에 부족함이 있다는 생각이 들었다. 이제 헬리콥터의 이러한 한계를 극복할 기술이 바로 eVTOLelectric Vertical Take-Off이다. 터보 샤프트 엔진이 사라지고, eVTOL은 전기로 작동하는 수직 이착륙 항공기다. 소음이 거의 없고 에너지 효율이 높아 도심에서의 활용 가능성이 무궁무진하다. 출퇴근길의 단거리 운송은 물론, 화물 운송에서도 중요한 역할을 하게 될 것이다.

최근 국토교통부는 한국형 도심항공교통K-UAM 로드맵을 발표하며 2025년에 UAM 상용화를 목표로 하고 있지만, 여전히 아침 출근길에 번잡한 올림픽대로 위로 날아다니는 UAM은 보이질 않고 있다. 2035년까지는 UAM 대중화를 목표로 안전 규제를 완화하고 인프라를 확대할 계획이라고 한다. 여기에 UAM 항공 종사자 자격증 제도도 만들어질 것이다. 이러한 움직임은 내가 몸담고 있는 항공정비 분야에도 새로운 기회를 열어주고 있다.

국내 기업들도 이에 발맞춰 발 빠르게 움직이고 있다. 현대자동차는 eVTOL 개발에 적극 나서고 있으며, 한화시스템은 자율비행과 통신 기술을 기반으로 한 솔루션 개발에 집중하고 있다. 한국항공우주산업(KAI)은 무인기 기술을 활용한 eVTOL 연구를 진행하고 있으며, SK텔레콤과 KT는 첨단 통신 기술을 통해 UAM 생태계를 조성하는 데 기여하고 있다.

eVTOL과 같은 새로운 기술은 기존의 정비 방식과는 전혀 다른 접근 방식을 요구한다. 배터리 관리, 자율비행 시스템 점검, 소프트웨어 업그레이드 등 새로운 기술이 정비의 중심이 된다. 정비사들은 더 이상 단순히 기체 중심 작업과 기계적 문제를 해결하는 역할에 머물 수 없다. 디지털 기술과 전자 시스템에 대한 이해는 이제 필수가 되었고, 새로운 기술을 받아들이는 유연성이 필요하다. 앞으로 미래 정비사들에게는 배움과 적응이 새로운 일상이 되고 있다.

UAM의 발전은 새로운 일자리를 창출할 것이다. 초기에는 조종사가 직접 비행체를 조종하겠지만, 기술이 발전하면서 원격 조종이나 자율 비행으로 전환될 가능성이 크다. 이로 인해 조종사는 비행체 운항을 감시하고 관리하는 역할로 변화할 것이다. 또한, 항공정비사, 관제사, 운영 관리자 등 다양한 전문 인력이 필요해질 것이다.

이러한 변화에 대비해 정부와 기업은 UAM 분야의 인력 양성을 위한 교육 프로그램과 자격증 제도를 준비하고 있다. 특히, UAM 항공종사자 자격증은 앞으로 필수 요소가 될 것이며, 이를 통해 정비사와 조종사의 역할이 더 전문화될 것이다.

UAM의 변화는 세계적으로 일어나고 있다. 미국의 Joby Aviation과 Archer Aviation, 독일의 Volocopter와 Lilium, 그리고 중국의 EHang까지, 전 세계 기업들이 이 시장을 선도하기 위해 경쟁하고 있다. 이들은 각국 정부와 협력하며 새로운 교통 생태계를 만들어가고 있다. 이들의 기술력을 보면, 정비사로서 나 또한 얼마나 더 배워야 할지 절실히 느껴진다.

출처: 미국 Joby Aviation, 중국 Ehang

UAM 산업은 단순히 새로운 교통수단을 넘어, 전 세계적으로 경제 성장과 일자리 창출에 중요한 역할을 할 것이다. 기술 발전과 함께 조종사, 정비사, 관제사 등 기존 직업의 역할이 변화하고, 새로운 전문 직업군이 등장하게 된다. 이를 대비하여 정부와 기업은 인재 양성에 적극적으로 나서야 하며, 개인 또한 변화하는 환경에 맞춰 새로운 기술을 배우고 준비해야 할 것이다.

 미래의 도심 하늘을 날아다닐 eVTOL을 떠올리며, 미래 항공정비사들은 새로운 기술을 배우고 준비해야 할 것이다. 이러한 변화가 두렵기도 하지만, 동시에 설레기도 한다. 도심항공모빌리티는 우리 사회에 분명 혁신적인 변화를 불러올 것이며, 새로운 모습의 항공정비사 일자리와 자격증 제도를 기대해 본다.

# 디지털 혁명, 항공교육의 변화

팬데믹 이후 가장 큰 혁신은 항공정비사 자격증 이론 수업이 이제 핸드폰으로 가능해졌다는 점이다. 그 변화는 미국에서 시작되었다. 미국연방항공청(FAA)은 항공정비 교육을 비대면 수업을 넘어 홈스쿨링 방식으로까지 승인했다. 이제 모든 이론 수업은 집, 카페, 직장 등 어디서든 동영상 강의를 통해 진행되고, 시험과 평가도 온라인으로 이루어진다. 평균 8개월 동안 학교에 나와 실습만 진행하면 되는 새로운 형태의 학습 방식이 도입된 것이다.

미국 오클라호마에 위치한 스파르탄 항공대학과 텍사스 댈러스에 위치한 U.S. Aviation Academy는 이러한 디지털 전환의 선두 주자로, 최초로 미국연방항공청 승인을 받았다. 플로리다, 애리조나에 위치한 Embry Riddle University 에서는 월드와이드 캠퍼스를 오픈해서 전세계 어디서나 온라인으로 학위취득이 가능하다. 항공 교육의 새로운 시대가 열렸다. 이제는 현장에서 실습만 하고, 이론 수업은 어디서나 핸드폰 하나로 가능한 시대다.

디지털 교육 방식의 물결을 나는 미국에서 먼저 목격한 후, 팬데믹 기간 동안 항공 교육의 온라인화를 위해 정부 지원금을 받아 에듀에어 eduair.co.kr를 개발했다. 오프라인 실습 수업과 이론 수업은 학습 관리 시스템(LMS)을 통해 동시에 진행하는 방식으로, 이를 기반으로 '항공정비사 양성을 위한 하이브리드 교육 방식' 특허도 취득했다. 오늘도 여전히 디지털 항공 교육 플랫폼의 완성을 위해 국내 최초로 항공 교육 콘텐츠를 제작하고 있다. 멈출 수 없는 이유는 나처럼 특수한 학교에서만 수업을 들을 수 있는 환경이 아닌, 다음 세대를 위해 누구나 쉽게 항공 교육을 접할 수 있는 기회를 만들고 싶었기 때문이다.

국내 대학들은 어떨까? 한국의 항공정비사들은 대체로 학점은행제를 통해 학위를 취득하는 경우가 많다. 국토교통부 지정 전문학교에서 2,410시간의 교육을 이수한 후 교양 과목은 온라인으로 수강하고, 평생교육진흥원을 통해 학점을 인정받아 졸업하는 방식이다.

또 다른 방법으로는 국토부의 '항공안전관리자' 자격증 과정을 혼자 공부한 뒤, 나머지 학점을 온라인으로 이수해 준학사 혹은 학사 학위를 취득하는 경우도 있다. 군 특성화고 출신 학생들은 군 복무 중에도 인하공업전문대학, 구미대 E-Military U와 같은 협약 대학에서 온라인으로 학위를 취득할 수 있다. 일부 전문학교나 대학교에서는 항공 관련 학위를 100% 온라인으로 취득할 수 있는 프로그램도 마련 중이다.

항공정비사 자격증 취득을 위한 2,410시간 과정은 현재 국토부에서 요구하는 이론 및 실습 과정이 매우 엄격하기 때문에, 학교에서는 평균 2~3년의 시간이 소요된다. 앞으로는 공통 과목과 일반 과목을 온라인

과성으로 선환하고, 나머지 시간은 실습에 집중하는 방향으로 개신할 필요가 있다.

　미국의 경우, FAA는 항공정비사 학과 과정을 위해 1,900시간의 이론 및 실습을 요구한다. 평균 70점 이상의 점수를 받아야 시험 응시 자격이 주어진다. 이 중 55% 이상의 이론 수업은 이미 온라인으로 인가받은 학교가 있으며, 실습은 오프라인에서만 진행되는 방식이다.

　디지털 혁명은 이미 우리 생활 곳곳에서 변화를 일으키고 있다. 택시는 길에서 기다리지 않고 핸드폰 앱으로 호출하는 시대가 되었고, 비디오 대여점은 넷플릭스 같은 스트리밍 플랫폼으로 대체되었다. 항공 교육 역시 마찬가지다. 이제 항공정비 및 조종사 교육도 디지털 플랫폼으로 이동하며 새로운 판을 열고 있다.

　칼럼과 저술을 통해 항공산업 분야에 깊은 인사이트를 제공하는 한국항공대학교 허희영 총장님은 항공 디지털 교육의 중요성을 가장 먼저 제시했다. 항공대 경영대학원 때 "MRO항공정비조직 인증에 관한 연구" 석사논문 지도교수님이셨다. 그는 2024년 5월, 21년 전통을 가진 한국항공 경영학회에서 항공 분야의 디지털 혁명을 주제로 "MRO 항공정비사 자격증 제도" 특별 세션을 열어 주셨다. 이 자리에서 국토부 자격 팀은 국내 자격증 제도 변경에 대한 논의를 주도했으며, 나는 한국항공대학교 교수로서 국내, FAA, EASA 자격증 제도를 비교 분석하는 발표를 진행했다.

　이 학회를 계기로 국토교통부는 AI(인공지능) 및 증강현실(AR) 기반의 디지털 교육 방식을 공식 승인했으며, 국내 대학들이 모두 참여한 공청회를 통해 본격적으로 디지털 항공 교육의 문이 열리기 시작했다. 특히, 기존에는 항공 교육 기관들이 실제 비행기를 의무적으로 구입해야 했지만, 이제는 디지털 트윈 기술을 활용한 3D 영상으로 훈련이 가능한 기종으로 이를 대체할 수 있게 되었다.

학생들은 여전히 손으로 직접 만지는 실습 과정을 유지하면서도, 3D 가상 환경에서 제작된 보잉기를 활용해 구글 글래스를 착용하고 정비 실습을 진행하는 새로운 시대가 열리고 있다.

항공 교육의 디지털 전환은 선택이 아닌 필수가 되었다. 코로나 이후 변화된 환경 속에서, 학교들은 더 이상 전통적인 오프라인 방식에만 의존할 수 없다. 디지털 플랫폼과 온라인 교육이 항공 교육의 미래를 이끌 것이며, 변화에 발 빠르게 적응하지 못하는 교육 기관은 경쟁력을 잃게 될 것이다.

이제는 디지털 기술의 발전과 함께, 새로운 학습 방식을 통해 차세대 항공인을 양성해야 할 시점이다. 디지털 혁명의 물결 속에서 항공 교육이 다음 단계로 나아가야 한다.

한국항공경영학회 주관 디지털혁명 "MRO항공정비사자격제도개선" 발표

항공정비(MRO)산업과 미래

# 6장
## 꿈꾸는 자, 나의 이야기

# 군대를 두 번 입대한 이유

"교수님, 저 군대 갑니다."

학교에서 항공정비과 1학년생들을 가르치면 매 학기 한두 명씩 사라진다. 현역 입대 학생들이다. 특이한 점은 모두 군에서 항공정비 특기를 받고 싶어 한다는 것이다. 어느새 머리를 짧게 깎고 나타나 찾아오면 1993년 나의 청년 시절이 떠오른다. 나도 공군병 460기로 지원했었다.

전문대학교 야간 기계설계과를 다닐 때 공군 기술병 모집 공고를 보게 되었다. 그리고 목표가 생겼다. "항공정비사."

공군에서 비행기를 직접 정비할 수 있다고 생각하니 바로 지원했다. 그때나 지금이나 정비 특기를 받고 싶은 마음은 여전히 똑같은 모양이다.

드디어, 남자들이 제일 싫어하는 진주 공군교육사령부에서 6주간의 훈련을 끝내고 특기 발표하는 날이 되었다. 우리는 연병장에 집합했다. 당시 군대에는 구타가 남아 있던 시절이라 잔뜩 든 군기와 함께 긴장된 순간이었다. 교관들이 군번과 이름을 하나둘씩 부를 때마다 희비가 엇갈렸지만, 누구 하나 감정을 표현하지 못하고 잠잠히 듣고만 있어야 했다. 그리고 나의 이름이 나왔다.

"김종복 훈련생, 헌병 특기."

저 멀리서 들리는 빨간 모자 교관의 말이 너무도 차갑게 내 마음에 박혔다. 현실을 부정하려 해봐도 이미 벌어진 일이었다. 항공정비 특기를 받고 싶었는데 군기의 상징인 헌병 특기를 받고 말았다. 그날 쳐다본 하늘은 우울한 내 마음을 대변하듯 흐렸고, 비마저 내려 마음이 더 쓰렸다.

낯선 헌병 완장과 멋진 제복을 입고 중원에 있는 19비행전투비행단에서 정문 게이트를 지키는 헌병 생활이 시작되었다. 공군에 가서 비행기를 정비하고 싶었는데 공군 헌병이라니. 밤늦게 군기를 잡는다고 구타와 폭언을 당할 때는 정말 앞이 보이지 않았다. 특히 힘들었던 것은 말년 병장들의 모습이었다. 매일 정문 게이트를 지키면서, 군에서 특별한 기술 없이 시간만 채우고 제대하는 그들의 모습이 내 미래가 되지 않을까 하는 생각이 나를 더욱 힘들게 했다. 제대 후의 진로에 대해 고민하면서, 꼭 공군에서 항공기 정비 기술을 배워야겠다고 다짐했다.

당시 중원에는 차세대 전투기로 선정된 F-16 비행기 엔진 소리가 매일 웅장하게 울렸다. 그 소리는 정문 게이트를 지키고 있는 나를 무척이나 유혹했다.

"어떻게 하면 공군에서 항공정비 특기를 다시 받을 수 있을까?"

그러던 중, 다시 공군 부사관으로 입대하면 특기를 받을 수 있다는 이야기를 듣게 되었다.

어느 날 야간 근무 중, 정문 게이트 문에 못으로 비행기 그림을 그리고 있는 나 자신을 발견했다. 다시 도전해 보고 싶었다. 그 마음은 절실

했다. 그때는 야간 비행 때 천지를 울리는 비행기 엔진 소리마저도 나에게는 자장가처럼 들렸다.

"그래, 다시 한번 공군 부사관에 지원해 보자."

당시 고참들은 미친 짓이라고 모두 반대했다. 군대는 빨리 제대하는 것이 최고라고.

부사관 후보생들은 고등학교 졸업생과 직업전문학교 졸업생이 많았다. 돈을 벌기 위한 목적으로 장기 복무에 지원하는 분들이 많아 학벌이 낮고 거칠었다. 그때는 하사관이라고 했고 지금은 부사관으로 이름이 바뀌었다. 당시 유한전문대학교 기계설계과 졸업생인 나는 고학력자에 속했던 시절이다. 나 또한 집안 형편이 너무 어려워서 돈을 벌 수 있다는 사실이 무척 반가워 지원하고 싶었다. 제대 날짜만 기다리고 살 바에는 군대에서 기술을 배우고 싶었다. 그 결정으로 20대 청춘, 4년 6개월 의무 복무 기간을 보내야 했다. 그 안에서 나는 유일한 공군병 출신 156기 부사관이었다.

공군병은 6주간 군사훈련을 받는데, 공군 부사관은 특기 교육까지 6개월 기간 동안 똑같은 훈련을 받아야만 했다. 신병으로 입대하던 날처럼 도살장에 끌려가는 소 같은 심정을 또 경험해야만 했다. 더 두려웠던 것은, "훈련을 끝마치고 나서 항공정비 특기를 받지 못하면 어떻게 할까"라는 고민이었다.

공군은 당시에도 매달 휴가를 많이 줬고, 특히 비행기를 좋아하는 청년들에게는 경쟁이 치열한 곳이었다. 공군 훈련소에 입대하면 바로,

입고 온 옷과 신발을 직접 소포에 싸서 집으로 돌려보내 준다. 부모님들이 사랑하는 자식의 소지품을 받고 나서 가장 많이 우신다고 한다. 우리 어머님도 내가 공군 훈련병 때 그랬다. 아들 하나 잘 키워 보려고 희생하며 사시는 어머님도 소포를 받고 매일 울며 지내셨다고 했다. 그리고 다시 공군 부사관 훈련생 때 또 한 번 소포를 보냈으니 난 어머님을 두 번 울게 만들었다.

공군 부사관 기본 군사 훈련도 병 훈련처럼 총검술, 화생방, 유격 훈련 등 똑같았다. 3개월 동안의 숨 막히는 기본 군사 훈련이었다. 6주를 미리 훈련을 받아본 나로서는 매일 달력에 X자를 그리며, 훈련의 마지막 날을 위해 참고 인내했다.

그리고 3개월 후 또다시 특기 부여를 발표하는 날이 드디어 찾아왔다. 얼마나 떨리던지 눈만 지그시 감고 나의 이름과 군번이 불리기만 기다렸다.

"김종복 후보생, 기체정비 특기!"

공군 중원비행장 헌병 460기, 청주 6전대 블랙호크 탑승정비사 156기

마침내 항공기체정비사(4313) 특기를 받게 되었다. 정말 행복했다. 푸른 하늘이 그렇게도 아름다워 보인 적이 없었다. 훈련병 시절 내무반을 이탈하는 즐거움 때문에 초코파이 하나에 팔려 간 군인처럼 매주 기지 내 교회를 다니면서 세례를 받았는데, 믿음은 없었지만 정말 하나님이 도와주신 것 같았다.

기본 군사 훈련이 끝나고 3개월 특기 교육이 시작되었다. 처음으로 비행 원리에 대해 배웠다. 그리고 격납고 안에서 정비하고 비행기에 대해 실습할 때 너무도 행복했다. 두 번 군대에 지원한 보답인지 가장 근무하고 싶어 하는 부대, 대통령 전용기를 정비하는 성남 비행장 35 전대에서 군대 생활을 시작했다.

더 흥미로운 사실은 27년이 지나고 나서, 당시 김 하사였던 내가 회사 대표이자 미국 대학교 교수가 되어, 이곳 35 전대에 초청을 받아 항공 안전 특강을 진행했다. 개인적으로 영광스러운 자리였다. 그때 전우들은 대부분 이제 원사나 감독관이 되어 있었다

우리 때나 지금이나 육·해·공군 항공정비 관련 특기를 받는 것은 경쟁률이 치열하다. 군 생활은 항공정비 경력을 쌓을 수 있는 가장 좋은 기회였다. 첫째 아들도 미국에서 태어났지만 내가 두 번 들어간 훈련소를 거쳐서, 서산에서 기체 정비병으로 만기 제대했다.

"교수님, 기체 특기가 좋나요? 아니면 전기전자나 기관 특기가 좋나요?"

오늘도 대학교 1학년의 입대를 준비하는 학생들이 정비 특기를 받고

싶다며 인스타로 연락이 왔다. 고등학교 진로 탐색 강사로 나가 만난 학생들도 똑같은 질문을 한다.

  다시 태어나도 정비 특기를 받기 위해 두 번 입대할 수 있을까? 군 정비 특기는 항공정비사가 되기 위한 시작이었다. 다시 돌아간다고 해도 나는 꿈을 찾아 거침없이 선택했을 것 같다.

## 참모총장 헬기 사고 날 배운 것들

항공정비사는 두 종류가 있다. 본인이 정비한 비행기에 직접 동승 비행을 하는 정비사와 지상에서 정비만 지원해 주는 정비사다. 전자를 공군에서는 탑승 항공정비사 Flight Engineer라고 부른다.

나는 수원기지에서 청주로 옮긴 제6탐색구조전대에서 블랙호크 탑승 항공정비사로 근무했다. 당시에는 비행복을 입고 청주 시내를 돌아다닐 수 있었다. 가까운 곳에 위치한 공군사관학교 장교들이 시내에서 우리를 보면 실수로 인사를 하는 경우도 있었다. 비행을 할 때면 헬기 조종사들과 공군의 빨간 베레모로 불리는 구조사들이 함께했다. 우리 미션은 탐색, 구조, 그리고 수송이었다. 바다에 떨어진 조종사를 구출하는 훈련, VIP 수송 업무, 그리고 민간인 환자 이송 임무도 포함되어 있었다.

주 3일 이상, 2시간 비행을 나갔다. 비행이 있는 날은 늘 긴장했다. 일반 전투기 정비사들은 지상에서 비행 전과 후에 검사를 수행하지만, 헬기 탑승 정비사들은 직접 비행에 동행하기에 책임감과 긴장감이 훨씬 컸다. 정비를 끝낸 헬기를 누가 만지고 나면, 내 눈으로 또다시 가서

확인해야만 직성이 풀릴 만큼 스트레스가 많았다. 덕분에 안전 점검의 중요성과 정비를 더욱 철저히 배워나갈 수 있었다.

부대 안에는 월급과 연금에만 관심 가지며 억지로 군 생활을 이어가는 선배들도 있었지만, 매뉴얼을 보면서 끊임없이 공부하는 선배들이 있었다. 그들은 나의 롤모델이었으며 늘 고장 탐구를 하고, 결함을 찾으면 기뻐하던 선배들의 모습은 나를 변화시켰다. 조종사들도 그런 믿음직한 선배들과 함께 비행하기를 원했다. 그들은 기술자로서 전문성과 책임감이 남달라 보였다. 그런 선배들 덕분에 나는 많은 부분을 배웠다.

탑승 정비사는 목숨을 담보로 한 비행 수당과 부식비가 포함된 추가적인 수당을 받아 동기들보다 제법 수입이 많았다. 임무 특성상 순간적인 판단력이 요구되며, 비행 중에 결함이 발생하면 기지로 복귀할지, 비행을 계속할지 조종사에게 조언을 해야 했기에 많은 공부가 필요했다.

1994년 3월 3일, 대한민국 공군에 잊지 못할 사건이 발생했다.

조근해 참모총장님을 태운 헬기가 용두산에서 사라져 버렸다. 사고는 비행 중 기상 악화로 발생했고 탑승자 6명 전원이 사망했다. 사고 현장에서 발견된 사모님의 피 묻은 하얀 한복이 아직도 눈에 선하다. 나는 아직도 그날의 참혹한 현장을 잊지 못한다. 공군 역사상 영원히 잊을 수 없는 사건이었다.

공군에서 유일한 헬기부대였던 6전대는 위급 상황 시 출동하는 비상대기조를 교대로 운영하고 있었다. 사고가 발생한 날, 나는 비상대기

조였다.

그날은 날씨가 무척 좋지 않았고 안개 때문에 앞이 보이지 않았다. 조종사들이 가장 꺼리는 기상 상황이었다. 참모총장님의 갑작스러운 사고로 인해 부대에는 비상이 걸렸다. 조종사 2명, 구조사 2명, 그리고 탑승 정비사인 나까지 총 5명은 숨을 죽이며 작전 명령을 기다렸다. 침착하려고 아무리 노력해도, 경험 없는 신입 하사였기에 너무 떨렸다.

출동하기 전, 최상의 상태를 유지하기 위해 블랙호크 헬기를 확인하고 또 확인했다. 결국, 악기상임에도 불구하고 출동 명령이 떨어졌다. 헬기 시동이 걸리고, 이륙 전 최종 점검을 완료한 후 헬기가 움직이기 시작했다. 전 부대원이 나와서 지켜보고 있었다. 그런데 활주로 끝에서 악기상을 뚫고 이륙하려던 헬기는 갑자기 부대로 돌아간다는 내용이 헤드셋에 들려왔다. 잘못 들었나 싶어 다시 확인했다. 기상 악화로 리턴을 결정한다는 기장의 교신이었다.

그 순간, 나는 탑승한 승무원들과 함께 가슴 깊이 안도의 숨을 내쉬었다.

'리턴할지, 악기상 속에서 계속 비행할지'를 결정하는 것은 조종사, 기장의 몫이었다.

현장으로 날아가는 대신 안전을 선택한 기장의 결단은 정말 어렵고도 용감한 것이었다.

헬기가 다시 돌아온 후, 비상 대기실에서 고뇌하는 기장의 모습을 아직도 기억한다. 위기의 순간, 기장의 판단은 절대적이라는 것을 깨달은 날이었다. 만약 그때 악기상을 뚫고 비행을 결정했다면 어떻게 되었을까?

시간이 지나고 사고 원인이 밝혀졌다. 최종적인 원인은 비행 중 속도계, 고도계, 승강계에 데이터를 제공하는 동정압관 Pitot Tube이 작동하지 않았던 것이다. 고도가 올라가며 이것이 얼어버릴 수 있어 인위적으로 가열해야 하는데, "Pitot Heat ON" 스위치를 작동하지 않았던 조종사의 과실이었다.

그날 멀리서 출발 전 손을 흔들던 고참 정비사님의 마지막 모습이 아직도 생생하다. 너무도 착하고 믿음직스러웠던 선배님이었기에, 그 비극은 지금도 나를 아프게 한다. 사고 조사를 진행하며 나는 항공정비사의 안전의식과 책임감이 꼭 갖춰야 하는, 생명을 지키는 필수적인 요소임을 깨달았다.

항공정비사를 꿈꾸는 학생들에게 나는 이렇게 말하고 싶다.

"만약 오늘 당신이 정비한 비행기에 당신의 부모님이나 사랑하는 사람이 탄다면, 당신은 어떻게 정비를 할 것 같습니까?"

정비사의 손길 하나가 누군가의 삶을 지킬 수도, 빼앗을 수도 있다.

그날 내가 깨달은 것은 기술보다 더 중요한 것은 마음가짐이라는 사실이다. 내 손끝으로 누군가의 삶을 이어갈 수 있을 거라는 정직성과 책임감, 그것이 이 사건을 통해 진정한 항공정비사를 만드는 첫걸음이라는 것을 배웠다.

## 롤모델을 만나야 한다

공군 부사관 4년 동안 나는 비행 전 검사, 비행 후 검사, 그리고 탑승 비행중에 하는 비행 중간 검사까지 담당했다. 공군에서 항공기 정비를 배울 수 있는 소중한 시간이었다. 아마도 나는 평생 이렇게 비행기 옆에서 비행기의 아픈 곳을 찾아주거나, 아프지 않도록 예방 정비를 하며 살 거라 생각했다.

그러던 어느 날, 내 인생을 송두리째 바꿀 한 사람을 만나게 된다. 내가 정비하던, 미국 대통령 전용기를 제작한 헬리콥터 제작사, 시콜스키 Sikorsky에서 보낸 한국인 기술고문 Technical Adviser이었다.

"넥타이를 맨 항공정비사"

"가방을 멘 항공정비사"

그때 처음으로 나는 다른 모습의 항공정비사를 만났다. 군에서 기름 냄새나는 항공정비사들만 보다가, 민간업체에서 일하는 엔지니어급 항공정비사를 보게 된 것이다. 이분들은 현장에서 해결하지 못하는 정비 결함이 발생했을 때 제작사에서 파견하는 기술고문이었다. 그들의 세련된 태도와 전문성, 그리고 여유로움은 내가 알던 항공정비사와는 완전히 다른 세계였다. 내 눈에는 그 모습이 그야말로 신세계처럼 보였다.

그날 이후로 내가 상상하는 항공정비사의 이미지는 완전히 바뀌었다. 기능공이자 기술자 같았던 정비사의 모습에서 엔지니어 정비사로, 정비복을 입고 땀 흘리는 정비사에서 하얀 와이셔츠를 입고 근무하는 관리·경영 항공정비사의 모습으로 변하고 있었다.

군 생활 5년째가 되었을 때, 더 이상 배울 것이 없다는 생각이 들었다. 솔직히 내 눈에는 꿈도 비전도 없이 월급 날짜만 기다리며 살아가는 선배들의 모습만 보였다. 우물 안 개구리처럼 살고 싶지 않았다. 최선을 다하는 선배님들도 있었지만, 10년 후, 20년 후에도 똑같은 모습으로 살아가고 싶지 않았다. 그때 내 앞에 나타난 그분이 나의 롤모델이 되었다.

"그래, 한번 미국으로 가보자."

그때부터 내 부대 생활은 완전히 변하기 시작했다. 내 안에 숨죽이고 있던 열정이 다시 살아나고 있었다. 꿈을 찾아 두 번 군대에 입대한 경험이 있었기에, 또 한 번 새로운 문을 열어보고 싶었다.

매일 점심시간마다 족구만 하던 시간에 자재실 캐비닛 뒤에 숨어 영어 공부를 시작했다. 퇴근 후 한잔하던 습관에서 벗어나 영어학원에 등록했다. 주말이면 청주 시내 영어학원에서 만난 외국인들을 설득해 생활 영어를 익혔다. 영어를 배우고 싶었던 열망은 지금의 아내를 미국에서 온 금발의 남자 영어 선생에게 여자 친구로 소개해 줄 정도로 컸다. 그렇게 함께 영어의 벽을 넘기 시작했다. 그 무렵, 부대 내에서 보게 된 월간 항공 잡지에 실린 "미국 항공정비 유학" 모집 공고는 나를 새로운 세계로 날아가게 만들었다.

중국 속담에 이런 말이 있다. "앞에 있는 길을 알고 싶으면 돌아오는 사람에게 물어보라." 그러나 나는 물어볼 사람이 없었다. 1996년, 나는 미국 항공정비 유학에 도전한 최초의 1세대였다. 만 5년 동안 모은 3천만 원을 들고, 인천공항도 없던 시절 김포공항을 통해 미국 항공정비 유학길에 올랐다. 앞서 길을 만들어 놓은 사람들을 찾을 수가 없었고, 정보도 너무 부족했다. 단지 내가 경험했던 블랙호크 헬리콥터를 제작한 미국 동부의 시콜스키 헬기 회사에 도전해 보고 싶다는 막연한 꿈 하나만 믿었다. 그러나 이 회사는 시민권자만 취업할 수 있는 회사였다. 우리는 그조차 알지 못한 채 태평양을 건넜던 무모한 세대였다.

그런 경험이 있었기에 지금 나는 먼저 길을 걸어본 사람으로 나의 이야기를 쓸 수 있게 되었다.

시인 예이츠는 말했다. "교육이란, 통에 무엇을 가득 채우는 것이 아니라 가슴에 불을 붙이는 것이다." 그는 가르치고 주입하기보다 불을 붙이는 사람이 필요하다고 했다.

"자기 앞에 누가 서 있느냐에 따라 길이 달라진다."

"지금 누구를 만나고 있느냐에 따라 미래가 달라진다."

평생 대한항공에서만 일선 정비사로 은퇴하신 분이 학생들 앞에서 가르치고 있다면, 어쩌면 꿈을 꾸는 학생들은 대한항공밖에 모르는 정비사가 될지도 모른다. 그러나 현장직 항공정비사로 시작해 직장에서 가장 높은 정비본부장, 임원, CEO까지 오른 분들이 그들 앞에 선다면 또 다른 세상을 보게 될 것이다.

나는 늘 그런 성공한 사람을 만나고 싶었고, 그들의 이야기를 듣고 싶었다. 그래서 세미나, 엑스포, 항공 종사자들이 모이는 장소를 끊임없이 찾아다녔다.

지금 당신 앞에 누가 서 있는가? 누구의 말을 듣고 있는가?

당신의 가슴에 불을 붙여줄 롤모델을 만나라.

## 6개월 만에 미국 회사에 취업

꿈에 그리던 미국 땅에 도착했다. 미국 중부 세인트루이스 공항에 내리고도 1시간을 더 달려 도착한 대학은 State Tech College of Missouri였다. 생활 영어의 중요성을 깨달아 짧은 어학연수를 마친 뒤, 2년 과정의 항공정비학과 수업이 시작되었다. 이 나라에서 가장 놀라운 것은 지역 공항이 많아 비행기를 타는 사람들이 아주 흔하게 보인다는 점이었다. 한국에서는 벽이 느껴졌던 비행기와의 거리감이 미국에서는 사라졌다. 비행학교에 자유롭게 출입할 수 있는 환경이었다.

미국 유학 생활에서 만난 한국 유학생들은 두 종류로 나뉘었다. 당시 유학원이 너무 많은 학생들을 한 대학으로 보내다 보니, 학생들 중 반 이상이 한국인이어서 불만이 많았다. 한국인끼리 그룹을 지어 다니거나, 혼자서 공부에만 매진하는 유학생들로 나뉘었다. 영어에 좀 더 익숙한 어린 한국 학생들은 우리처럼 새벽까지 공부하지 않아도, 미국 학생들처럼 놀며 즐기면서 공부하는 듯했다. 나는 늘 고민했다. 공부에만 몰두할까? 아니면 현장으로 뛰어들어 경험을 쌓아볼까?

미국에서의 첫 학기, 나는 대한민국 주입식 교육의 실패작이라는 사실을 깨달았다. 강의 시간에 질문 한 번 하지 않고 과묵하게 앉아 있는 내 모습은 정말 싫었다. 토론과 발표를 요구하는 미국식 수업 방식에서, 답만 외워 공부하는 한국 학생들의 모습은 너무 답답했다. 심지어 미국에 와서도 한국 학생끼리만 어울리는 모습은 나를 더 미치게 만들었다.

1학기를 마친 후 나는 혼자 결심했다. 시험 점수는 C 학점만 유지하자. 대신, 시간을 내어 비행기를 찾아 나서자. 미국은 넓은 땅만큼 지역 공항도 많았다. 자가용 비행기를 소유한 조종사들이 많아 언제든 공항에 가면 비행기 옆에서 정비하는 모습을 볼 수 있었다. 활주로에서 비행기를 보는 것만으로도 가슴이 뛰었다.

학기 중 또 하나의 즐거움은 미국에서 열리는 에어쇼와 엑스포였다. 시험이 있어도 주말이면 아내와 함께 에어쇼 현장을 찾아다녔다. 행사장 부스마다 전 세계에서 온 바이어들이 비행기와 부품을 세일즈하는 모습은 인상적이었다. 깔끔한 비즈니스 슈트를 입고, 고급스러운 영어로 세련되게 자신들의 기술을 설명하는 모습은 나를 또 다른 세상으로 인도했다.

그래서 나도 에어쇼에 갈 때마다 학생 티를 벗고자 일부러 검정 양복과 넥타이를 착용했다. 행사장을 걸어 다니며 마치 비행기를 구매하러 다니는 항공사 바이어처럼 행동했다. 동양인이 많지 않았던 행사장에서 조금만 관심을 보여도 따뜻한 환영과 친절한 대우를 받을 수 있었다.

미국 엑스포 현장, 스콜스키 헬기제작업체 앞에서

그렇게 쌓아온 공군 부사관 시절의 정비 경력과 자재실에서 배운 영어 실력을 바탕으로 미국 회사에 취업할 기회를 노렸다.

어느 날, 학교에서 20분 거리인 제퍼슨 시티에 위치한 비행학교에 지원해 보고 싶다는 생각을 했다. 탐방을 여러 번 마치고 그동안 준비한 서툰 영어로 전화기를 들고 말했다. 당신 회사에 지원할 수 있습니까?

"Hi, my name is Chongbok Kim. Can I apply to your company?"

처음 들어본 낯선 영어 발음을 들은 미국 여성이 특유의 반가운 음성이 들렸다. 당신 이력서를 가지고 사무실로 오라는 이야기였다.

"Well, why not? You can bring your CV to my office."

그 간단한 답변이 나의 운명을 바꿨다. 인터뷰 날짜를 잡고 말았다. 너무도 간단했다.

그날 이후 나는 방과 후 시간을, 인터뷰를 준비하는 데에 모두 쏟아부었다. 미국 도착 6개월 만에 영문 이력서와 자기소개서를 작성하며, 예상을 뛰어넘는 질문들에 답하는 연습을 반복했다. 영어 인터뷰를 준비하는 순간마다, 긴장감과 설렘이 나를 사로잡았다. 그리고 그때 느꼈다. 미국은 간절히 원하고 노력하면 기회가 열린다는 것. 그리고 뒤늦게 알게 되었다. 전화를 받은 여성은 비행학교 CEO였다.

드디어 운명의 날, 태어나 처음으로 CEO의 사무실에 들어갔다. 내가 아시아에서 온 항공정비를 배우는 학생이라는 사실이 그들에게 신기해 보였던 걸까? 나의 무모한 도전을 귀엽게 여긴 걸까? 인턴 정비사로 일할 기회를 얻었다.

첫 출근 날, 활주로 위로 쏟아지는 햇빛이 눈부셨다. 그날은 아내의 생일이었다. 인턴으로 시작하는 첫 직장은 아내에게 준 최고의 선물이었다. 그 멋진 여성 CEO는 나의 또 다른 롤모델이 되었다. 학교에서는 이미 소문이 났고, 시험 점수에만 매달리던 다른 한국 학생들에게 부러움의 대상이 되었다. 영어는 서툴렀지만, 점점 미국인들 틈에서 당당히 살아가는 법을 배워갔다.

물론 뒤늦게 알았지만, 인턴 정비사 시절 학생 비자로는 합법적으로 일을 할 수 없었다. 하지만 이 경험 통해 용기를 얻고 졸업 후 미국 각지의 회사에 자신 있게 이력서를 보낼 수 있었다. 단순히 이력서를 보내는 것에 그치지 않고, Following Call을 통해 적극적으로 내 존재를 알리는 방법도 배웠다.

그리고 미국 유학 2년 후, 나는 FAA미국항공정비사 자격증 취득을 하고 꿈에 그리던 미국회사에 취업하게 된다.

## 로그북에 최초로 사인한 날

나의 두 번째 취업은 미국 텍사스 휴스턴에 위치한 헬리콥터 운항 회사로 결정되었다. 이곳에서 나는 비행기가 언제, 어떻게, 얼마나 비행했는지 기록하는 로그북logbook에 내 이름과 FAA A&P 미국 항공정비사 자격증 번호를 최초로 기입하게 되었다. 미국 땅에서 내 이름으로 비행기가 작업 후 안전하다고 사인할 수 있는 특권을 행사한다는 것은 흥미진진하고도 특별한 경험이었다.

미국 10대 도시 중 하나인 댈러스, 샌안토니오, 그리고 휴스턴은 모두 텍사스주에 있다. 따뜻한 날씨와 저렴한 물가 덕분에 많은 조종 학생들이 찾는 도시들이다. 나는 이곳 휴스턴에서 7년을 살았다. 특히 NASA 본사가 위치한 휴스턴은 우주항공 분야뿐만 아니라 석유 생산이 많은 에너지 산업의 중심지이기도 하다. 항공사들이 사용하는 연료와 오일은 대부분 이곳 휴스턴에서 출발한다. 멕시코만에 위치한 석유 시추 시설에는 매일 헬리콥터가 사람과 장비를 수송한다. 나는 그 헬리콥터를 정비하는 회사에 취업하게 되었다.

내 업무는 운항 정비Line Maintenance 대신, 격납고 안에서 이루어지는 헬리콥터 수리 및 개조 작업을 하는 중정비 Heavy Maintenance였다. 작업카드 Work Card에 따라 객실Cabin의자를 제거하고 꼬리날개를 탈부착하거나, 500시간, 1000시간, 1년 주기 검사를 수행했다. 이와 함께 비행 스케줄에 맞춰 격납고 밖으로 헬기를 이동시키는 업무도 있었다.

어느 날, 출발한 헬리콥터 한 대가 회사로 긴급 복귀한다는 연락이 격납고에 울렸다. 비행 중 고장이 발생했거나 임무가 취소되었을 가능성이 컸다. 조종사는 속도계가 작동하지 않아 급하게 돌아왔고, 헬기를 멈추자마자 가장 먼저 나를 불렀다.

"Mr. Kim, Speed Indicator is not working."

속도계가 작동하지 않았던 것이다.

긴장이 밀려왔다. 나는 라인 정비사가 아니었다. 하지만 현장에 나밖에 없었고, 누군가 해결해야만 했다. 다행히 공군 부사관 시절의 경험이 떠올랐다. 속도계 문제는 부품 교환만으로 해결할 수 있는 간단한 작업이었다.

먼저 비행운항기록부Logbook에서 문제를 확인하고, 자재실에서 새로운 속도계를 가져왔다. 고장 난 속도계를 교체하는 작업을 신속히 마쳤다. 이제 마지막으로, 비행운항기록부에 작업 내용을 기록하고 내 이름과 FAA 자격증 번호를 기입해 서명해야 했다. 비행기가 다시 출발하려면 정비사의 서명이 반드시 필요했다.

그런데 문제가 생겼다. 로그북에는 낯선 필기체 영어가 빼곡히 적혀 있었다. 익숙하지 않은 형식에 순간 멘붕이 찾아왔다. 멀리서 조종사가 로그북을 가져오라고 손짓했지만, 머릿속 영어는 모두 날아가 버렸다.

정신을 가다듬고 정비 매뉴얼을 확인하며 집중했다.

"Replaced Speed Indicator - Chong Bok Kim, FAA A&P #49413**"

"속도계 교환" 간단히 작업 내용을 기입한 후 로그북에 서명했다.

이날은 내가 FAA 항공정비사 자격증 취득 후 최초로 로그북에 서명한 날이었다. 내 이름과 자격증 번호가 로그북에 기록되었고, 그것은 비행기가 폐기될 때까지 영원히 남을 것이다. 이날은 나의 정비사 경력에서 평생 잊을 수 없는 특별한 순간이 되었다.

로그북Logbook은 항공정비사가 작업 후 기입해야 하는 중요한 문서다. 작업을 수행한 정비사의 이름과 자격증 번호를 기록해 비행기의 감항성Airworthiness과 안전성Safety을 보증한다. 이것을 전문 용어로 RTS Return To Service라고 한다.

회사에서 기종 훈련을 수료한 정비사에게만 부여되는 이 권한은 정비사의 책임과 신뢰를 상징한다. 로그북에 한 번 기록된 이름은 비행기의 주인이 바뀌어도, 심지어 비행기가 폐기될 때까지 남는다.

로그북에 최초 사인 후 15년 지난 2016년, 한국에 돌아와 나는 국토부에서 지정한 항공정비업체를 설립해 수상비행기 정비를 김포공항에서 정비했었다. 어느 날, 항공측량 회사의 비행기가 비행 중 몇 초 동안 엔진 출력이 떨어지고 떨림 현상이 발생했다는 보고를 받았다. 조종사의 이런 보고는 정비사에게 큰 숙제다. 문제는 반복되지 않았고, 일시적으로 나타나는 결함은 고장 탐구가 어렵기 때문이다.

우리 정비팀은 비행기의 로그북을 처음부터 조사했다. 20년간 기록된 작업 내역에서 동일한 결함이 과거에도 발생했음을 발견했다. 10년 전 실린더 작업을 했던 정비사의 이름과 서명을 확인하고, 해당 정비사에게 자문을 구했다. 결국, 실린더 압력을 재검사하고 교체 작업을 통해 문제를 해결했다.

로그북에 기록된 이름은 정비사의 정직성과 전문성을 대변한다. 자격증을 보유한 정비사라 하더라도, 로그북에 한 번도 서명하지 못하는 보조 정비사로 살아가는 분들도 있지만, 로그북에 끊임없이 이름을 남기는 정비사는 확인정비사, 엔지니어급 정비사로 인정받는다. 그래서 항공사에서는 평균 20~30만 원 정도의 자격증 수당을 별도로 매달 지급한다.

로그북에 이름을 남길 수 있는 확인정비사가 되어야 한다.

## 해고를 당하고 나서

미국에서 매일 격납고가 보이는 공항으로 출근하는 것은 내게 최고의 행복이었다. 오른쪽 가슴에는 내 이름이, 어깨에는 미국 국기가 새겨진 정비복은 나의 성공을 상징했다. 너무 행복해서 치과나 시장에 갈 때도 일부러 그 정비복을 입고 다녔다. 당시 교민들에게 항공정비사라는 직업은 신기하면서 부러움의 대상이었다.

그러나 나에게도 시련은 찾아왔다.

나는 매일 아침 5시, 새벽을 깨우는 알람 소리로 하루를 시작한다. 이 습관은 바로 그날의 해고 이후에 생긴 것이었다. 고난은 나를 완전히 바꿔 놓았다.

미국 오리건에 위치한 산림항공본부의 에어크레인 헬기 제작업체와 텍사스 휴스턴의 헬기 회사, 두 곳에서 인터뷰를 봤다. 유학 시절 한국 음식이 너무 그리웠기에, 한인이 많은 도시로 가고 싶었다. 미국에서 네 번째로 큰 도시인 휴스턴에 정착하기로 했다.

휴스턴에서의 생활은 행복 그 자체였다. 원하는 직장을 얻었고 어릴 적 다니던 교회도 눈에 들어왔다. 회사에서 지급한 정비복은 내 자부심이었다. 영어 이름 '척 킴Chuck Kim'이라는 이름표가 달린 정비복을 처음 받은 날은 너무 좋아서 일부러 한인 타운에 갈 때도 입고 다녔다. 그만큼 자랑스러웠다. 공군 훈련병 시절 믿음 없이 다녔던 교회를 떠올리며 휴스턴의 한빛장로교회에 등록하기도 했다.

미국은 2주마다 급여가 지급되었고, 나는 그 급여를 아내에게 꼬박꼬박 전달했다. 그때의 일상은 내게 참 행복한 순간이었다. 원하는 모든 것을 얻었다고 믿었던 나날이었다.

어느 날부터 근무 중 손과 발이 부어오르기 시작했다. 처음에는 대수롭지 않게 여겼지만, 점점 오일과 연료를 만지는 것이 두려워졌다. 오랜 시간 정비를 하며 한 번도 경험해 본 적 없는 증상이 미국 땅에서 벌어지니 당황스러웠다. 회사 측에 숨기기 위해 알레르기 약을 먹으며 버텼다. 그러나 헬리콥터 위에서 작업할 때 어지러움이 몰려와 더는 정상적으로 일을 할 수 없었다. 그리고 마침내 일이 터지고 말았다.

헬기 좌석을 분해하던 중, 정비본부장이 찾는다는 연락을 받았다. 본부장은 현장에 거의 나오지 않는 사람이었다. 궁금증을 안고 사무실로 향했다. 카우보이 부츠를 신은 전형적인 70대 시골 백인 아저씨 같은 본부장이 영어로 따발총처럼 내게 말했다.

"Hey Chuck, you have to quit..."

처음에는 무슨 말인지 몰랐지만, 점차 그 의미가 들려왔다. '그만두라'는 이야기였다.

사무실을 나오는 순간, '내가 해고당했구나'라는 생각에 가슴이 답답해졌다. 힘이 빠져 개인 공구통을 챙기려 했지만, 그 모습은 마치 정신이 나간 사람 같았다.

그날 격납고 밖에서 바라본 텍사스의 하늘은 유난히 뜨겁게 느껴졌다.

해고 소식을 가장 먼저 알려야 할 사람은 아내였다. 어떻게 이 사실을 말해야 할지 고민이 밀려왔다. 1997년, IMF로 가장 힘든 시기를 우린 함께 이겨냈고 유학생의 절반 이상이 한국으로 돌아갈 때도 나를 믿고 지켜주었다. 제일모직에서 7년간 직장생활을 한 아내는 생활력이 있었다. 아내는 학업을 포기하고 화교가 운영하는 레스토랑에서 일자리를 구했고, 거기서 받은 월급 덕분에 나는 항공정비학과를 졸업할 수 있었다.

저녁 10시, 아내가 일하는 레스토랑에 픽업하러 갈 때마다, 대형 청소기를 들고 홀을 정리하는 아내의 뒷모습을 창문 너머로 보곤 했다. 하루 동안 받은 팁을 정리하는 모습을 보며, 남편으로서 너무 미안했다. 그래서 새벽 늦게까지 공부하며 자격증을 취득했고, 그렇게 난 직장을 얻었던 것이다. 정말 아내에게 말이 떨어지질 않았다.

"낸시...회사 그만 다녀야 할 것 같아."

아내는 이미 다 알고 있었다.

해고 이후 몇 달 동안 자존감이 무너져 아파트에 틀어박혀 지냈다. 책만 읽고, 처음으로 성경을 완독했다. 새벽에는 아내에게 미안해 잠을 이룰 수 없었다. 어릴 적 다녔던 교회가 떠올라 새벽 기도에 나가기 시작했다. 이때부터 지금까지, 25년이 넘는 세월 동안 새벽 5시면 알람과 함께 일어나는 습관이 생겼다. 변화를 위해 술과 담배도 끊었다.

체류 문제와 워킹 퍼밋 만료 이후로는 긴 광야 생활이 시작되었다. 새벽까지 주유소에서 일하고 아침에는 학생 비자를 유지하기 위해 학교에 가야 했다. 멋진 정비복도 반납하고 세탁소와 햄버거집, 식당에서 살아남기 위해 처절한 노동의 시간을 보냈다. 공항을 향하던 출근길이 교민들이 운영하는 일터로 향하고 있었다. 그때 태어난 첫째 아들은 아침에 지역 할머니께 맡기고 저녁이 되면 우는 아이를 픽업하는 기나긴 시간을, 생존을 위해 보냈다. 휴스턴은 나에게 땀 냄새가 나는 도시로 바뀌고 있었다.

희한하게도, 해고의 고통을 겪은 뒤에야 남들이 보이기 시작했다. 나처럼 취업을 간절히 원하는 학생들을 도울 방법은 없을까 고민했다. 그렇게 미국에서 설립된 최초의 회사가 바로 지금의 아퀼라항공이다. 고난은 내게 새로운 길을 열어준 귀한 선물이었다.

그리고 이 사건을 통해 깨달았다. 월급쟁이가 되지 말고, 월급을 주는 사람이 되어야겠다고. IMF를 겪은 세대는 평생직장이 환상이라는 사실을 이미 알고 있었다. 그때부터 나는 두 가지 이상의 수입원을 만들기 위해 꾸준히 노력했고, 자연스럽게 스타트업에 관심을 가지게 되었다. 낮에는 남의 집에서 일을 했지만, 밤에는 컴퓨터 한 대로 시작한 회사를 설립해, 미국에서 살아남은 나의 경험담을 글로 써서 세상에 알리고 있었다.

아퀼라는 항공정비사들이 취업에 실패하거나, 이직을 고민하거나, 혹은 나처럼 해고당했을 때 마지막으로 찾아오는 유일한 회사가 되었다. 나는 여전히 그들의 이력서를 들고 국내외 항공사를 찾아다니며 일자리를 연결해 주고 있다.

취업에 성공한 이들이 다시 날아가는 모습을 볼 때마다 큰 보람을 느낀다. 나는 늘 새들이 힘들 때 잠시 머물다 다시 하늘로 날아갈 수 있는 고목나무 같은 사람이 되고 싶었다. 비록 작고 보이지 않더라도, 누군가가 잠시 기대어 쉴 수 있는 존재라면 내 삶은 충분히 가치 있다고 믿는다.

오늘도 새벽 5시, 어김없이 알람 소리가 나를 깨운다.

해고의 아픔은 나를 단단하게 만들었고, 남을 이해하는 법을 가르쳐 주었다.

이제는 자신 있게 말할 수 있다. '고난은 나를 성장시킨 가장 소중한 선물이었다.'

# FAA 시험에 떨어지고 나서

"낸시! 시험 떨어졌어…"

아내에게 이 말을 전하는 순간 창피함이 몰려왔다. 밤늦게까지 시험을 보고 집으로 향하던 미국의 밤하늘은 유난히 무겁게 느껴졌다.

FAA 자격증 세 과목의 필기시험을 통과하면 이틀간 실기시험과 구두시험이 이어진다. 그날 저녁 10시까지 시험을 보고 집에 돌아왔는데, 느낌이 좋지 않았다. 시험 감독관은 하필 내가 제일 싫어했던 전기전자를 가르치던 랄프 교수였다. 감정을 읽기 어려운 중부 특유의 사투리를 쓰는 대머리 할아버지였다.

2년 동안 지독하게 공부했지만 FAA 자격증 시험은 쉽지 않았다. 합격률이 낮기로 유명했고, 실패한 사람들의 이야기를 들으면 내가 이 시험을 정말 통과할 수 있을까 의문이 들기도 했다. 오기가 생겼다. 다른 시험 감독관에게 가볼까 고민했지만 이미 지불한 시험 비용이 아까워 재시험을 신청했다.

그리고 1999년 3월 어느 날 저녁 10시, 이틀 동안 이어진 실기시험 끝에 드디어 최종 합격했다. 합격증을 받고 나니 세상에서 가장 무거웠던 마음이 한순간에 사라졌다. 종이 한 장짜리 합격증이 이렇게도 대단할 줄은 몰랐다. 이제 나는 미국 연방항공청 FAA가 인정한 항공정비사가 되었고, 비행기를 정비하고 로그북에 사인할 수 있는 특권을 얻었다.

FAA 시험에 떨어지고 나서 이유를 찾기 시작했다. FAA 시험은 기체, 기관, 일반의 세 과목으로 구성된다. 시험 감독관이 각 챕터별로 5개의 질문을 던지면, 3개 이상을 답변하면 합격이다. 평균적으로 한 과목당 4시간 정도 걸리며, 영어로 답변을 잘하면 하루 만에 끝낼 수도 있다. 필기시험은 문제 은행식이라 출제된 문제를 외우면 어렵지 않았다. 그러나 실기시험은 어떤 감독관을 만나느냐가 결정적이었다.

FAA 시험은 영어로 진행되기에 영어로 말하고 읽고 이해하는 능력이 필수다. 난이도는 국내 기능사보다 높고, 국내 면장 과정을 이수한 학생들에게는 상대적으로 쉽다. 이론 과정이 동일하며, 45%가 실습으로 이루어져 실무 능력을 중시한다. 시험 볼 때도 FAA 지정 시험 감독관들은 학생들에게 KISS, Keep It Simple원칙을 강조하며, 영어로 간단하고 쉽게 답변하라고 알려준다.

미국의 시험 감독관Designated Mechanical Examiner, DME은 대학교 교수부터 항공사 정비사 출신까지 다양했다. 우리나라처럼 시험장에서 감독관을 무작위로 만나는 것이 아니라, 미국은 52개 주 어디든 내가 원하는 감독관을 찾아가 시험을 볼 수 있었다. 내가 직접 선택할 수 있다는 사실이 흥미로웠다.

이 경험은 나중에 한국에서 FAA 항공 아카데미를 오픈할 때 큰 도움이 되었다. 내가 먼저 미국으로 가서 감독관들을 만나 그들의 경력과 출제 경향을 파악한 뒤, 학생들에게 적합한 감독관을 추천할 수 있었다.

또한 FAA 자격증을 공부하는 중에 나처럼 미국 유학을 가는 방법이 아닌 미국 항공법에서 나온 "군·민간 정비 경력 30개월 이상자는 시험 응시 기회 부여"라는 흥미로운 사실도 발견했다. 미국 연방 항공법FAR 65조에 따르면, 기체 경력 18개월, 기관 경력 18개월 이상인 정비 경력자는 누구나 FAA 시험에 응시할 수 있었다.

나는 이미 군 정비 경력 5년이 있었지만, 이런 조항을 몰랐다. 만약 군 시절에 알았더라면 2년 동안, 5천만 원을 투자했을지 의문이다. 당시 국내는 브로커들이 미국 시험 감독관과 연결해 주고 서류를 정리해 주는 방식으로 자격증을 취득하는 게 일반적이었다.

이후 10년간의 미국 생활을 정리하고 2006년 한국에 돌아와 국내에서는 처음으로 김포공항 화물청사에 아퀼라 FAA 항공 아카데미를 오픈했다. 그리고 지금은 군·민간 30개월 이상 경력자 누구나 시험을 볼 수 있게 만들었고, 항공정비 유학을 준비하는 학생들은 온라인을 통해 사전 학습도 가능하게 만들었다. 이것은 미국 자격증을 취득하고 싶어 하는 한국 정비사들에게 해줄 수 있는 가장 큰 선물이라 자부한다.

2024년 9월부터는 FAA필기·구두·실기 시험 형식이 모두 바뀌었다. 그리고 국내 국토부 지정 전문 학교에서도 FAA 표준 교재를 번역한 '항공정비사 표준 교재'을 사용하는 시대가 되었다.

FAA 자격증을 취득한 지 이제 25년이 되었다. FAA 자격증이 있었기에 국내 면장으로도 변경할 수 있었고, 로그북에 사인할 수 있었으며, 대학교에서 가르칠 수도 있었다. 그리고 또 한 가지 소망은, 나처럼 무모하게 도전하다가 실패하지 않도록, 미국 이외의 나라에도 FAA 미국 항공정비 학교를 설립하는 것이었다. 2025년부터는 전 세계 최초로 국내 한국항공대학교와 미국 댈러스에 위치한 US Aviation Academy(USAA)가 공동으로 국내에서도 FAA 자격증을 취득할 수 있는 시대를 열었다

아내는 가끔 농담처럼 말한다. FAA 시험에 떨어지고 나타난 내 모습이 그렇게 초라해 보였다고. 하지만 그 실패가 나를 성장시켰고, 이렇게 많은 사람들을 도울 수 있는 계기가 되었다는 사실이 가끔은 놀랍다.

미국유학시절 아내와 함께 집 앞에서

# 독일 루프트한자 기술교관에 도전한 이유

누군가 내게 꿈이 무엇이냐고 묻는다면, 나는 5초도 망설이지 않고 이렇게 답할 것이다.

"독일 루프트한자 테크닉을 뛰어넘는 MRO회사를 만들고 싶습니다."

이 말이 허황되어 보일 수도 있다. 그러나 나는 꿈이 클수록 도전의 의미가 커진다고 믿는다. 내가 그들의 회사를 결코 살 수는 없지만, 그들의 회사에 도전할 수는 있었다. 바로 기술 교관으로 지원해 그들 속으로 들어가 배우는 것이다. 격납고 안에서 직접 가르치고, 세계적인 정비사들과 호흡하며, 나 자신을 시험해 보고 싶었다.

루프트한자는 단순한 항공사가 아니다. 1926년에 설립된 이 회사는 유럽의 항공 역사를 대표하며, 1994년 설립된 독일 루프트한자 테크닉 Lufthansa Technik은 전 세계 항공정비(MRO)산업을 선도하는 기업이다. 특히, 독일 함부르크 본사를 중심으로 필리핀과 중국까지 거점을 확장하며 글로벌 항공정비(MRO) 시장에서 독보적인 위치를 차지하고 있다.

내가 루프트한자를 알게 된 것은 기종 훈련을 통해서였다. 2000년대 초반, 국내 저비용항공사들이 설립되던 시기, 자체적인 기종 교육이 부족해 독일 루프트한자 훈련팀과 중국, 인도 대만 훈련기관을 국내에 초청해서 교육을 진행했다. 그때 우리처럼 영어가 모국어가 아닌 젊은 외국 교관들이 최고의 베테랑 한국정비사들을 가르치는 모습은 내게 강렬한 인상을 남겼다.

"왜 한국에는 영어로 수업하는 젊은 교관이 없을까?"

이 질문이 나의 도전으로 이어졌다.

2006년, 나는 루프트한자에서 진행하는 보잉 737 기종 교육을 한국이 아닌 필리핀에서 수료한 후 최종 합격했다. 그리고 기술 교관 자리에 도전하기로 결심했다. 독일 본사가 아닌 마닐라에서 시험이 진행됐고, 나는 일하는 틈틈이 공부하며 준비했다. 긴장감에 몇 달 동안 제대로 잠들지 못했다.

시험은 혹독했다. 먼저 이론 시험을 통과한 뒤, 실제 강의를 통해 평가받아야 했다. 나는 유일한 한국인이었고, 시험장 앞줄에 앉았다. 이는 나의 오래된 생존 전략이었다.

"잘 알아듣지 못해도, 앞줄에 앉아 그들에게서 존재감을 드러내자."

강의 시험 주제는 항공기 무게중심 Center of Gravity이었다. 다행히 내가 평소 FAA 과정에서 매주 강의하던 내용과 겹쳐 자신감이 붙었다. 모든 것이 순조로웠다. 강의는 자연스럽게 이어졌고, 루프트한자 브랜드의 강점과 글로벌 가치를 언급하며 긍정적인 반응을 이끌어냈다.

그런데, 강의가 끝날 즈음 문제가 생겼다.

칠판에 무게중심 공식을 적어야 했지만, 순간적으로 공식이 생각나지 않았다.

"무게 × 길이 = 모멘트"라는 단순한 공식조차 떠오르지 않았다.

안절부절못하며 평가관들을 바라보던 내 입에서 나온 한마디는

"미안하다 공식을 까먹었다.."

"Well, I'm sorry. I just forgot the formula, sir."

평가관들은 잠시 나를 바라보더니 웃기 시작했다. 나는 속으로 '떨어졌구나…'라고 생각하며 고개를 숙였다. 그런데 그들의 반응은 전혀 예상 밖이었다.

"교관으로서 모르는 것을 솔직히 인정하는 것은 어려운 일이다. 당신의 정직함이 인상적이다."

그 순간, 나는 합격했다. 그리고 나중에 알게 된 사실은 내가 해박해서가 아니라 "FAA A&P 미국항공정비사 자격증 소지자"였기 때문이라고 했다.

그날 나는 한국인 최초로 루프트한자 기술 교관이 되었다. 이 자리는 국내에서 대학 교수가 되는 것보다 더 어렵고 도전적인 자리였다. 시험장에 남아 있던 긴장감은 온데간데없이 사라졌고, 내가 쓰는 영어가 이곳에 통한다는 사실도 배우게 되었고, 실패를 두려워하지 않는 용기와 정직한 태도가 결국 문을 열었다.

루프트한자 교관이 되었다는 사실보다 더 값진 것은 그들의 거대한 격납고 안에 들어가서 선진 정비기술과 정비문화를 직접 눈으로 볼 수 있다는 것이었다. 나는 이 경험을 통해 한국에서도 세계적 수준의 항

공정비(MRO) 업체와 영어 중심 교육 기관을 만들 수 있다는 확신을 얻었다.

나는 26살에 영어 공부를 시작했고, 여전히 영어가 부족하다고 느낀다. 그래서 부족함을 알기에 아직도 매일 발음을 연습하고 고급 영어를 쓰기 위해 꾸준히 공부하고 있다. 이것이 한국에서 영어 중심 교육을 하고 싶어 FAA 아카데미를 오픈한 이유다.

현장에서 20~30대 동남아 학생들을 만나보고, 50대 아세아 기술 교관들과 대화를 나눌 때면, 내가 가르치는 영어를 두려워하지 않는 우리 한국 학생들도 충분히 가능하다고 생각한다. 그런데 왜 우리는 해외로 나가는 기술 교관을 좀처럼 볼 수 없는 걸까?

더 많은 한국 정비사들이 해외로 나가 외국 학생들에게도 기술을 가르치는 날을 상상해 본다.

독일루프트한자테크닉(LTTP) 훈련생과 기술교관

## 아버지처럼 살기 싫어요

"아버지, 저는 아버지처럼 살지 않을 거예요."

고등학교 시절, 술에 취해 찾아온 아버지에게 감정적으로 쏟아낸 말이었다.

어린 시절, 항공정비사가 되고 싶었던 건 아버지의 영향이 컸다. 초등학교 때, 운영하시던 공장에서 기름 묻은 손으로 기계를 만지시던 아버지의 모습이 선명하다. 농부들이 사용하던 고구마 포대를 대량으로 만들어 장터에 팔고, 대형 트럭을 몰고 사업을 하시던 아버지는 어린 나에게 영웅처럼 보였다.

그러나 시대가 변하면서, 비닐봉지가 대세가 되면서 포대 사업은 빠르게 사라져갔다. 아버지는 변화에 적응하지 못했고, 결국 사업은 실패로 끝났다. 술에 취해서 사는 아버지는 늘 "너는 1등이 되어야 한다. 2등은 안 돼."라는 말을 반복하곤 했다. 그 모습이 너무 싫었다.

중학교 3학년, 서울로 전학을 온 뒤에도 아버지는 술에 취한 채 나를 찾아오곤 했다. 책임감 없는 모습이 미웠고, 어머니의 고단한 삶이 더 아프게 다가왔다. 어머니는 김밥을 팔고 식당을 운영하며 홀로 나를 키우셨다.

"너 하나 때문에 내가 살아왔어."

어머니의 이 말에 나는 묵묵히 고개를 끄덕이며 눈물을 삼켰다. 어머니의 애창곡 '여자의 일생'의 가사는 어머니의 삶 그 자체였다.

미국에서 유학하며 직장 일과 사업을 병행하던 시절, 경제적인 어려움으로 텅 빈 냉장고를 바라보며 버텨야 했던 날들이 있었다. 그때, 사업이라는 게 이렇게 힘들다는 것을 절실히 깨달았다

어느 날 밤, 문득 아버지가 보고 싶어졌다. 어쩌면 아버지도 그때 이렇게 힘들게 사업을 하고 있었겠구나, 하는 생각이 들었다. 자식을 낳아보고, 삶의 무게를 견뎌보니 아버지가 이해가 되었다. 용기를 내어 전화를 걸었지만, 결국 "아버지, 미안해요."라는 말밖에 할 수 없었다.

며칠 뒤, 아버지가 보내주신 돈이 미국 계좌로 입금된 것을 보고 깜짝 놀랐다. 그것은 힘겹게 일하며 모은 돈과 할머니 장례식 때 받은 부조금이었다. 그날 아버지는 수화기 너머로 들리는 나의 흐느낌을 듣고 모든 것을 내어주신 것이었다. 그 돈은 어미새가 새끼를 위해 둥지 안의 마지막 먹이를 주는 듯한 사랑이었다.

그날, 나는 참 많이 울었다.

시간이 흘러 생활이 조금씩 회복했을 때, 아버지를 미국으로 초대해 손자들과 시간을 보낼 수 있게 해드렸다. 태어나서 처음으로 아버지의 행복한 얼굴을 본 듯하다. 손자들을 바라보는 모습이 그렇게도 행복해 보였다. 아버지는 내가 태어난 날에도 행복한 미소를 지었을 것이다.

아버지를 용서한 뒤, 내 생각은 완전히 달라졌다. 정이 많아 항상 손해를 보며 살던 아버지의 모습이 더 이상 실패로 보이지 않았다. 예전에는 '사람 좋다'는 소리가 듣기 싫었지만, 이제는 그게 바로 내가 성공할 수 있는 열쇠임을 깨달았다. 그리고 나 역시 아버지를 닮아 사업을 하고 싶은 피가 흐르고 있다는 사실을 알게 되었다.

당시 휴스턴 하비 공항에는 플래처 항공사가 있었다. 비행학교와 정비업, FBO 사업을 운영하는 여성 CEO 메이벨 플래처Maybell Fletcher가 있었는데 그녀의 첫째 아들이 이 회사를 경영하고 있었다. 매일 새벽 5시에 일어나 새벽기도를 마친 후, 나는 아내와 함께 공항을 돌며 간절히 기도했다. 아시아인은 단 한 명도 보이지 않던 이 공항에 우리가 입주할 수 있기를 바라는 마음이었다. 몇 달이 지나고, 열정 넘치고 순수했던 30대의 나와 아내를 지켜본 여성 CEO는 마침내 우리의 진심을 알아주었고, 격납고 안에 사무실을 열 수 있도록 허락해 주었다. 그것이 바로 미국 법인으로 설립한 최초의 아퀼라항공 사무실이었다. 우리는 이곳에서 한국 유학생들과 현지 교민들을 대상으로 조종사 훈련, 비행 투어, 그리고 항공기 부품 사업을 시작했다. 그 시절, 갓 태어난 첫째를 바구니에 담아 함께 출근하던 기억이 지금도 생생하다.

휴스턴 하비 공항, 플래처 항공에서 시작한 첫번째 회사

팬데믹 이후 시간이 흘러, 두 번째 회사는 미국 시민권을 취득하고 군 복무를 마친 첫째 아들의 이름으로, 휴스턴에서 4시간 거리에 위치한 댈러스에 설립했다. 특히 이곳도 똑같이 아버지의 뒤를 이어 두 명의 쌍둥이 아들이 경영하는 US Aviation Group에 공동 투자를 확대하여, 올해 대한민국에 최초로 FAA 인증 미국 항공정비학교를 설립하는 기적을 만들어 내었다. 고가의 9인승 실습용 리어젯 훈련기종이 미국에서 도착했고, FAA 장비와 시설이 국내에 설치되고 있다.

이제 나는 더 나아가 미국 땅에서 MRO 항공정비 사업에 도전할 계획이다. 내가 아버지를 보고 배운 것처럼, 나를 보고 배우는 세 명의 자녀들이 있기에 이 여정은 계속될 것이다.

아버지는 늘 나에게 미안해하셨다. 그런 아버지를 조금씩 알아가는 나도 어른이 되어가고 있었다. 술 취한 아버지의 모습이 싫어서 술을 마시지 않았고, 실패한 아버지의 모습이 싫어서 공부를 했다. 이제 알 것 같다. 어릴 적 공장에서 기계를 만지시던 아버지의 모습은 나를 항공정비사의 길로 이끌었고, 아버지의 사업 실패와 힘든 뒷모습이 나를 더 단단하게 만들었다는 것을.

미국생활을 정리하고 10년 만에 한국으로 돌아와 잠시 함께 살게 되었다. 몸이 불편하신 아버지는 요양원에서 마지막 시간을 보내셨다. 조금씩 야위어 가고, 기억이 희미해져 가는 아버지를 보며 마음이 아팠지만, 최선을 다해 곁을 지켰다. 젊은 시절, 어른들에게 헌신하셨던 아버지의 모습을 떠올리며, 마지막까지 부끄럽지 않은 아들이 되고자 했다. 용변을 도와드릴 때에도 조심스럽게, 정성을 다해 모셨다.

아버지의 임종이 가까워졌을 때, 그렇게도 보고 싶어 하시던 미국에서 공부 중이던 두 손자를 급히 불렀다. 두 아이가 인천공항에 도착하던 날 저녁, 아버지는 뒤늦게 평화롭게 천국으로 가셨다. 장례식을 정성껏 준비하면서 외아들로서 무척 외로웠지만, 어느새 두 아들이 내 곁을 지켜주고 있었다.

장례식을 마치고 두 아들이 말했다. "아빠처럼 효도하는 자식이 될게요." 그 말을 들었을 때, 내 가슴 한 편이 따뜻해졌다.

아버지와 함께한 시간은 끝났지만, 그 따뜻한 마음과 도전하는 마음은 두 아들에게로 흘러가고 있었다.

## 김밥장수 엄마와 용산전쟁기념관

23살의 젊은 나이에 엄마는 나를 낳았다. 3명의 자식을 낳았는데 뜻하지 않게 모두 유산을 하고 그중에 나만 살아남았단다. 아들이 혼자였으니까 나를 향한 사랑은 극심했을 것이다. 무조건적인 사랑이었다.

"하나님의 사랑이 무엇인지 몰라서 엄마를 만들었다고 한다"라는 글을 나는 이해할 수 있었다.

어머님은 사업하다 실패한 아버지의 폭력과 술주정 때문에 너무 힘들어서 오직 나만 보고 살았다. 나는 엄마 인생의 유일한 희망이었다.

엄마는 김밥을 팔고, 식당 일을 하면서 나를 키우셨다. 지금은 사라진 어린이 대공원이나 여의도 광장에서, 때론 지하철 계단에서 김밥을 팔고 계셨다. 떡과 김밥을 다 팔면 5만 원 정도 벌었다. 그리고 늘 지친 모습으로 밤늦게 집에 오셨다. 고등학교 때 엄마의 그런 모습을 보면, 미안한 마음에 나쁜 짓을 할 수도 없었다. 보답해 주기 위해 열심히 살았다.

매일 아침 일어나면 부엌에서 늘 엄마가 칼질하는 소리가 들렸다.

달그락.. 달그락!!

고등학생 때 서울로 전학 와서 월세 한방 칸에서 살았다. 아침에 일어나면 부엌에서 그 소리가 들렸다. 얼마나 정성껏 점심 도시락을 준비해 주셨던지. 점심시간에 친구들은 내가 부잣집 학생으로 착각할 정도였다.

하루 종일 김밥 팔고 와서 아침 일찍 일어나는 것이 얼마나 힘들었을까. 그땐 몰랐다.

공군 부사관 시절 청주로 자대 배치를 받고 내려왔다. 엄마는 서울 생활을 정리하고 나를 따라 내려오셨다. 부대로 출근하기 전, 아침 일찍 부엌에서 그 소리가 항상 들렸다. 중고등학교 때 듣던 그 소리였다. 엄마는 내가 제대할 때까지 다 큰 아들의 옆을 또 지켰다. 외아들인 나는 성공하고 싶었다. 고민 끝에 결단을 하고 엄마에게 말했다.

"엄마 나 미국 가서 공부 좀 하고 올게."

"2년만 항공정비를 배우고 나면, 미국 졸업장과 자격증을 취득할 수 있대."

그리고 난 지금의 아내와 함께, 1997년에 미국 항공 유학을 떠났다.

그때부터 엄마는 혼자 사셨다. 혼자 다시 월셋집에 살면서 나를 기다리셨다. 또 김밥을 팔면서, 식당에서 일하면서 오직 나만 기다리고 계셨단다.

2년이 지나고 5년이 지나고 10년쯤 되었을 때도, 나는 돌아오지 않았다.

자식 하나 기다리는 엄마의 마음을 그때도 몰랐다.

2006년, 3명의 자녀와 함께 나는 10년 만에 한국에 도착했다. 화려

한 모습이 아닌 미국 생활 때문에 지쳐 있는 모습이었다. 엄마는 손주를 보면서 좋아했다. 하나뿐인 아들에 대한 사랑이 이젠 손주, 손자들에게 넘어갔다. 최고로 행복한 순간이었다.

새벽 일찍 교회에서 기도하고 집에 오면 부엌에서 또 그 소리가 들린다.

도마 위에 칼질하는 소리 "달그락.. 달그락"

세월은 흘러 이젠 나도 50대가 되었다. 1년의 반은 미국에서, 반은 한국에서 보낸다. 유학 시절 미국에서 태어난 3명의 아들딸은 부모 없이 미국에서 살고 있다.

이젠 아침마다 애들을 학교에 보내기 위해 나는 엄마 역할을 한다.

새벽마다 우리 엄마가 그랬던 것처럼, 부엌에서 도시락을 싸고 있는 나를 본다.

이젠 내가 그 소리를 애들에게 아침마다 들려주고 있다.

달그락.. 달그락..

음식 만드는 것이 나에겐 제일 힘들다. 엄마의 마음을 이제야 알 것 같다. 이제야 철이 들어간다..

가끔 한국에서 전철을 타고 내릴 때 김밥 파는 가게를 지난다. 그 옛날 엄마 모습이 생각나서 가던 길을 멈추고 돌아와 김밥과 떡을 몇 개 산다. 이젠 추억이 되어서 찾아보기 힘들지만 가끔은 할머니들이 지하철에 앉아 팔고 계신다. 내 가슴속에는 늘 엄마의 김밥 파는 모습이 간직되어 있다.

용산전쟁기념관에는 수많은 비행기가 전시되어 있다. 입찰을 통해 우리 회사가 최종 선정되었다. 전 세계 가장 큰 B2 비행기부터 2차대전 오래된 전투기까지, 도장 및 정비관리를 했었다. 펜데믹 전에는 매년 크고 작은 일을 마무리하면서 직원도 늘고, 회사도 성장하게 되었다.

어느 날 엄마를 모시고 이곳을 찾았다. 자랑삼아 벤츠 뒷좌석에 앉아 있던 엄마에게 얘기했다.

"엄마 여기 전시된 비행기들, 아들이 한 거야. 멋지지?"

뒷좌석에 앉은 엄마는, 말없이 이곳저곳을 어린아이처럼 둘러보고 계셨다.

그리고 엄마는 나에게 말했다.

"아들아, 이곳은…. 엄마가 김밥을 팔던 곳이란다."

난 그때 처음 들었다. 엄마가 이곳에서도 김밥을 팔았다는 사실을.

갑자기 말없이 눈물이 나기 시작했다. 백미러 뒤로 보이는 엄마는 창문 밖 비행기를 보고 계셨다.

이젠 흰머리가 많아진 엄마에게 말했다. "엄마 사랑해"

엄마의 헌신과 사랑이 지금의 나를 만들었다.

# 태어난 이유 사명에 대해

육군항공대 헬기 정비사로 전역한 태완 씨는 현재 파푸아뉴기니의 항공 선교단체에서 일하고 있다. 그의 하루는 비행기를 통해 고립된 지역에 물품을 전달하고, 밀림에서 다친 이들을 구조하는 일로 가득 차 있다. 그의 아내 역시 재정관리부서에서 헌신하고 있다.

그가 일하는 이곳에는 FAA 상업용 조종사와 정비사 자격증을 가진 안중훈 정비사가 먼저 정착해 있었다. 안정적인 미국 생활을 뒤로하고 세 명의 어린 자녀들과 함께 선교지로 떠난 그의 모습은 많은 이들에게 충격과 감동을 주었다. 어렵게 취득한 자격증과 쌓아온 경력을 내려놓고 험난한 길을 택한 그의 결정은 평범한 일상과는 너무나도 다른 선택이었고 묵묵히 자신의 사명을 따라 믿음으로 행동했다.

미국에는 MAF<sub>Mission Aviation Fellowship</sub>, JAARS, 그리고 사마리탄 퍼스<sub>Samaritan's Purse</sub>와 같은 수많은 항공 선교단체가 있다. MAF는 세스나 항공기로 오지에 구호 물자를 전달하고 응급 환자를 병원으로 옮긴다. JAARS는 성경을 번역하고 배포하며, 자신의 언어로 성경을 처음 접하는 사람들의 눈빛에 희망의 빛을 선사한다. 사마리탄 퍼스는 재난이 발생하면 DC-8 항공기를 이용해 구호 물자와 의료진을 신속히 지원한다. 이들의 비행기는 단순한 이동 수단이 아니라, 생명을 잇는 다리이자 하나님의 사랑을 전하는 통로다.

MAF 아프리카 의료 선교 /사마리탄퍼스 D-8 구호 물자 수송

한국에서도 한때 항공 선교의 불씨가 있었다. MAF에서 보낸 세스나 206 수상기는 전남 영암에서 시작해, 일반 배로는 접근하기 어려운 섬에 착륙하며 의료 봉사를 이어갔다. 하지만 운영의 어려움으로 더 이상 국내 항공 선교는 지속되지 못했다. 2015년부터 약 4년간 세스나

206 수상기를 정비했던 나로서는 이 비행기가 더 이상 날지 못하고 학생들의 실습용으로만 사용된다는 사실이 안타깝기만 하다.

비행기 정비는 늘 생명을 담보로 하는 막중한 책임이 따르는 직업이다. 조종사, 승무원, 탑승 정비사들은 하늘을 일터로 삼고 비행기를 사무실로 삼아 살아가는 사람들이다. 내 주변에는 이런 삶의 무게와 책임을 의식하며 신앙을 지키는 크리스천들이 많다. 김포공항 국제선 지하에는 대한항공 직원, 승무원, 공항에서 근무하는 분들이 국제항공선교회에 매주 모여 정기적으로 예배를 드리는 장소가 있다. 17개의 국내 공항에서 안전한 하늘길을 위해 기도하는 이들의 모습은 늘 나에게 깊은 울림을 준다.

릭 워렌 목사의 '목적이 이끄는 삶'에는 "나는 왜 이 땅에 존재하는가?"라는 질문에 대한 답으로 "모든 사람은 태어난 이유가 있고, 사명이 있다"라는 구절이 있다. 나는 비행기를 정비하며 늘 스스로에게 묻는다.

"나는 왜 항공 정비사가 되었을까?"

"이 직업을 통한 나의 사명은 무엇일까?"

팬데믹 이전, 아프리카 선교지로 떠났던 경험은 이러한 질문에 더욱 깊은 울림을 주었다. 에티오피아 항공사가 운항하는 비행기에 구급 물품을 더 많이 싣고 가고 싶었지만, 비용과 무게 제한 때문에 일부 물품은 두 손으로 들고 비행기에 오르려다 제지를 받았던 순간이 떠오른다. 아프리카로의 이동은 또 다른 도전이었다. 낯선 도시 한가운데서 MAF가 운영하는 세스나 항공기를 타고 나타난 한국인 선교사의 모습은 마치 영화의 한 장면 같았다. 비행기는 단순한 기계가 아니었다. 그

것은 생명을 잇는 다리이자 희망의 도구였다.

사람들은 저마다의 사명을 품고 살아간다. 누군가는 자신을 위해, 누군가는 다른 사람을 위해, 또 누군가는 세상을 변화시키기 위해 자신의 길을 걷는다. 내가 만난 항공 정비사 중에는 단순히 직업의 테두리를 넘어, 비행기를 이용해 선교지로 향하는 사명을 실현하는 사람들이 있다. 그들의 삶은 늘 나에게 깊은 울림을 준다.

그래서 나도 여전히 꿈을 꾼다. 내가 정비한 비행기가 선교지로 날아가, 사람들에게 희망과 구원을 전할 수 있다면 그것이 바로 내 사명이 아닐까? 그래서 여전히 항공 정비(MRO) 업체를 운영하고 선교지로 향하는 비행기를 보낼 수 있는 항공 회사를 만들고 싶다.

내 아들에게도 같은 꿈을 보여주고 있다. 조종을 배우는 둘째 아들은 여름이면 봉사를 떠나는데, 올해는 아마존으로 선교를 떠났다. 아르바이트로 모은 소중한 돈을 가지고 밀림으로 들어가, 원주민을 섬기고 복음을 전하고 돌아온다. 가난하고 낮은 곳에서 살아가는 이들을 섬기고 돌아온 아들 모습은 한층 성숙해져 있었다. 배로 이동하며 힘든 여정을 경험한 아들과 나는 가끔 이런 이야기를 나눈다.

"아들, 다음번에는 비행기를 타고 가보자. 아빠가 정비하고 네가 조종하면 되잖아."

그 대화 속에는 내가 걸어온 길과 아들이 걸어갈 길, 그리고 우리가 함께 만들어갈 사명이 담겨 있지 않을까? 혼자 상상해 본다.

## 내가 일하는 이유

오늘도 새벽 5시에 눈을 뜬다. 25년 동안 이어온 나만의 루틴이다. 퇴근 후에는 주 4일 이상 헬스장을 찾는다. 몸과 마음을 단련하는 이 습관은 나를 만들어준 원동력이다. 1년 중 대부분을 미국과 한국을 오가며 보낸다. 미국에서는 텍사스 댈러스에 위치한 US Aviation Academy에서, 한국에서는 한국항공대학교에서 학생들을 가르친다. 나머지 시간은 고등학교, 대학교를 다니며 강연을 한다. 매일 만나는 사람들은 학생들, 교수님들, 그리고 항공업계 종사자들이다. 내 책상과 내 주변에는 항상 독수리 모형과 비행기만 보인다. 30년을 이 분야에서 일하다 보니 국내외 항공사에 아는 사람도 많아졌다. 한 가지 질문이 늘 내 마음속에 자리 잡고 있다.

"내가 일하는 이유는 무엇일까?"

일하면서 가장 행복한 순간은 처음 만난 청년이 성장해서 나타날 때다. 국내 및 해외 취업에 성공해 3년 후 나보다 더 뛰어난 전문가로 나타날 때다. 유학을 떠났던 학생들이 성숙한 모습으로 찾아올 때, 나는 내 일을 사랑하지 않을 수 없다. 특히 항공정비사라는 직업은 자격증이 필수다. 자격증 하나를 따기 위해 평균 2년 이상을 투자해야 하지만, 그 과정을 통과했을 때의 기쁨은 말로 다할 수 없다. 그들의 성취가 곧 나의 보람이다.

그러나 팬데믹 이후, 학령 인구 감소와 교육 환경 변화로 항공정비학교 지원자가 줄어드는 위기를 느꼈다. 이 문제를 해결하기 위해 글을 쓰고, 유튜브 채널을 시작했으며, 새로운 교육 시스템을 구축해 보고 싶었다.

모든 학생들이 이미 1% 항공정비사가 되는 법을 알고 있다. 영어 중심 교육을 받고, FAA 미국 항공정비사 자격증을 먼저 공부한 후 필요하면 국내 면장으로 바꾸면 된다. 가장 먼저 영어와 학비라는 두 가지 벽에 부딪힌다. 때로는 해외 취업을 알려주지만 도전 정신이 부족하다고 느껴질 때도 있다. 그럼에도 불구하고 여전히 나처럼 살고 싶다고 찾아오는 1%의 학생들이 있다. 이들이 내가 오늘도 일을 지속하는 이유다.

사람들은 종종 내가 유학파라는 이유로 부유한 배경에서 자랐을 것이라고 착각할 수도 있다. 하지만 25년 전, 나는 군대에서 모은 3천만 원이라는 전 재산을 가지고 태평양을 건너 미국 항공정비 유학이라는 도박에 나섰다. 그 당시 학비와 생활비는 5천만 원이 넘었고, 어렵게 자격증을 취득해 지금의 내가 될 수 있었다. 그 과정에서 깨달은 가장 큰 교훈은 단순했다.

"영어는 선택이 아니라 필수다."

원어민처럼 할 필요는 없지만, 적어도 두려워하지는 말아야 한다. 영어는 누구에게나 열려 있는 도구이고, 이를 통해 더 넓은 세상으로 나아갈 수 있다.

요즘 나는 항공 교육의 혁신을 위해 에듀에어라는 항공 온라인 플랫폼을 통해 교육 콘텐츠를 제작하고 있다. 정부 지원으로 시작했지만, 돈과 사람이 필요하기 때문에 결코 쉽지 않은 도전이다. 10명의 교수님께 같은 요청을 드려도 스튜디오에서 촬영까지 이어지는 분은 한두 분뿐이다. 그분들이야말로 진정한 실력자들이다. 이들의 노하우를 바탕으로 누구나 접근할 수 있는 교육을 만들고 싶었다. 학교는 어쩌면 좋아하지 않는 천만 원짜리 수업을 십만 원으로 바꾸어 놓았다. 특별한 학생들만 인가받은 학교에서 수업을 듣게 하고 싶지 않았다. 디지털 시대에는 누구나 원할 때 수업을 들을 수 있어야 한다고 믿었기 때문이다.

지금의 학교 교육은 여전히 많은 도전에 직면해 있다. 한국은 이론 중심, 미국은 실습 중심이다. 교사들은 알고 있다. 학교에서 배우는 것 중 실질적인 항공사 및 MRO 현장에서 불필요한 것들이 많다는 것을. 현재 교육은 시험 합격만을 목표로 외우는 '게임' 같은 구조다. 이제는 산업 현장이 요구하는 실질적인 학습과 디지털 중심의 교육으로 바뀌어야 한다. 학생들이 먼저 변해야 할 것 같지만, 사실 가장 먼저 변해야 할 것은 학교와 교사들이다.

내가 기대하는 것은 한국항공대학교를 포함해 국내 대학들의 변화를 직접 목격하는 일이다. 올해부터 내가 가르치는 대학에서는 총장님의 혁신과 도전으로 FAA 영어 교육을 도입하고, 대형기를 위주로 실습을 전환하며, VR과 AR을 활용한 혁신적인 디지털 교육 방식을 적용할 계획이다. 이러한 변화는 과거의 교육 방식에 익숙한 교수들에게도 도전이 되겠지만, 대한민국에서 가장 인지도가 높은 이곳 학교가 변하면 대한민국 항공 교육 전체가 변할 수 있다고 믿는다.

가장 큰 변화의 중심은 올해부터 전 세계 최초로 FAA 자격증 과정을 국내에서도 시작할 수 있게 된 것이다. 무조건 미국에 가야만 했던 규정이 바뀌는 기적이 일어났다. 그것도 온라인 과정이 승인되면서 국내 과정은 한국항공대학교에서 미국 과정은 댈러스에 위치한 US Aviation Academy에서 총 12개월 만에 미국 항공정비사 자격증을 취득할 수 있다.

미국 댈러스에 있는 U.S Aviation Academy

최종 목표는 올해부터 한국 학생 12명으로 시작해 아시아 태평양 지역에서 온 외국 학생들과 함께 공부할 수 있는 과정을 만드는 것이다. 대한민국에 캄보디아, 우즈베키스탄, 중국, 싱가포르, 아프리카 등 다양한 국가에서 학생들이 모여 FAA 자격증을 취득해 부족한 항공정비(MRO) 인력을 양성하는 것이다.

결국, 내가 하는 모든 일의 핵심은 취업이다. 학교는 입학 정원을 말하지만 자신 있게 취업률을 말하지 못하고 있다. 자격증 취득을 넘어 취업을 잘 시켜주는 학교가 최고의 학교다. 내 경험으로 열 명을 가르쳐 취업까지 도와주어도 찾아오는 이는 한두 명뿐이다. 사람은 사랑의 대상이지, 믿음의 대상은 결코 아니다. 내가 완벽하게 가르치고 사랑을 줄 수 없을지도 모른다. 그래도 찾아와서 "감사합니다"라는 말을 들을 때, 나는 내가 일하는 이유를 다시 깨닫는다.

나는 누구나 독수리와 같은 마음을 가지고 있다고 믿는다. 누구를 만나는지가 중요하다. 모두가 하늘을 비상하며 더 큰 꿈을 이룰 수 있는 가능성을 가진 존재들이다. 하지만 많은 사람들이 닭장 속에 갇힌 독수리처럼 살아가는 것이 현실이다. 그래서 회사 이름도 "아퀼라Aquila 다. 라틴어로 '독수리'라는 뜻이다.

나를 만난 사람들이 닭장에서 벗어나 독수리처럼 하늘 높이 날아가는 것을 보고 싶다. 그게 내가 일하는 이유다.

한국항공대학교 해외취업 특강

## [글을 마치면서]

성경 속 인물들이 보여준 인내의 이야기는 내 삶에도 깊은 영감을 주었다. 요셉은 고난 속에서도 17년을 기다려 총리가 되었고, 아브라함은 25년을 기다려 하나님께서 약속하신 아들을 품에 안았다.

내가 1999년에 항공정비사 자격증을 따고 꿈을 향해 달려온 지 25년이 되는 해다. 그 꿈 중 하나는 격납고 안에서 항공정비(MRO)를 직접 해보는 것이었다. 내가 전 세계로 보낸 학생들이 함께 일할 수 있는 그런 회사를 꿈꾸었지만, 아직 그 꿈은 현실이 되지 않았다.

수없이 우물을 팠지만, 샘솟는 물줄기가 보이지 않을 때도 있었다. 광야에서 길이 열리길 기다리던 시간이 있었다. 그 시간 속에서도 내 곁에는 아들, 딸들이 있었고, 아내가 나를 묵묵히 지켜주었다.

어느 날, 새벽마다 기도하는 내 모습을 본 아들이 말했다.

"아빠, 아브라함도 25년 기다렸잖아요."

그 한마디는 내게 깊은 용기와 새로운 깨달음을 안겨주었다. 그 순간부터 나는 매일 퇴근 후, 지난 25년간 쓰다 만 글들을 하나씩 꺼내어 마무리하기로 결심했다. 그리고 그 꿈을 위해 다시 일어나 준비를 시작

하고 싶었다. 비록 내가 그 꿈을 이루지 못할 수도 있지만, 나에겐 다음 세대들이 있음을 알게 되었다

　비행기 옆에 있으면 행복했다. 20대 때도 그랬고, 50대가 된 지금도 마찬가지다. IMF, 9.11사건, 팬데믹 같은 세 번의 위기 속에서도 나는 늘 같은 질문을 던졌다.

　"비행기가 정말 좋으니?"

　때로는 취업과 돈, 답답한 현실 앞에서 꿈이 멀게 느껴질 때가 있었다. 그럴 때면 공항 전망대에 서서, 철조망 안으로 보이는 비행기를 바라보면서 첫사랑을 다시 만난 것처럼 설렘이 찾아오길 인내심을 가지고 기다렸다.

　비행기에 관해 이야기하면 시간 가는 줄 모르는 친구들이 있다. 우리는 "항공병에 걸렸다"며 웃음을 나눈다. 시작도 끝도 언제나 비행기 이야기로 가득 찬 우리의 삶은, 그 자체로 꿈이었다.

　20대에 꿈꾸던 시절이 엊그제 같은데, 어느덧 50대가 되었다. 다시 젊은 시절로 돌아가고 싶냐는 질문에 망설임 없이 "아니요."라고 답할 수 있다. 치열하게 도전했고, 넘어지기도 했지만, 그 과정은 나를 더 단단하게 만들었다. 과거를 아쉬워하지도, 미래에 끌려다니지도 않으며 "지금, 이 순간"이 가장 소중한 시간이라는 것을 알기 때문이다.

　나는 이제 세 자녀의 아버지가 되었다. 아이들이 내가 꿈꾸던 비행기를 보고 설레는 모습을 지켜보는 것은 무엇과도 바꿀 수 없는 행복이다. 아들들과 함께 공항으로 출근하는 아침은 매일 새롭고 즐겁다.

50살을 맞아 아들과 함께 도전한 바디 프로필에 성공하고 소중한 깨달음을 얻었다. 너무 힘들어서 포기하고 싶을 때도 있었지만, 그 과정을 통해 알게 된 것은 결과에 상관없이 나를 거칠게 밀어 넣어 '지금, 이 순간'에 최선을 다해 보는 것이었다.

　나는 아직도 미국 땅에 항공정비(MRO) 회사를 세우겠다는 꿈을 꾸고 있다. 그 길이 여전히 멀고 험난할지라도, 꿈꾸는 것만으로도 나는 살아 있음을 느낀다. 그리고 이렇게 믿는다.

　"열정과 끈기, 그리고 포기하지 않는 그릿(Grit)"

　내 인생에서 제일 잘한 선택은, 넓은 세상을 보며 항공정비사 직업을 알게 된 것이다. 그리고 오늘도 미래의 꿈을 머리로 상상하고, 글로 쓰고, 말로 선포한다.

　왜냐하면, 분명한 사실 하나를 나는 알고 있기 때문이다.

세상은, 꿈꾸는 자의 놀이터다.
저기, 꿈꾸는 자가 오고 있다! (창세기 37:19)
Hear Comes that Dreamer

2025년 1월 어느 날,<br>아들 책상에 앉아서